"十二五"普通高等教育本科国家级规划教材

金银选矿与提取技术

周 源　余新阳　等编著

化学工业出版社

·北京·

图书在版编目（CIP）数据

金银选矿与提取技术/周源等编著．—北京：化学工业出版社，2011.3（2023.5重印）
（“十二五”普通高等教育本科国家级规划教材）
ISBN 978-7-122-10313-0

Ⅰ．金…　Ⅱ．周…　Ⅲ．①金矿物-分选②金矿物-提取冶金③银矿物-分选④银矿物-提取冶金
Ⅳ．①TD953②TF83.03

中国版本图书馆CIP数据核字（2010）第264317号

责任编辑：刘丽宏　　　文字编辑：杨欣欣
责任校对：周梦华　　　装帧设计：刘丽华

出版发行：化学工业出版社（北京市东城区青年湖南街13号　邮政编码100011）
印　　装：涿州市般润文化传播有限公司
710mm×1000mm　1/16　印张11¾　字数235千字　　2023年5月北京第1版第4次印刷

购书咨询：010-64518888　　　售后服务：010-64518899
网　　址：http://www.cip.com.cn
凡购买本书，如有缺损质量问题，本社销售中心负责调换。

定　　价：38.00元

前言

目前，我国正处在社会经济建设的高速发展期。国家经济建设的快速发展，有力地促进了包括金银在内的原材料工业的发展。尤其是现代工农业、信息技术、新能源、新材料的迅猛发展，大大刺激了金银生产技术的革新和金银产量的增长。因此，普及金银选矿的基本知识，大力提高我国的金银选矿和提取技术水平，在当前就显得尤为迫切与重要。

为了适应我国金银生产发展的需要，我们编著了《金银选矿与提取技术》一书。本书在总结长期以来金银生产的基本理论和生产实践的基础上，综合近二十年来世界金银生产技术的革新和发展成就，以及新工艺、新方法、新设备和新药剂的开发应用效果，全面介绍了金银生产的各种方法、生产工艺和具体实践，并指明了金银提取科技的发展动向及其生产应用前景。本书可供金银生产系统及相关专业工程技术人员参考，也可用作有关专业院校的教材。

参加本书编著工作的有江西理工大学周源、余新阳、陈江安、艾光华、刘亮、田树国、蔡振波等。其中第1～6章由周源、余新阳编写，第7章由陈江安、田树国、金吉梅编写，第8章由艾光华、刘亮、刘龙飞编写，第9章由余新阳、蔡振波、崔振红编写。全书由周源教授统稿、审定。

本书在编写过程中参考了大量的文献资料，在此特向援引文献的作者致以诚挚的感谢！

由于编者水平有限，书中不足之处难免，恳请读者批评指正。

编著者

目录

第1章 概论

1.1 金银历史和金银文化

金是人类最早开采和使用的一种贵金属。人类何时发现和使用金，考古学家还不能提出准确的时间。目前，人们还只能就已经考古发掘的资料来判断人类使用金银的历史，但真正的金银的发现时间可能要比这早得多。在公元前4000年的新石器时代人类就已经使用黄金了，这可以由在埃及境内发现的镶有金柄的石刀得到证实。在随葬品中发现有金项链，其墓葬时间在公元前4100～前3900年间。根据上述考古发现，人类早在6000年前就已经认识黄金和初步掌握了它的炼制技艺。

人类最早发现和使用金，首先是从自然界天然产出的自然金开始的。自然金由于它本身不氧化，具有绚丽的黄色金属光泽，因而易于被人们发现。又由于它具有良好的可塑性，便于加工，因此说黄金是人类最早使用的金属之一是可信的。

我国是较早发现和使用金银的国家之一。早在商代就已经掌握了制造金器的技术。最早已发现的黄金实物是商代的产品，距今已有3000多年的历史了。在河北藁城的商代遗址中，出土有金箔。在河南辉县商代墓中，发现有金叶片。在殷墟中出土有重1两[1]多的金块，还有厚度仅0.01mm的金箔，这种金箔是经锤炼加工而成的。这说明在殷商时期，我国黄金的加工技艺已经达到一定水平。在西周的卫墓中发现包在铜矛、矛柄和车衡两端的极薄金片，说明当时已掌握了包金技术。在春秋战国时期，还掌握了鎏金技术。春秋战国时期，楚国使用的一种叫“郢爰”的金币，是目前已发现的我国最早的金币。

汉代以前，帝王手中积聚了大量的黄金，一次赏赐多者上万斤，（汉代计量：1斤＝261.12g)，少者几千斤。这说明我国古代就发现了不少金矿资源并已逐步掌握了一整套开采、淘洗、冶金和加工的技艺。

金银的贵重、豪华，促进了金银文化的发展。长期以来，人们除了把金银作为财富的象征进行储存外，还加工制作成各种精美绝伦的艺术品，成为天下无双的人

[1] 1两＝50g。

间瑰宝。例如，1970 年 10 月，在西安南郊何家村发现一处唐代邠王李守礼的大窖藏，出土文物 1000 多件，其中大量的是金银器。有一件熠熠生辉的黄金碗，尤为瞩目。这件刻花金碗，高 5.5cm，口径 13.7cm，足径 6.7cm。器身通体饰珍珠地纹，腹部捶出两层仰莲瓣，莲瓣内以阴线刻出鸳鸯、鸭子、鹦鹉、鹿、狐狸等各种鸟兽及卷叶花纹饰；碗内壁腹底刻宝相花；圈足内刻飞鸟一只，流云数朵。刻工精致流畅，形象栩栩如生。通体造型，雍容华贵，落落大方。

当然，金碗的价值并不仅在于它昂贵的金质成分，而更在于它清新脱俗的纹饰与新颖规整的工艺。它显示了盛唐时代贵金属工艺的高度发展，展现了高度发达的封建文明以及能工巧匠们高超的艺术智慧。

还值得一提的是同时出土的一件鎏金舞马衔杯银壶，这也是一件艺术价值极高的银器珍品。此件银壶通高 18.5cm，口径 2.2cm，底足为 8.8cm×7.1cm，形制仿皮囊壶，形状扁平，椭圆形足圈稍向外撇，提梁与盖之间有银链相连。壶的腹部錾有一匹鎏金半踞状舞马，口上安有鎏金覆莲小盖，圈足部饰有鎏金锁链带状纹。鎏金舞马显得通体金光铿亮，与银灰色壶体相映生辉，舞马肌肉丰满结实，四腿挺而有力，后腿半踞，前腿伫立，口中衔一酒杯，似在向主人频频劝酒。舞马的风韵与神态刻画得活灵活现，惹人喜爱，是一件不可多得的艺术珍品。

仅从以上几例中，就可看出，金银文化，是我中华传统文化艺术中的一枝奇葩。它根植于我民族文化的深厚的土壤当中，源远流长，生生不息。我们要继承祖先优秀的传统文化遗产，振兴金银生产，开发金银工艺，为祖国建设服务，为子孙后代造福。

1.2 金银的性质和用途

1.2.1 金的性质

(1) 物理性质

金为化学元素周期表中的ⅠB族元素，原子序数为 79，原子量为 197。纯金为金黄色，密度（18℃时）19.31g/cm^3，熔点 1064.43℃，沸点 2808℃，布氏硬度 18.5kg/mm^3，摩氏硬度 2.5～3.0。

纯金具有瑰丽的金黄光泽，但其成分改变时，颜色也随之而变：金中加入银、铂，颜色变淡，加入铜，颜色变深。

金的纯度，在古代，可用试金石鉴定，称为“条痕比色”。所谓“七青、八黄、九紫、十赤”。意思是条痕呈青色，含金 70%，黄色含金 80%，紫色含金 90%，红色则为纯金。

金的延展性极好。1g 纯金可拉成长达 3420m 以上的细丝，可压成厚为 0.23×10^{-8}mm 的金箔。金如含有杂质，则影响其加工性能。例如含铅 0.01%时，金即变脆。

金的导电性仅次于银铜，属第三位。金的电阻率在0℃时为$2.065\times10^{-6}\Omega\cdot cm$，温度愈高，系数愈大。金的导热性，仅次于银，在0℃时热导率为3.096J/(cm·s·℃)。

金的蒸气压随温度升高而增大，详细数据见表1-1。

表 1-1 金的蒸气压随温度的关系

t/℃	953	1140	1403	1786	2410	2808
p_{Au}/Pa	133.222×10^{-6}	133.222×10^{-4}	133.222×10^{-2}	133.222	133.222×10^{2}	7993.32

金熔体在空气中挥发少，在CO中增加二倍，在煤气中增加六倍。故在熔金时，金熔体不要与这类气体接触。

(2) 化学性质

金的化学性质非常稳定。金在空气中完全不变。在水中也不会发生任何反应。在低温或高温时均不被氧所直接氧化。在一般条件下，不与干卤素起反应，甚至在极高的温度下也不与氧、氢、氯和碳化合。

金不溶于碱，也不溶于酸（硫酸、盐酸、硝酸、氟氢酸和有机酸中）。但能溶于混合酸中，诸如王水（即三份盐酸加一份硝酸）中，此外，能使金溶解的溶剂还有氰化物溶液、硫氰化物溶液、硫脲溶液、硫代硫酸盐溶液。

金元素具有镧系收缩性质，其外层电子受核的吸引牢固不易成为离子。与其他元素的化学亲和力极微弱。因此，自然界中金的离子化合物很少，多呈金属状态存在。又因金的原子半径与银、铜及铂族元素等的原子半径相近，故常与这些金属元素形成金属互化物。特别是金与银的原子半径相同（1.44Å）晶格常数也相近（金4.07Å，银4.78Å），化学性质相似，所以天然的金-银固溶体广泛分布在金的独立矿物中，金银系列矿物占统治地位。此外，金也可与某些半金属元素形成天然化合物，如碲化物、铋化物、锑化物等。

金的主要工业矿物列于表1-2。

表 1-2 金的主要工业矿物

序号	矿物名称	化学分子式	含金量/%	备　注
1	自然金	Au	>80	常与银、铂、钯、铜、铋等成合金
2	银金矿	(Au,Ag)	50～80	
3	黑铋金矿	Au_2Bi	65.3	
4	斜方铜金矿	Cu_3Au	50.6	
5	围山矿	$(Au,Ag)_3Hg_2$	56.91	
6	硫金银矿	Ag_3AuS_2	32.6	
7	碲金矿	$AuTe_2$	44.03	有时含少量银
8	斜方碲金矿	$AuTe_2$	43.5	
9	亮碲金矿	$(Au,Sb)_2Te_3$	50.6	
10	硫金银矿	Ag_3AuTe_2	25.4	
11	板碲金银矿	(Ag,Au)Te	32.9～35.2	
12	针碲金银矿	$(Ag,Au)Te_4$	24.1	

续表

序号	矿物名称	化学分子式	含金量/%	备　注
13	针碲金铜矿	$CuAuTe_4$	25.5	
14	叶碲金矿	$Pb_5Au(Te,Sb)_4S_{5\sim6}$	7.41～10.16	成分不定
15	碲铜金矿	$Au_2Cu(Te,Pb)$	68.0～75.0	
16	碲铁铜金矿	$Au_5(Cu,Fe)_3(Te,Pb)_2$	57.6～63.6	
17	碲铅铜金矿	$Au_3Cu_2PbTe_2$	40.7～50.5	
18	方碲金矿	$AuSb_2$	44.7	
19	硒金银矿	Ag_3AuSe_2	29.0	

特定条件下，金也可以制成多种化合物。有金的硫化物、氧化物、氰化物、卤化物、硫氰化物、硫酸盐、硝酸盐、氨合物、烷基金、芳基金、雷酸金等。

金的氯化物有三氯化金（$AuCl_3$）、一氯化金（AuCl）等。无结晶水的 $AuCl_3$ 为红色，$AuCl_3 \cdot 2H_2O$ 为橙黄色。在氯气中把金粉加热到 140～150℃ 生成 $AuCl_3$，将金溶解于王水或含氯气的水溶液中，也生成 $AuCl_3$。$AuCl_3$ 很易与其他氯化物形成络合物，如 $M[AuCl_4]$、$H[AuCl_4]$ 等，使金以稳定的 $AuCl_4$ 形式存在。这是氯化提金法的依据。用亚铁盐、二氧化硫、草酸等，可从含金氯化液中沉淀金。

金的氰化物有一氰化金（AuCN）和二氰化金（$AuCN_2$）等。将盐酸或硫酸与金氰酸钾 $[KAu(CN)_2]$ 作用后加热可得 AuCN，它是柠檬黄的结晶粉末，能溶于氨、多硫化氨，碱金属氰化物及硫代硫酸盐中。金的简单氰化物易与碱金属氰化物作用生成金氰化络合物，如 $Na[Au(CN)_2]$，$K[Au(CN)_2]$ 等。在有氧存在的条件下，金在氰化物溶液中也能形成上述络合物，使金能以稳定的 $[Au(CN)_2]^-$ 存在于溶液中。此点对氰化提金极为重要。$Au(CN)_2^-$ 中的金易被还原剂所沉淀。

金的硫化物有 Au_2S、Au_2S_3，Au_2S_3、Au_2S 能溶于 KCN 溶液及碱金属多硫化物中。

金的氧化物有一氧化二金（Au_2O）、三氧化二金（Au_2O_3）。但由于金不直接与氧作用，故金的氧化物仅能从含金溶液中制取。用苛性碱处理冷却稀释的氯化金时，生成一种深紫色粉末，它是氧化金的水化物，加热后生成 Au_2O。当 Au_2O 与汞接触时，转化成 Au_2O_3。

金的氢氧化物有三价的 $[Au(OH)_3]$ 和一价的（AuOH），前者较稳定。向沸腾的 $AuCl_3$ 溶液中加 K_2CO_3，可制取 $Au(OH)_3$；也可用浓碱从金氰酸 $H[Au(CN)_2]$ 稀溶液中沉淀出 $Au(OH)_3$。向 AuCl 溶液中添加 KOH，可析出黑紫色的 AuOH，它脱水后转化为 Au_2O，Au_2O 易于进一步氧化成 Au_2O_3。

金可与硫代硫酸根形成稳定的 $[Au(S_2O_3)_2]^-$。金在氧化剂的作用下，可与硫脲形成稳定的金络离子 $Au[CS(NH_2)_2]^-$。

用浓的氨水处理 Au_2O_3 或 $H[AuCl_4]$ 溶液时，产生爆金。爆金因容易引起爆炸而得名，生产时必须注意。

金的化合物很容易还原为金属金。还原金的能力最强的金属是镁、锌、铁和铝。在氰化法提金工艺中就是利用这一性质使用锌粉置换的。

某些有机物（甲酸、草酸、联氨等）、某些气体（如氢、一氧化碳、二氧化硫等）都可作为金的还原剂。

(3) 金的合金

金与很多元素能形成合金。例如，金与镍、铜、银、钯、铂形成连续固溶体；金与汞、钴、铌、锂等相互间溶解度较大，形成有限固溶体；有59个元素与金形成一种至八种化合物；有42个元素与金生成一个到四个共晶。工业上常用的金合金有Au-Cu、Au-Pt、Au-Ni等二元合金，还有Au-Ag-Cu、Au-Ag-Pt、Au-Ni-Cu等三元合金和Au-Cu-Ni-Zn、Au-Ag-Cu-Mn等多元合金。

1.2.2 银的性质

(1) 物理性质

银具有白色的金属光泽，故称白银。在所有金属中，银对白色光线的反应性最好，导电性、导热性最高。

纯银的电阻率在0℃时为1.468×10^{-2}（$\Omega\cdot mm^2/m$），并随温度升高而增大。

银的热导率在0～100℃范围内为1cal[1]/(cm·s·℃)。

银这种白色金属具有特殊的柔性、韧性和化学稳定性。银的延展性仅次于金，可以压成几乎透明的3×10^{-5}cm厚的箔片，1g银可拉成近2km长的细丝。

铸银的密度为10.5g/cm^3，在轧带机中受压后，其密度为10.57g/cm^3。

银的硬度略高于金，为莫氏2.7。

银的熔点为961.93℃，沸点为1850℃，不易挥发。其蒸气压与温度的关系如表1-3所示。

表1-3 银的蒸气压与温度的关系

温度/℃	918	1023	1163	1336	1543	1825	2210
p_{Ag}/Pa	133.222×10^{-4}	133.222×10^{-3}	133.222×10^{-1}	133.222	133.222×10	133.222×10^{2}	7993.32

银中如有铅、砷、锑等杂质，则其挥发性增大。

熔融银对氧有很强的溶解能力，这对浇铸银锭产生不良影响。

银在地壳中的含量为1×10^{-5}，在自然界中呈分散状态，主要存在于方铅矿中。

(2) 化学性质

银的化学性质不如金稳定，在常温下不易被空气氧化，但加热到200℃时即有氧化银（Ag_2O）薄膜产生，至400℃分解。银与水不起作用。

银的氯化物是氯化银（AgCl），它是一种白色结晶。加氯至硝酸银中可制取

[1] 1cal=4.1868J。

AgCl，它能溶解于硫代硫酸钠溶液、氨液、氰化物溶液中。AgCl 易被金属置换而还原成金属银：

$$2AgCl + Fe = 2Ag + FeCl_2$$

这是工业上常用的一种提银方法。

银的简单氰化物有氰化银（AgCN），它是一种白色结晶，可溶于氨及铵盐、硫代硫酸盐、碱金属氰化物的溶液中。银在氧化剂的作用下，易溶于碱金属氰化物溶液中，并生成稳定的银氰络离子 $Ag(CN)^-$。

银的硫化物有硫化四银（Ag_4S）和硫化二银（Ag_2S）。Ag_4S 不溶于水，干燥时分解 Ag_2S。Ag_2S 加热至 400℃时分解而得金属银。Ag_2S 与 H_2SO_4 作用可得硫酸银（Ag_2SO_4）。

将纯银溶解于硝酸中，即可得 $AgNO_3$ 溶液：

$$6Ag + 8HNO_3 = 6AgNO_3 + 2NO\uparrow + 4H_2O \text{（稀硝酸中）}$$

$$Ag + 2HNO_3 = AgNO_3 + NO\uparrow + H_2O \text{（浓硝酸中）}$$

蒸发结晶而成固体产品。硝酸银为无色透明斜方片状晶体，密度为 4.352g/cm³，其熔点为 212℃，加热到 440℃即分解，硝酸银易溶于水和氨，也微溶于酒精，几乎不溶于浓硝酸中。硝酸银是一种重要的银盐，在纯净空气中，露光不变色，但在有机物存在时变黑，阳光直射时易分解。

氯、溴、碘可与银作用生成相应的氯化银、溴化银和碘化银。

溴化银（AgBr）不溶于水，而溶于硫代硫酸钠中，遇光即分解成“银核”：

$$AgBr \xlongequal{h\nu} Ag + Br$$

碘化银（AgI）也具有上述性质，所以银的卤素盐均可用于感光技术。

Ag_2O 与氨水作用能生成爆银，它是一种黑色粉末，稍经触动、摩擦，即会引起爆炸。

在自然界中，银和含银矿物种类很多，特别是在表生条件下银还能形成一些次生矿物。银的主要工业矿物见表 1-4。

(3) 银的合金

银的合金，常用的主要有 Ag-Au、Ag-C、Ag-Cd、Ag-Ni、Ag-Pt，Ag-Cu 等二元合金；还有 Ag-Al-Mn、Ag-Mg-Ni 等三元合金以及 Ag-Au-Cu-Zn 等多元合金。

1.2.3 金银的用途

黄金是人类最早认识和利用的金属。最初古人采金，几乎全部用来制作偶像、神龛、碗、瓶、杯和各种饰物。后来，大约在公元前 1000 年，金和银开始作为人们进行交换的媒介——货币，自由流通。之后，黄金曾长期成为货币金属。

我国是世界最早使用金币的国家，在河南新郑的殷墟发掘出了 4000 多年前的金质贝币和贴金贝币。近年许多国家用金铜合金制造金币，其金含量大都在 90%。

随着资本主义经济的发展，第一次世界大战后，金的流通和作为货币的用途大大削减。目前，黄金在法律上已停止作为货币流通，形式上丧失了与货币制度的全部联系。然而，黄金仍然是国家资源储备和私人积蓄的重要物质。此外，在工业上黄金的利用也愈来愈广泛。

表 1-4　银的主要工业矿物

序号	矿物名称	化学分子式	密度/$g \cdot cm^{-3}$	硬度(莫氏)
1	自然银	Ag(常含 Au、Hg、Sb、Bi)	10.1～11.1	2.5～3
2	锑银矿	Ag_3Sb	9.6～9.8	3.5
3	辉银矿	Ag_2S	7.2～7.4	2～2.5
4	硫铜银矿	$(AgCu)_2S$	6.1～6.3	2.5～3
5	淡红银矿	$3Ag_2S \cdot As_2S_3$	5.5～5.6	2～2.5
6	深红银矿	$3Ag_2S \cdot Sb_2S_3$	5.8～5.9	2.5～3
7	辉锑银矿	$Ag_2S \cdot Sb_2S_3$	5.1～5.3	2～2.5
8	辉铜银矿	Ag_3CuS_2	6.8～6.9	2.5
9	硫锑铜银矿	$(AgCu)_{16}SAg_3S_{11}$	6.3	2～3
10	脆银矿	$5Ag_2S \cdot Sb_2S_3$	6.2～6.3	
11	辉锑铅银矿	$4PbS \cdot 4Ag_2S \cdot 3Sb_2S_3$	5.9	1～2
12	硫锑铅银矿	$Pb(Ag,Cu)Sb_3S_6$	6.2～6.3	2.5
13	硒铜银矿	$Cu_2Se \cdot Ag_2Se$	7.6～7.8	2.5
14	硒银矿	Ag_2Se	7～8	2.5
15	碲银矿	Ag_2Te	8.2～8.4	2～3
16	针碲金银矿	$(Au,Ag)Te_2$	8.6	2.5
17	碲金银矿	Ag_3AuTe_2	8.7～9.4	2.5～3
18	角银矿	AgCl	5.5	2.5
19	溴银矿	AgBr	6.3	2.5～3
20	碘银矿	AgI	5.5	1～1.5
21	黄碘银矿	(Ag,Cu)I	5.6	2.5
22	硫砷银矿	$Ag_7(As,Sb)S$		

(1) 金的货币储备价值

尽管金银是理想的货币材料，但今天已不再用作货币流通，而大量的是用作储备、支付手段。由于黄金、白银可以作为硬通货来使用和储备，所以，一个国家的黄金储备多少，可以显示出这个国家的经济实力。任何时候，金银都是作为世界货币来储备的。一个国家拥有的金、银数量，是她的财力的标志。黄金储存，可以提高国家在国际交往中的威望，还可以兑换外汇和起到控制通货膨胀的作用。

据报道，到 20 世纪 50 年代，世界黄金总采出量为 5000t，其中有 60%供作货币。在供作货币的金中，大部分被铸作金条、金砖等保存在世界各国银行作为货币存储，仅有一小部分铸成金币供使用。

从 20 世纪 60 年代以来，资本主义国家黄金的储量基本上是稳定的。据国际货币基金组织（IMF）的国际金融统计数据库（IFS）2010 年 6 月版以及其他可得到的来源。目前世界各国和各地区中央银行拥有的 34000t 黄金储备中，美国拥有 8133.5t，居首位。世界黄金委员会公布的世界黄金储备的前 20 名名单列于表 1-5。

表 1-5 世界黄金储备前 20 名的国家和地区

顺序	国家和地区	黄金储备/t	顺序	国家和地区	黄金储备/t
1	美国	8133.5	11	印度	557.7
2	德国	3402.5	12	欧洲央行	501.4
3	国际货币基金组织	2907.0	13	中国台湾	423.6
4	意大利	2451.8	14	葡萄牙	382.5
5	法国	2435.4	15	委内瑞拉	363.9
6	中国	1054.1	16	沙特阿拉伯	322.9
7	瑞士	1040.1	17	英国	310.3
8	日本	765.2	18	黎巴嫩	286.8
9	俄罗斯	726.0	19	西班牙	281.6
10	荷兰	612.5	20	比利时	227.5

(2) 金的工艺用途

黄金的另一重要用途是用作贵重工艺品和首饰，成为私人积蓄的收藏品。

由于黄金、白银的化学性能稳定，色彩瑰丽夺目，久藏不变，易于加工，所以自古以来它们就是首饰、装潢、美术工艺的理想材料。《天工开物》中写道："凡色至于金，为人间华美贵重，故人工成箔而后施之……秦中造金及者，硝扩羊皮使最薄，贴金其上，以便裁剪服饰用。皆煌煌至色存焉。"

直至今天，世界各国仍有大量的黄金、白银用于首饰、珠宝业。

据 2009 年资料报道，截至 2008 年年底，全世界已累计生产黄金 48.46 亿盎司[1 盎司 (oz)＝28.3495g，下同]，合 13.74 万吨，其中 18.53 亿盎司被用于制造首饰，约占总量的 38.25%；各国中央银行或其他政府机构掌握的有 15.21 亿盎司，约占总量的 31.38%；私人投资者掌握的有 9.17 亿盎司，约占总量的 18.92%；用于工业和医疗事业的仅有 5.55 亿盎司，约占总量的 11.45%。

表 1-6 和表 1-7 分别列出了世界黄金的供需情况。

表 1-6 2001～2008 年世界黄金供应量 Moz

项目	2001 年	2002 年	2003 年	2004 年	2005 年	2006 年	2007 年	2008 年
矿山产量(1)	84.27	83.27	83.59	79.12	80.22	88.12	87.32	85.49
废旧回收(2)	21.86	26.91	30.35	26.65	25.40	39.09	36.28	35.11
传统供应＝(1＋2)	106.13	110.18	113.94	105.77	105.62	127.21	123.68	120.60
废旧回收/传统供应	0.21	0.24	0.27	0.25	0.24	0.26	0.24	0.25
官方出售	17.20	17.97	19.84	15.24	21.61	12.96	17.68	10.59
净套头交易	0.00	0.00	0.00	0.00	0.00	0.00	0.00	0.00
潜在净投资回收	3.70	3.63	0.00	2.44	0.00	0.00	1.44	0.00
总供应量	126.45	131.78	133.78	123.45	127.22	140.43	143.04	131.44

表 1-7　1998～2005 年世界黄金需求量　Moz

地　区	1998 年	1999 年	2000 年	2001 年	2002 年	2003 年	2004 年	2005 年
印度次大陆	26.21	25.87	25.94	25.68	20.64	20.90	22.57	28.33
中东	21.84	19.60	21.57	19.02	17.75	19.32	20.61	21.83
东亚	18.46	22.45	22.96	20.60	18.87	18.13	18.29	18.04
欧洲	28.73	27.57	27.40	26.15	23.12	18.97	18.20	17.14
中国	5.95	5.61	5.52	5.65	6.56	6.24	7.23	8.33
北美洲	11.26	11.83	9.66	8.24	8.33	8.01	8.04	8.07
拉丁美洲	3.78	3.69	3.87	3.37	3.09	2.57	2.80	2.80
独联体国家	1.49	1.25	1.48	1.69	1.96	2.03	2.41	2.57
非洲	1.51	1.57	1.47	1.51	1.35	1.32	1.35	1.38
大洋洲	0.58	0.56	0.34	0.30	0.29	0.29	0.35	0.32
世界总计	119.81	120.00	120.21	112.21	101.96	97.78	101.85	108.81

2008 年世界黄金总供应量 1.31 亿盎司，其中传统供应量 1.2 亿盎司，官方出售量 1059 万盎司。传统供应中：矿山产量 8549 万盎司；废旧黄金回收量 3511 万盎司，约占传统供应量的 29.3%。因 2001 年到 2003 年矿山产量基本上没有增加，对照 2003 年以前的产量，2004 年和 2005 年产量有所减少。2005 年三年产量以后又有所增加，而废旧回收的产量平均占传统供应量的 29%左右，故此期间传统供应量没有增加，在 2004 年和 2005 年略有减少，反而在以后的三年有所增加。

2009 年世界黄金需求量 1.29 亿盎司，从 1998 年到 2005 年的需求数据看，1998 年到 2003 年需求呈下降趋势，2004 年到 2005 年需求呈上升状态，引起需求量上升的地区和国家为印度次大陆、中东和中国，主要因为首饰加工需求量增加。

(3) 金的工业用途

随着科学技术和经济的发展，工业上的应用已逐渐成为黄金需求的重要领域。

由于黄金具有其他任何金属都没有的独一无二的物理化学特性，即熔点高、极高的抗腐蚀性、良好的导电性和导热性、金原子核较大的捕获中子的有效截面、对红外线近 100%的反射能力、在合金中的催化活性、良好的工艺加工特性以及其合金良好的抗弧能力和抗拉、抗磨能力等，使得它广泛应用于现代电子技术、通信技术、航天技术、核动力技术等方面。尤其是电子工业和电气工业是黄金的最大工业用户。

金的良好导电性和不可氧化性，使得金及其合金广泛用于弱电技术（现代通信和管理技术、电子计算机系统）中。

由于金极易加工成超薄的金箔和微米级金丝，也能很好地加压钎焊和焊接，极易在金属和陶瓷表面作金涂层，故工业中 90%的金供镀层用，作为玻璃、陶瓷、石英的薄镀而广泛用于电子设备、半导体元件、集成电路。这种金薄膜的特点是导电性能和耐腐蚀性能好。特别重要的是金能与铟、镓、硅和其他元素构成低熔点的具有特定导电性的共晶体。

金基焊料可以浸润各种材料，具有很好的耐腐蚀性和工艺性，能保证焊接接头有很好的强度和热强度。由于这种焊料的低蒸气压特点，可用于钎焊真空密封的电子管零件的缝隙和航天工业的各种部件。

黄金还应用在真空技术、喷气发动机、地球卫星、登月器和宇宙空间设备、照相技术、冷凝技术、核电站、化工厂防超高压系统等领域。

由于金具有高反射率兼低辐射率的性能，镀金用在各种宇宙仪表上，可降低太阳辐射伤害。也可用于其他防止辐射的场合，如用在喷气式发动机的油嘴上和航天装置的燃料部件上。

航天工业常使用金焊料和金镀层。使用低蒸气金焊料熔接电子管零件的真空密闭的缝隙和熔接航天飞行器的各种部件，可以保证航天设备在太空中安全运行。因为镀金层可以反射掉100%的红外线，所以金在航天工业上还有特殊用途。航天服镀上一层2×10^{-4}mm厚的金膜，就可免受辐射和太阳热。美国“甲虫”号宇航站的外壳，加装了铝镀金塑料的隔热反射屏，就使站内的温度由43℃降到24℃。

金还可以用于建筑物窗玻璃的金属处理。在炎热的夏季玻璃窗上的薄金膜(0.13μm)可反射红外线，使室内相当凉爽。如果使电流通过这种玻璃，玻璃便会获得透明不污的性能。

在测量技术中，金及其合金用于制造精密电位计、热电偶、电阻温度计。

在化学工业中，金主要用作运输强腐蚀性液体的钢管的覆层。某些金的合金可用作催化剂。

在人造丝生产中制造喷丝头时，金铂合金可以代替铂铑合金。

金合金可用在制造表壳和自来水笔尖上。

在医学上，大量金和合金用于制造牙套和假牙。含金盐医用药剂可用来治疗结核病、风湿性关节炎等多种疾病。放射性金可用于治疗恶性肿瘤。

银在历史上曾作为货币长期使用，在金融方面起过重要作用。

由于银化合物对光具有很强的敏感性，银还是最重要的感光材料，大量银及银盐用于电影、电视制片和印刷业的照相制版、出版以及民用摄影等方面。

银具有较好的导电、导热和反射性能，具有良好的化学稳定性和延展性，因而银被广泛用于航天工业、电气、电子工业中。如航天飞机、宇宙飞船、卫星、火箭上的导线大部分用白银制作。

银丝用在最灵敏的物理仪器上；各种继电器的重要线接头以及无线电子系统的主要部件也都用银制造或焊接；各种自动装置、火箭和潜水艇、计算机和核装置、通信和信号系统的接头，一般也都用银制造。

此外，白银也大量用于珠宝业、美术工艺工业上。

1.3 黄金的计量和成色

1.3.1 黄金的计量

自古以来，黄金的计量随着历代度量衡的变化而多有变异，世界各国也大不相同。公元前221年，秦始皇统一中国后，把黄金作为货币中的上币，其计量单位为溢，1溢等于20两。秦以16两为1秦斤，24铢为1两。据出土文物考查，1铢重0.68g，那么1溢约合今重326.4g。

《汉书·食货志》中提到："黄金方寸，而重一斤。"这里所指的"方寸"和"斤"并不是1立方寸的黄金重1斤。据考证，《汉书》中所指的"方寸"是指金版的宽和广为周尺的1寸（约2.31cm），厚约为周尺七厘（约0.1617cm）；"斤"是"釿"字的省略写法，"釿"是指经过斤斧断制成的金属小块，据出土实物称量，一"斤"（釿）的重量为15～16.35g。汉初，黄金的计量单位仍用秦制"溢"。当时对功臣的赏赐多用黄金，一次赏赐上百溢。汉兴时常把1斤金叫1金，当时1金黄金相当于一万个三铢铜钱的价值。两汉时1金黄金的重量比秦时1斤黄金重量减少了20%，1金（1斤）黄金重量相当于261.12g。

新中国成立后国务院统一了度量衡单位，金以克、千克和吨计量。但多年来金仍习惯用两计量，1两等于31.25g。

当今世界使用的黄金计量单位繁多，通常用盎司。1盎司等于28.3495g，也有用磅、本尼威特、公吨、短吨等计量的。

1.3.2 成色表示法

任何一种金制品，包括金锭，都应铸有表示该金制品纯度、国家、炼金厂和制成日期的标记。黄金的成色有几种不同的表示方法。

黄金可与多种金属形成合金。在这些合金中含金量的多少就是它的成色，对金合金或金锭往往只表示含金量，而对其他成分的含量不予表示。金合金的颜色随添加金属的种类和比例而变化。常见金基合金的颜色见表1-8。

民间往往从金制品的色泽上判断黄金制品的成色。古谚语云：七成者青；八成者黄；九成者紫；十成者足赤。自古有"金无足赤"之说，这确实是事实。目前即使是6个"9"的高纯度金也含有微量的铜、锌、锡等杂质。

表1-8 常见金基合金的颜色

合金颜色	合金中金属含量/%			
	金	银	铜	铝
绿色	75	25	0	0
浅黄绿色	75	21.4	3.6	0
浅黄色	75	16.7	8.3	0
鲜黄色	75	12.5	12.5	0
浅红色	75	8.3	16.7	0
橙黄色	75	3.6	21.4	0
红色	75	0	25	0
深红色	78	0	0	22

目前，最常用的成色表示法是以百分含量表示含金量。市面上所谓的 2 个“9”，表示该金制品的百分含量为 99%；同理，3 个“9”，表示该金制品含金高达 99.9%。

还有把含金量按重量分成 1000 份的表示法，这种方法是苏联在 1927 年建立的冶金标记制，如在金件上加 583 的标记，即表示此金件含金 58.3%。

在首饰业，金币和金笔制造业中常用“K”（开）表示黄金的成色。K 金按其含量由高到低分为：24K、22K、20K、18K、14K、12K、10K、9K、8K 等。1K 的含金量为 4.1666%。这样就可算出金制品的含金量，如表 1-9 所示。

表 1-9　K 金制品的含金量

K 金	24K	22K	20K	18K	14K	12K	10K	9K	8K
含金量/%	99.9984	91.6652	83.3320	74.9988	58.3324	49.9992	41.5660	37.4994	33.3328

第2章 金银的资源与生产概况

2.1 世界金矿资源与矿床类型

2.1.1 世界金矿资源

据2008年资料，世界黄金储量为13.74万吨，主要为脉金、砂金和多金属伴生金矿。其中，砂金矿占5%，脉金矿占70%，伴生金矿占25%。

脉金矿床中，世界上最大储量和产量的矿床类型是含金铀砾岩矿床（亦称兰德型），其储量占世界黄金储量的60%，主要分布在南非。其次为太古代绿岩带中以含金石英脉为主的金矿，元古代含铁硅质建造中的金矿（亦称霍姆斯塔克型），碳酸盐建造中的微细浸染型金矿（亦称卡林型），穆龙套型金矿，与中、新生代火山岩、次火山岩有关的金矿等。

砂金矿床中，在有工业意义的残积、坡积、冲积、湖成和海成等砂金中，尤以冲积砂金矿分布广，储量大。

伴生金矿多为含铜、镍、铅、锌、银等多种有色金属和贱金属的复杂矿床，金主要作为副产品加以回收。

从黄金生产来看，1890年以前，世界黄金生产以开采砂金矿为主，砂金产量约占黄金总产量的98%。20世纪初才开始大量开采脉金，但发展很快，至20世纪20年代脉金产量已上升到世界总产量的80%。1950年以后，由于采金船及其他采金设备的广泛应用，砂金产量比例又有所增加。目前，脉金产量占65%～75%，砂金及伴生金产量占25%～35%。但是，在一些国家砂金仍是金的主要来源，如俄罗斯约70%的黄金是从砂金矿中采出的。

随着黄金生产的发展和世界对黄金的需求，伴生金矿在许多主要产金国的储量和产量中占有重要地位。此外，低品位的各种含金二次资源也越来越受到各国的重视，已成为黄金生产的重要原料之一。

金矿资源在世界各个地区、各个国家的分布很不均衡。世界黄金储量80%集中在南非、俄罗斯、美国、加拿大、澳大利亚和乌兹别克斯坦，其中南非的黄金储量占

40%左右。截至2004年底，世界黄金储量估计约为42000t，其储量分布见表2-1。

表2-1 世界黄金储量和储量基础（2004年数据）

国家或地区	储量/t	储量基础/t	国家和地区	储量/t	储量基础/t
南非	6000	36000	俄罗斯	3000	3500
美国	2700	3700	秘鲁	3500	4100
澳大利亚	5000	6000	印度尼西亚	1800	2800
加拿大	1300	3500	其他	17000	26000
中国	1200	4100	世界总计	42000	90000

据2009年资料，南非黄金储量已达33800t，平均品位7.5g/t，仍居世界首位；俄罗斯黄金储量超过10000t，平均品位4g/t，居第二位；美国黄金储量超过9000t，平均品位2.2g/t，居第三位。其他国家黄金储量也均有较大增长。

据统计，金在地球中的总量为48×10^{14}t。但金在地球中的分布是很不均匀的。

在地核部分，金的平均含量为0.005%，含金量达68100亿吨。在地球的过渡带，平均含金量为0.5～1.0g/t，其含量占地球含金量的0.18%。在地壳中，金的平均含量为0.0035g/t，含金量达960亿吨。但现在的开采技术还不能在离地面太远的地下工作，即使技术上可行经济上也不一定合理。以离地面3000m作为可采深度计算，那么还有约30亿吨的黄金可采。当然，这是计算得来的数字。

金主要来源于脉金矿、砂金矿和含金多金属矿。目前，世界上脉金产量占金总产量的65%～75%。

据矿产手册估计，如果把目前尚无法利用的金矿储量都计算进去，全世界黄金的总储量可达61250t，其中20%为伴生金。

在黄金生产方面，世界上黄金产量最多的国家是南非，其次为美国、澳大利亚、中国、秘鲁、俄罗斯、印度尼西亚、加拿大、乌兹别克斯坦、加纳、巴布亚新几内亚、马里、巴西、坦桑尼亚、阿根廷、智利。一些主要产金国家黄金产量见于表2-2。

表2-2 世界主要产金国的黄金产量 t

国家	生产年份				
	2002年	2003年	2004年	2005年	2006年
南非	395	335	299	296.3	291.8
美国	299	281	260.3	261.7	251.8
澳大利亚	264	283	258.1	262.9	244.5
中国	202	206	217.3	224.1	247.2
秘鲁	157	172	173.2	207.8	203.3
俄罗斯	181	182	181.6	175.5	172.8
印度尼西亚	158	164	114.2	166.6	114.1
加拿大	148	141	128.5	118.5	104.0
乌兹别克斯坦	87	80	83.7	79.3	78.5

续表

国家	生产年份				
	2002 年	2003 年	2004 年	2005 年	2006 年
加纳	70	69	57.8	62.8	70.2
巴布亚新几内亚	65	69	74.5	68.8	60.4
马里	56	47	39.6	45.9	54.0
巴西	46	43	42.9	44.9	49.7
坦桑尼亚	39	45	47.9	49.8	44.2
阿根廷	33	30	27.7	27.9	44.1
智利	35	38	40	39.6	40.8

世界银的储量估计有 26 万吨，主要分布在俄罗斯、加拿大、美国、墨西哥、澳大利亚和秘鲁等国，约占世界总储量的 72%。其中俄罗斯、加拿大、美国储量最大，三者占世界总储量的 58%。世界主要产银国银储量见表 2-3。

表 2-3 世界主要产银国银储量

国家	美国	加拿大	中国	墨西哥	秘鲁	澳大利亚
储量/t	72000	47000	43000	40000	37000	33000
占世界总储量/%	17.1	11.1	10.2	9.5	8.8	7.9

世界上有 75%～80%的白银是铅锌、铜、铝和金等矿床的副产品，单独开采白银的矿床仅是少数。我国的银矿资源很丰富，储量列世界第六位，银产量占世界第七位。国家对白银生产非常重视，制订了优惠政策，还在新建一批以白银为主的矿山。如桐柏银矿、陕西银矿等。但目前银产量主要靠黄金矿山和有色金属企业的综合回收，其中从铅锌铜矿石中回收的银占到 70%。

目前银的生产还是供不应求的。2009 年按白银产量大小排列，美国第一，加拿大第二，中国第三，墨西哥第四，秘鲁第五，澳大利亚和波兰仍居第六、第七位。西方国家主要产银国的银产量见表 2-4。

表 2-4 西方主要产银国银产量 t

国家	生产年份				
	2001 年	2002 年	2003 年	2004 年	2005 年
秘鲁	2669.5	2761.5	2757.1	3059.8	3193.1
墨西哥	2760.0	2749.0	2551.0	2531	2884.5
澳大利亚	1970.0	2077.0	1872.0	2183.0	2358.9
智利	1348.7	1204.6	1312.8	1360	1379
加拿大	1320.0	1407.6	1309.3	1246	1179
波兰	1088.4	1220.8	1237.2	1330	1263
美国	1606.0	1419.0	1242.2	1245.7	1178.8
哈萨克斯坦	816.0	816.0	816.0	689.8	804.1
玻利维亚	409.7	460.9	470.0	412.8	372

2.1.2 世界金矿床类型

金主要从金矿的开采和有色金属冶炼中获得，或在开采其他金属，如铜、镍、铅、锌、银矿石时作为副产品回收。而含金矿脉或金矿床可以任何形式，产于任何岩石，其来源也是错综复杂的。

目前，世界已发现了各种类型的金矿床，原生金可存在于后来发生剪切和破裂作用从而形成矿脉、网状脉和交代矿络的火成岩体内；也可存在于某些碳酸岩体、伟晶岩、矽卡岩、沉积岩和砂岩内。

在深生矿脉、矿络、网状脉、层状脉以及其他类似矿床中，金往往强烈富集，这类矿床是世界上产金量主要来源之一。但是，储量和产量最大的金矿是石英卵石砾岩中的金矿。这种矿床有的还产铀、稀土和少量铂族金属。许多世纪以来，人们一直从古砂矿和现代砂矿中大量采金。但现今占主要地位的则是从原生脉金和伴生金矿床中开采金。

随着科技的进步和发展，金也将越来越多地作为许多其他类型的金属矿床——包括与基性岩伴生的块状和浸染状 Ni-Cu 硫化物矿床、火山岩区和沉积岩区中的块状 Pb-Zn-Cu 硫化物矿床、各种类型的多金属矿床和斑岩型 Cu-Mo 矿床中的副产品回收。

由于金矿床类型繁多，对于金矿床的分类，从不同角度出发，可划分为各种类型。如按工业意义可划分为金矿床、共生金矿床和伴生金矿床；按照矿床成因和找矿勘探及开采特点可划分为岩金矿床和砂金矿床；按照矿床成因可划分为各种成因类型；按照矿床地质特点，结合工业利用情况，可划分为各种工业类型等。

加拿大的 R. W. 伊博尔按照矿床的结构形态和化学成分以及地质和地球化学背景，尤其是主岩的特征将金矿床分为 9 个主要矿床类型。由于矿床复杂多变，因此可以认为这种分类方式已尽可能地接近现实和客观，并相对地不受推测性的成因理论的制约。

R. W. 伊博尔的矿床分类及有关矿床特征、国内外主要工业矿床概述如下：

① 含金斑岩岩脉、岩床和岩株；含金的粗粒花岗岩体、细晶岩和伟晶岩。这一类斑岩、细晶岩和花岗岩体常见于世界各地的前寒武纪岩体和较年轻的岩石中。金多富集于斑岩及细晶岩体本身以及主岩附近的裂隙、断裂和剪切带中。金主要产在硫化物矿物中。

② 碳酸岩及与碳酸岩有关的岩体。这些岩体是极为复杂的岩浆作用和热液作用的产物。后期热液作用通常以各岩带后期裂隙和断层中发育硫化物矿脉为特征。但有些碳酸岩中，黄铁矿、磁黄铁矿、黄铜矿、辉钼矿等硫化物以浸染形式广泛分布于霓长岩和杂岩体的各相带中。在南非的帕拉拇拉大金矿，不少类型的岩石中都产有浸染状黄铜矿、斑铜矿，但主要的富矿体都赋存于裂隙发育的贯入式碳酸岩（黑云母碳酸岩）杂岩体和贯入式碳酸岩细脉内。

金总以自然金产出，并与黄铁矿、磁黄铁矿、辉钼矿、黄铜矿和其他铜硫化物共生。银主要赋存在方铅矿、黝铜矿和其他类似矿物中。

这类矿床如南澳大利亚的奥林匹克坝 Cu-U-Au 矿床和美国加利福尼亚州的圣贝纳迪诺的含金石英碳酸盐脉矿床。

③ 矽卡岩型金矿床。矽卡岩矿床多产于强变质带，尤其是在碳酸岩和含碳酸盐泥岩中发育强花岗岩化和有花岗质岩石注入的地段。有些矿床产于花岗岩体的接触带附近，所以一直被称为接触变质型；另一些则发育于离接触带稍远的有利地层或地段。

金是矽卡岩矿床的常见组分。金矿物包括自然金和各种碲化物。最常与一起富集的元素有 Fe、S、Cu、Ag、Zn、Pb、Mo、As、Bi 和 Te。大多数作为金矿开采的矽卡岩矿床含有大量黄铁矿和毒砂。

含金矽卡岩矿床在加拿大科迪勒拉山系星罗棋布，如尼克尔普拉特和弗伦其矿床；在加拿大地盾，有如魁北克附近的泰特奥特矿床和渥太华西北部的新卡吕梅特的 Pb-Zn-Ag-Au 矿床。

④ 主要产在火山岩地区的破裂、断裂、剪切带、页状剥离带和角砾岩带中的金-银和银-金脉、网脉、矿脉、矿化岩筒和不规则硅化体。这类矿床广泛分布于地球上褶皱的和相对平缓的火山岩体内，矿床产于所有时代的岩石中，但大多数在前寒武纪和第三纪岩石内。

常见的有利含矿岩石有：安山岩、玄武岩、粗安岩、粗面岩和流纹岩。在前寒武纪岩石中，这样的组合通常被称为“绿岩带”。许多前寒武纪的矿床产于凝灰岩、集块岩和与火山岩流互层的沉积岩，特别是在条带状含铁建造中。矿床的形状多为脉状、大脉、网脉、矿管和不规则矿化体，赋存在分部广泛的裂隙带、破碎带、剪切带、断裂带和角砾岩带内。

属于这一特定类型的矿床大多以发育石英、碳酸盐矿物、黄铁矿、毒砂、贱金属硫化物和各类硫盐矿物为特征。主要金矿物为自然金和各类碲化物，有些矿床还产有脆金碲矿。

这类广泛分布于世界各地的前寒武纪绿岩带中的金矿床，其产量占世界总产量的 20%。其主要产地，如加拿大安大略的红湖和蒂明斯、加拿大的波立潘金矿、南澳大利亚的卡尔古里金矿、印度的戈拉尔金矿等。

⑤ 沉积岩地区常见的断裂带、破碎带、顺层断错带、剪切带、拖曳褶皱和背斜张裂内的含金脉、大脉、页状和鞍状脉，以及发育在断裂和破碎带附近，化学性质有利层位中的板状和不规则矿体。这些矿床遍布于全世界，从中提取大量的金和银，它们通常被称为“本迪戈型”矿床。矿床主要发育于海相沉积为主的页岩、砂岩和硬砂岩序列中。

这些矿床的主要脉石矿物是石英，次要脉石矿物为长石、云母、绿泥石和金红石等。最常见的金属矿物是黄铁矿和毒砂，但也可出现方铅矿、黄铜矿、闪锌矿和磁黄铁矿，局部有辉钼矿、铋矿物和钨矿物。个别矿床中富产辉锑矿。有用矿物是自然金（一般含银少）、含金黄铁矿和含金毒砂，碲化物矿物较少见。

20世纪50年代苏联发现的大型金矿之一的穆龙套型金矿，含矿围岩为浅变质岩组成。这种赋存于普通沉积岩中的矿床世界各地都有分布。如加拿大北部耶洛奈夫地区产在太古地层中的矿床、不列颠哥伦比亚省的卡里布戈尔德考茨矿床，法国的萨尔西聂矿床和澳大利亚的本迪戈矿床等。

⑥ 由沉积岩、火山岩、各类火成侵入岩和花岗岩化岩石组成的复杂地质环境中的金-银和银-金脉、大脉、网脉和硅化带。属于这一类的矿床几乎包括了第4、第5类中所描述的所有后生特征。石英是主要的脉石矿物，有些矿床适度发育碳酸盐化。矿体主要呈现为石英脉、大脉、硅化和碳酸盐化带。金常呈自然金产出，但也可以呈碲化物浸染于黄铁矿和毒砂内。

这类矿床广泛分布于世界各地。其时代从太古代到第三纪。如加拿大的安大略省科尔克兰德湖和利特尔朗拉克-斯特金河地区的前寒武纪矿床，美国阿拉斯加的朱诺矿床（中生代）和科罗拉多的中央城地区（第三纪）等。

⑦ 火成岩、火山岩和沉积岩地区的浸染状和网脉状金-银脉。该大类一般可分为三个亚类。

a. 火成岩体中的浸染状和网脉状金-银矿床。该亚类矿床产于火成岩岩颈、岩株、岩脉和岩床中，这些岩体都经过强烈的破碎，并为石英、黄铁矿、毒砂、金和其他矿物所充填。大多数矿床呈现为网脉状和弥散的不规则状浸染体。变质作用随主岩类型变化。

这类矿床常见于加拿大，特别是在加拿大地盾和科迪勒拉山系。如安大略红湖产在太古代石英斑岩岩脉中的豪威和哈萨加矿床等。

b. 产于火山岩流及与其共生的火山碎屑岩中的浸染状金-银和银-金矿床。该亚类矿床多为发育在流纹岩、安山岩、玄武岩及相应火山碎屑岩中不规则和弥散的大型蚀变带的浸染状矿床。该类浸染状金-银矿比较常见，但因品位很低，尚没有作为商品矿床开发。该类矿床银含量较多，有的平均可达100g/t。

c. 火山和沉积地层中浸染状金-银矿床。该类浸染状金-银矿通常与沉积岩层和火山碎屑岩层呈整合关系，在有些情况下它们的边界可延入上覆和下伏岩层。有些矿床大且品位较高，另一些则一般品位较低。该亚类矿床还可分成如下两个亚型。

其一，发育于火山岩或沉积岩层内的凝灰岩和含铁建造中的矿床。该含铁建造中的金矿床在太古代绿岩带和加拿大地盾中与之相伴生成的沉积带以及世界各地的相似岩石中尤为常见。凝灰岩中的矿体一般规模较大，常含有黄铁矿、磁黄铁矿和毒砂，以及许多次生的细粒石英和各种硅酸盐。金通常呈自然金分布在岩石的基质内，或者呈细粒分散形式存在于硫化物和砷化物矿物内。该类矿床是近年来查明的很有发展前途的金矿床，其产量约占世界金产量的13%，多为大型矿床，如美国南达科他州霍姆斯塔克矿床，储量约1000多吨。典型例子还有安大略红湖产在太古代凝灰岩中的迈德逊金矿、安大略北部产于太古代绿岩带中的森屈瑞帕特里夏矿床和皮克尔克罗矿床。

其二，化学有利岩层，特别是碳酸盐岩石和钙泥岩的广泛充填和交代形成的矿床。该类矿床主要发育在有花岗岩岩株、斑岩岩脉和岩床侵入的钙质、白云质泥岩和砂质岩石，以及薄层碳酸盐岩石中，有些则产在多孔隙的砂岩中。多数矿床以一种或多种蚀变为特征，如硅化、泥化、黄铁矿化和毒砂化，带入如 Au、Ag、Hg、Ti、B、Sb、As、Se、Te 等元素和贱金属元素。金通常呈细粒状（小于 5μm）浸染分布于整个蚀变岩石，时常含银很富。该类型矿床分布于世界各地，通常被称为“卡林型”金矿。最著名的矿床就是 20 世纪 60 年代美国在内华达州发现的卡林金矿。后来，在加拿大不列颠哥伦比亚省的斯佩苛纳和前苏联的库拉那赫等也找到了相似的矿床。

⑧ 石英砾岩和石英岩中的金矿床。它们是目前世界储量、产量最大的金矿类型，约占世界黄金总储量的 60% 和总产量的 75%。有些矿床还是铀、钍和稀土的工业来源。

石英砾岩矿床中的矿石以含有丰富的黄铁矿（或赤铁矿）为特征，伴生有不定量的，一般从少量到痕量的其他硫化物、砷化物、硫盐和诸如沥青铀矿、碳铀钍矿和钛铀矿等矿物，主要赋存于砾岩和石英岩的基质之中。金主要以自然金呈细粒分散状（小于 80μm）分布于砾岩和石英岩的基质中，少量金亦赋存于黄铁矿和各种其他硫化物、砷化物、硫盐等内。矿石中平均 Au/Ag 比为 10∶1。

该类矿床的典型例子是南非的维尔瓦特斯兰德矿床。其他的如包括在加纳塔克瓦系中的矿床和巴西巴伊亚州的雅可比纳矿床等。

⑨ 残积型和冲积型砂矿。这些现代砂矿产有金银，后者通常低含量地存在于冲积型的矿砂之中。伴生的重矿物一般包括不同量的独居石、磁铁矿、钛铁矿、锡石、黑钨矿、白钨矿、辰砂和铂族元素矿物。砂矿中 Au/Ag 值一般大于 1。

砂金矿是世界各国最早开采的重要金矿床，目前世界已采出的砂金量可达 3 万多吨。工业砂矿有残积、坡积、冲积、湖成和海成等砂金矿类型，其中以冲积砂矿分布广、储量最大。

⑩ 其他类型。黄金还有其他多种来源，主要作为镍、铜和其他贱金属矿石的副产品。例如：

a. 与基性侵入岩共生的镍-铜矿石（肖德贝里型）；

b. 火山沉积地层中，以含 Fe、Cu、Pb 和 Zn 硫化物为主的块状硫化物矿床；

c. 火山沉积地层中，以含 Fe、Cu、Pb、Zn 和 Ag 硫化物为主的多金属岩脉和矿脉；

d. 黑矿型硫化物矿床，主要产在日本，有些矿床金银极富；

e. 斑岩型铜-钼浸染状矿床，这是金、银较重要的来源，尤其在美国、巴布亚新几内亚和俄罗斯；

f. 某些类型的铀（沥青铀矿）矿床，如澳大利亚北部的贾比卢卡矿床。

在这些不同的矿床中，金通常以自然金形成细粒分散状产出，或以碲化物形式产出，也可作为晶格的组分分布于黄铁矿、毒砂、黄铜矿和其他贱金属硫化物、砷化物、硫盐和硒化物中。

2.1.3 世界主要金矿床

在过去的百多年时间里，世界上先后发现了数十个世界级金矿床（见表 2-5），百余个大中型矿床，最令人鼓舞的是发现了十几个超大型金矿床（金储量大于 1000t）。

表 2-5 世界主要金矿床一览表

序号	国别	矿床名称及类型	规模/t	序号	国别	矿床名称及类型	规模/t
1	朝鲜	片麻变质热液型金矿	200	21	加拿大	艾兰斑岩型铜金矿	162
2	印度	科拉变质热液型金矿	637	22	哥伦比亚	安蒂奥基亚砂金矿	155
3	菲律宾	圣托马斯班岩型铜金矿	140	23	巴西	亚马孙河砂金矿	100
4	中国	玲珑石英脉-蚀变岩型金矿	>150	24		莫罗韦洛沉积变质型金矿	450
5	南非	西兰德铀金变质砾岩型金矿	3122	25	澳大利亚	戈登迈尔变质热液型金矿	1125
6		东兰德铀金变质砾岩型金矿	15412	26		奥林匹克坝沉积型铀金矿	1200
7		埃文德铀金变质砾岩型金矿	597	27		卡尼加砂金矿	199
8		卡尔额维尔变质砾岩型金矿	2632	28	巴布亚新几内亚	弗里达斑岩型铜金矿	183
9		克勒克斯多晋砾岩型铀金矿	2299	29		潘古纳斑岩型铜金矿	450
10		韦尔科姆变质砾岩型金矿	4660	30		波尔盖拉浅成热液型金矿	286
11	加纳	塔夸变质砾岩型金矿	200	31		利希尔岛热液型金矿	311
12	扎伊尔	基洛·莫托砂金矿	230	32	俄罗斯	叶尼塞山砂金矿及岩金矿	460
13	美国	霍姆斯塔克沉积变质型金矿	991	33		博代博砂金矿及岩金矿	1200
14		金坑网脉浸染型金矿	218	34		阿尔拉赫云砂金矿及岩金矿	350
15		卡林热水溶液浸染型金矿	109	35		雅纳·科累马砂金矿及岩金矿	600
16		诺姆砂金砂	170	36		阿穆尔砂金矿及岩金矿	5445
17		宾仓姆峡谷斑岩型金矿	110	37		穆龙套沉积变质金矿	>10000
18		马里斯维尔砂金矿	1505	38	法国	萨尔西戈尼变质热液型金矿	110
19	加拿大	赫姆洛变质热液型金矿	525	39	西班牙	萨拉威岩浆热液型金矿	125
20		迪图尔变质热液型金矿	105	40	多米尼加	旧普韦布洛斑岩型金矿	115

自 20 世纪 80 年代以来，又陆续探明了多种类型的世界级金矿。根据法国地调局 J. J. Bache 资料（1987），全世界 80 年代以来新增金储量 7000t 左右，其中亚洲 1466.4t，大亚洲 1968.7t，美洲 2948.4～4320.9t，欧洲 40.4～50.4t。属于世界级金矿（储量大于 100t）的共有 20 个，如表 2-6 所示。其中储量大于 500t 的有 5 个，包括南非的埃兰斯兰德金矿、巴西的塞拉佩拉达等。

表 2-6　20 世纪 80 年代新增世界级金矿床简明表

序号	国别	矿床名称	金储量/t	矿床类型	发现年份/年	品位/(g/t)	容矿岩石	年产量/t
1	南非	埃兰斯兰德	777	古砂金矿型	1980		含金砾岩	23
2		朱尔根绍夫	187	古砂金矿型	1980		含金砾岩	
3	巴西	塞位佩拉达	＞500	变质热液型	1980		含铁变质岩	10
4	日本	菱	120	浅成热液型	1980	80	凝灰岩黑色页岩	6.7
5	维多利亚	中西部地区	670	砂金矿型	1980		砂岩	＞5
6	美国	麦克劳林	100	浅成热液型	1980	4.98	硅化凝灰岩	＞16
7		金坑	258	卡林型	1981	1.3	硅化碳酸盐岩	30
8	加拿大	赫姆洛	597	变质火山热液型	1981	7.78	黄铁绢云片岩	
9	巴布亚新几内亚	利海尔岛	500	火山浅成热液型	1982	3.5	火山角砾岩、二长斑岩	
10		波格拉	200	火山浅成热液型	1982	3.5	次火山岩	
11	加拿大	通德拉	150	绿岩型	1982	6.2	凝灰岩、集块岩	
12	巴布亚新几内亚	波尔盖特	420	火山浅成热液型	1982	3.7	火山角砾岩	
13	美国	朗德山金矿	260	卡林型	1983	1.8	碳酸盐岩	9.3
14		詹姆斯敦	105	火山热液型	1984	2.23	火山岩	4
15	加拿大	多姆	333	火山热液型	1984	7.5	火山沉积岩	4
16	南非	比阿特克斯	275	古砂金矿型	1984		碎屑岩	11.6
17	巴布亚新几内亚	奥克蒂迪	138	火山浅成热液型	1984		斑岩	13
18	澳大利亚	奥林匹克坝	270	铜金铀矿沉积型	1986	0.6	砂岩、砾岩	27
19	美国	波斯特-贝茨	311	卡林型	1987	6～12	粉砂质灰岩	
20	巴布亚新几内亚	弗里达	230	火山浅成热液型	1989	0.93	粗安岩	

2.2　金银的矿石类型及选矿方法

2.2.1　金的矿石类型及选矿方法

金的矿石类型，其划分方法各不相同。根据矿石氧化程度，可分为原生（硫化矿）矿石，部分氧化（混合）矿石和氧化矿石。氧化矿的特点是，矿石中含有氧化铁和其他金属氧化矿物以及含有泥质（黏土）成分。根据我国实际情况并结合选矿工艺要求，可作如下划分。

(1) 贫硫化物金矿石

这种矿石多为石英脉型，也有复石英脉型和细脉浸染型等，硫化物含量少，多以黄铁矿为主，在有些情况下伴生有铜、铅、锌、钼等矿物。这类矿石中自然金粒度相对较大，金是唯一回收对象，其他元素或矿物无工业价值或仅能作为副产品加以回收。采用单一浮选或全泥氰化等简单的工艺流程，便可获得较高的选别指标。

(2) 多硫化物金矿石

这类矿石中黄铁矿或毒砂含量多，它们与金一样也是回收对象。金的品位偏低，变化不大，自然金粒度相对较小，并多被包裹在黄铁矿中。用浮选法将金与硫化物选出来一般比较容易，但要金-硫化物分离则需采用复杂的选冶联合流程，否则金的回收指标不会太高。

(3) 含金多金属矿石

这类矿石除金以外，同时还含有铜、铜铅、铅锌银、钨锑等几种金属矿物，它们均有单独开采的价值。其特点是：a. 硫化物含量高（10%～20%）；b. 自然金除与黄铁矿密切共生外，还与铜、铅等矿物紧密共生；c. 自然金多呈粗细不均匀嵌布，粒度变化区间长；d. 供综合回收的种类繁多。基于上述特点，一般需采用比较复杂的选矿工艺流程。

(4) 含碲化金金矿石

金仍以自然金状态者为多，但有相当一部分金赋存于金的碲化物中。这类矿石在成因上多为低温热液矿床，脉石为石英、玉髓质石英和碳酸盐矿物。

(5) 含金铜矿石

这类矿石与第三类矿石的区别在于：金的品位低，但可作为主要的综合利用的元素之一。自然金粒度中等，但与其他矿物共生关系复杂。选矿中大多将金富集在铜精矿中，在铜冶炼时回收金。

2.2.2 含银矿石类型及其选矿方法

含银矿石主要分为银金类矿石和铅锌铜伴生银矿石两大类，其产银量占总产量的99%以上。

银金类矿石的选矿方法主要用浮选或氰化法。决定采用浮选或氰化的主要因素是银矿物的组成，当银矿物以辉银矿和自然银为主时，浮选和氰化均可；但当矿石中含有多量深红银矿、淡红银矿、硒银矿等难氰化矿物时，就只能用浮选。浮选与氰化的回收率是有差别的，一般氰化法回收率高。

铅锌铜伴生银矿石的回收，由于其矿物组成复杂，共生关系、嵌布特性以及氧化程度各不相同，选别效果亦有很大差异。但就选矿而言，浮选是普遍采用的方法。总的说来，铅锌铜伴生银矿石的选矿回收率要比银金类矿石低，一般在50%～70%之间。

2.3 中国的金银矿资源及生产概况

2.3.1 中国的金银矿资源

我国黄金、白银矿产资源丰富，采金历史悠久。大陆每个省、自治区和直辖市都有金银资源，台湾也有丰富的黄金资源。台湾的黄金资源是仅次于石油和煤炭的重要矿产之一。据报道，目前我国黄金储量仅次于南非、俄罗斯、美国、加拿大，居世界第5位。

根据金矿床与区域地质条件，我国主要金矿基本分布在九个金矿区域内。

① 东北北部砂金矿区。主要有黑河、呼玛、乌拉嘎和桦川一带的砂金矿，属

于河流冲积砂矿。近年来在中生代侏罗纪火山岩-浸入体中找到团结式原生金矿床。

② 燕辽金矿区。包括吉林东部及河北东部的一些金矿床。大部分为产于前震旦纪的片麻岩，片岩及花岗闪长岩中的含金石英脉矿床。其中有夹皮沟、金厂峪、五龙、张家口等金矿床。

③ 山东金矿区。山东招远一带含金石英脉开采历史悠久。有玲珑金矿床等，后来又发现蚀变花岗岩型金矿床。如三山岛、焦家、新城等大型金矿床。这一地区金矿储量和产量均居全国第一位。

④ 东南地区金矿区。包括湘、桂的脉金，多为板溪系的矿化板岩和边溪亚群中的含金石英脉。本地区金矿较多，但规模较小。湘西金矿是本区最大的金矿。

⑤ 秦岭-祁连山金矿区。本区以矿脉成群、品位高、多金属共生为其特点。代表性的矿山有秦岭、文峪、潼关等金矿。

⑥ 西南地区金沙江流域及四川盆地的一些河流的阶地砂金矿区。

⑦ 台湾金矿区。1890 年发现基隆川筋砂金矿，1893 年发现瑞芳金矿，1894 年又发现金瓜石金矿，1901 年又在牡丹坑山发现大型富金矿。金瓜石金矿是与第三纪火山岩有关的大型金矿。台湾地区金矿的选冶技术及装备水平均较先进。

⑧ 新疆金矿区。新疆北部以及阿尔泰山区的西南部脉金和东南地区的砂金，资源十分丰富。

⑨ 西藏金矿区。分布于雅鲁藏布江以南各支流两侧的阶地之中。

2.3.2 中国金银生产概况

我国是世界上最早认识和开发利用黄金的国家之一，早在 4000 多年前的殷商甲骨文中就有关于金的文字记载。

历史上自汉代开始采金，据《宋史·食货志》记载，宋朝元丰元年（公元 1078 年）全国年产黄金 10711 两，白银 215385 两。到明朝时，“中国产金之区，大约百余处”。至清朝光绪年间达到鼎盛，光绪十四年（公元 1888 年）我国黄金产量达到 13.45t，占当时世界黄金总产量的 17%，居世界第 5 位。此后，黄金产量一直徘徊在此水平以下。

新中国成立后，我国黄金生产获得较大发展。1975～1980 年期间，黄金产量年递增 4%～8%。1983 年黄金产量比历史最好水平翻了两番，达到 58t。1991 年再翻一番。从 1985 年起我国进入世界黄金生产前 6 位。1997 年我国黄金产量达 166.3t，比 1996 年增长 15%，提前 3 年实现“七五”末期年产黄金 150t 的目标。

目前，我国的重点产金省区有：山东、河北、河南、黑龙江、辽宁、内蒙古、吉林、湖南、广西、陕西、新疆等。江西、安徽和云南从有色金属矿山中回收的伴生金银也占有相当的比例。现按矿石类型对我国金矿及选金厂的情况简述如下。

① 砂金矿：几乎均使用采金船，在船上进行跳汰或溜槽粗选和摇床精选。此外，有的集体或个体采金者，使用可移动式洗选机组、离心盘选机及人工淘洗器械。

② 含金黄铁矿型：采用浮选法，如金厂沟梁金矿、金牛山金矿。金厂沟梁金矿曾进行过氯化挥发提金工艺的试验，但未在生产上应用。

③ 含金黄铁矿石英脉型：采用混汞，浮选和浮选精矿氰化工艺。这类矿山较多，有五龙四道沟金矿、招远灵山金矿、金厂峪金矿、焦家金矿、新城金矿、东南金矿、海沟金矿、宽河金矿、红花沟金矿等。

④ 铜金石英脉型：采用混汞-浮选，浮选氰化法。如招远金矿（玲珑），南京铜井铜矿，小西南岔金矿，夹皮沟金矿，二道沟金矿等。

⑤ 多金属含金石英脉型：主要采用混汞-浮选，重选、氰化等联合选矿方法。如文峪金矿、秦岭金矿等。

⑥ 含金氧化矿石英脉型：采用碳浆法，如张家口金矿、潼关金矿、灵湖金矿、赤卫沟金矿等。

⑦ 含钨锑等多种金属的金矿型：采用浮选法，如湘西金矿。

尽管我国黄金产量已居世界第6位，年产黄金达300t以上，但我国黄金消费量大大高出世界平均水平。以2008年为例，仅大陆（此数据不含香港）黄金消费就达395.6t，加上台湾260.6t和香港66.4t，中国黄金总消费高达722t，占亚洲黄金总消费量的65％，远远超过当年313.98t的黄金产量。故加大黄金生产，提高黄金产量，仍是今后的努力方向。

第3章 砂金矿的选别

3.1 砂金矿床的类型及特点

砂金矿床是由砂、砾石和其他含有用矿物与金及残积物组成。这种矿床是由含金的岩石经风化和机械富集作用而形成。由于容易被人类发现、开采和选炼，砂金成为早期人们获取黄金的重要资源。世界上已采出的黄金有 2/3 取自于砂金矿床。

目前，砂金矿在我国仍然是重要的金矿类型和开采对象，在地质储量中仍占有相当比例，约占 13%。在世界范围内，近年来，脉金产量占第一位，伴生金占第二位，砂金已退居第三位。

在开采砂金矿的同时往往会发现脉金和伴生金的矿床。

砂金来源于脉金和其他含金矿石和岩石。当含有自然金的地质体露出地面，经受风化分解为岩屑和金粒后，受到水流的冲刷、搬运和富集，把密度很大、化学稳定性很强的金粒沉积在山坡、溪河、湖滨、海滨地带，形成含金的疏松的碎屑沉积物，其中具有开采价值的沉积物就构成了砂金矿床。

(1) 砂金矿床的类型

① 砂金矿床分布甚广，种类繁多，按其搬运距离的远近通常可分为以下五种类型。

a. 残积砂金矿。残积砂金矿是岩金矿床或矿化带的物理风化和化学风化后的产物——残积物。残积物的岩石成分，随地而异，几乎都是原生矿石和围岩，因此板岩、千枚岩、变质砂岩和脉石最为普遍。砂金未经磨蚀，有的表面覆以铁质薄膜。常见自然金与脉石的连生体。残积砂金矿往往是发现原生金矿的直接标志。含金的硫化物矿床氧化带，应视为残积砂金的一个亚类。残积砂金若有位移，就向坡积砂金矿过渡。

b. 坡积砂金矿。坡积砂金矿是含金堆积物经雨水冲刷和重力滑动，停积在山坡和山麓的“铺山金”。靠近原生矿源地，形成砂金矿的碎屑沉积，已有位移。砂金略有磨蚀，常见金与脉石矿物的连生体。这类矿床一般成色低，规模小，适于小型开采。坡积砂金矿的前缘向洪积砂金矿过渡。

c. 洪积砂金矿。洪积砂金矿产于间歇性水流作用形成的洪积物内。由于水流作用的周期性，砂金和其他碎屑物质分选性和磨圆度均差，常形成富含金的透镜体和夹层。

d. 冲积砂金矿。冲积砂金矿产于河谷冲积物内。冲积物的磨圆程度高，金粒与脉石分离程度好，砂金表面光滑，偶尔可在凹面上残存有铁薄膜。冲积物成分复杂，砂金多分布于冲积物下部靠近岩顶面处。这类砂金矿是我国目前探采的主要对象。

e. 滨海（湖）岸砂金矿。滨海（湖）岸砂金矿产于海和湖的滨岸。它是由河流带入的含金碎屑或岸边的原矿源受拍岸浪和滨岸水流的作用而形成的砂金富集带。碎屑沉积物常常构成平行的狭长带状滨岸沙丘，如辽宁金县登沙河砂金矿。

以上五种类型中，以冲积砂金矿最为多见。

② 此外，按其搬运力的性质，砂金矿还可分为：风成砂金矿、冰成砂金矿、水成砂金矿。

③ 按其产出的地貌部位和产出条件，砂金矿又可分为以下五种类型。

a. 河床（谷）砂金矿。河床（谷）砂金矿是产于现代河流的河床、河洲、浅滩上的砂金矿。

b. 河漫滩砂金矿。河漫滩砂金矿是产于河漫滩之上的砂金矿。这类砂金矿分布最广，多为大、中型矿床。如黑龙江、吉林、陕西、四川都有这类砂金矿床。

c. 阶地砂金矿。阶地砂金矿是产于河谷斜坡阶地上的砂金矿。多数是原先的河漫滩砂金矿抬高升起后被侵蚀破坏所残存的部分。这类矿床规模有大有小。如江西省西北地区（如修水县）有多处这种类型的砂金矿床。

d. 支谷砂金矿。支谷砂金矿是产于细谷、细流和间歇性水流与沟谷及片流的沟坡沟顶上的砂金矿。这类金矿常见大粒金，品位高并含水少，是开采砂金的好对象，但规模一般较小。

e. 岩溶充填砂金矿。岩溶充填砂金矿是产于岩溶漏斗和溶洞中的砂金矿。如广州板塘砂金矿和湖南隆回白竹坪砂金矿等。

(2) 砂金矿床的特点

砂金矿床的宽度一般为 50～300m 或更宽，长度可达数公里甚至数十公里；一般由松软的砂石堆积而成；矿体埋藏深度一般为 1～5m，也有深至 20～30m 甚至更深的；含金矿层厚度通常为 1～5m，个别可达 10m；砂金矿的底岩或基岩多半是花岗岩、页岩、石灰岩。

砂金矿中除含金外，还含有多种重矿物。与金伴生的重矿物有：磁铁矿、钛铁矿、金红石、石榴石、锆英石、赤铁矿、铬铁矿、辰砂、黑钨矿、白钨矿、锡石、刚玉、金刚石、汞膏、方铅矿等。砂金矿中重矿物的含量一般不超过 1～3kg/m^3，其余为各种粒径的砾石、卵石、砂和黏土。黏土对细粒金回收不利，在选金过程中应设法排除。

金在砂金矿中多呈粒状、片状、枝状等形态存在。金的粒度一般为 0.2～

2mm，但也有重达几公斤的大块金（狗头金）及呈粉状的微粒金。砂金的成色一般为 50%～90%，密度平均为 17.5～18.0 g/cm³。金的成色与密度的关系见表 3-1。

表 3-1 金的成色与密度的关系

成色/%	100	95	90	85	80	75	70	65	60	55	50
密度/(g/cm³)	19.3	18.5	17.8	17.1	16.5	15.9	15.3	14.8	14.3	13.9	13.4

由于砂金矿的这些特点，故与其他矿石相比，砂金矿具有如下的选别特点。

① 砂金矿的含金量很低，一般为 0.2～0.3g/m³。重矿物（$\delta>4$）含量通常为 1～3kg/cm³。

② 脉石最大粒度往往比砂金最小粒度大几千倍，也就是说砂金矿原料粒度组成很宽。入选前需通过分级作业把不含金的巨砾和砾石分离出来，并减小入选矿石的体积。

③ 精矿产率很少，一般为 0.01%～0.1%。

④ 选矿比特别高，可达千倍甚至万倍。

⑤ 重选粗精矿需经多次复杂的精选过程，才能获得砂金和合格的重矿物精矿。

⑥ 对于黏性很强的砂金矿或永冻层产出的含金冻块，必须加强碎散作用以提高金的回收率。

砂金选别流程的确定，主要依据矿石性质和所选用的选别设备。而砂金选别设备的确定，又要根据矿床类型、矿石储量、给矿粒度组成、给矿品位等因素来定。砂金选别流程的改变，也主要取决于主选设备的更新。近几年来，由于圆形跳汰机、胶带可动溜槽、离心盘选机和洗选溜槽（罗斯）等主选设备研制成功，为推动砂金选别工艺流程的不断完善、发展和提高奠定了基础。

3.2 砂金选别的主要设备

重力选矿是砂金选别的主要方法，而且重选设备的性能好坏，直接影响到砂金的分选效率。重选设备种类及规格繁多，这在给设备选择带来方便的同时也带来麻烦。只有根据现场的矿石性质、矿床类型和规模大小，通过反复筛选比较，选择最适宜的选别设备，才能获得最好的技术经济效果。下面简单介绍一些主要的砂金重选设备。

3.2.1 跳汰机

跳汰机主要有侧动隔膜的尤巴型、下动隔膜的泛美型、旁动隔膜的丹佛型和圆形跳汰机。圆形跳汰机的特点是矿浆沿径向流动，脉动曲线为锯齿状，可节约用水，提高细粒金的回收率。工业试验表明，它可回收 74μm 以至 40μm 的微细金粒。跳汰机具有以下的优点。

① 处理能力大，通常 $Q=5\text{m}^3/(\text{h}\cdot\text{m}^2)$，处理 －30mm 粗粒时，可达

$10m^3/(h \cdot m^2)$；

② 入选粒度范围宽，一般为 12～50mm；

③ 给矿量波动对其选别指标的影响小。

跳汰机不足之处是富集比低，耗水量大。

3.2.2 溜槽

溜槽仍被广泛应用，它结构简单、价格低廉、富集比较高、所需高差小。只要正确掌握溜槽的技术参数（表 3-2），及时“清溜”，可以获得较高的回收率。因此，国内外除继续使用各种溜槽外，还对溜槽进行了各种改进，出现了多种新型的溜槽。

表 3-2 溜槽的技术参数

技术参数	种类		技术参数	种类	
	溜槽	小溜槽		溜槽	小溜槽
长度/m	8～20	6.0	格条间距/mm	90～150	25～30
坡度/(mm/m)	110	100～110	流层厚度/mm	80	50
格条高度/mm	50～55	25～30	水流平均速度/(m/s)	1.67	0.7

(1) 翻转溜槽

溜槽的主要缺点是每隔一定时间必须停止给矿，然后进行清理，将沉积的精矿清除。既劳动繁重又影响作业的连续；而且随着格条间隙逐渐充满，回收率也逐渐降低。而翻转溜槽可弥补这一缺点，其示意见图 3-1。

(2) 罗斯溜槽

为了改善分选效果，将物料分级入选是有好处的。罗斯溜槽由三个平行的溜槽

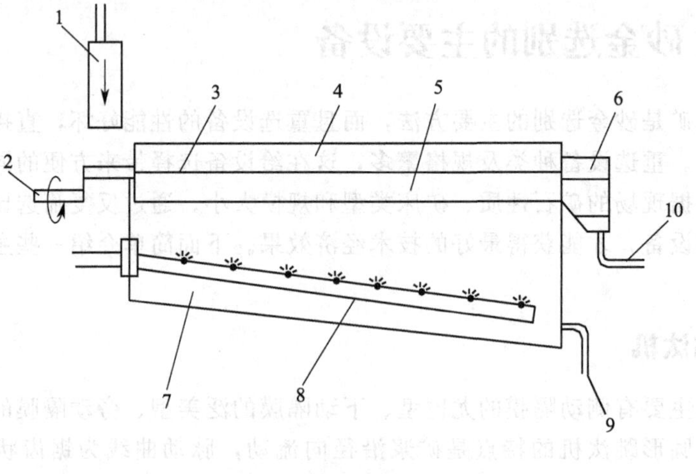

图 3-1 翻转溜槽示意

1—给矿箱；2—翻转手柄；3—铺面；4—上溜槽；5—下溜槽；6—支承轴；7—精矿槽；8—冲洗水；9—精矿排口；10—尾矿排口

组成，见图 3-2。矿浆由给矿箱送到筛板，筛上物至中间的粗粒溜槽，筛下的细粒由两侧的溜槽选别，粗粒溜槽和细粒溜槽的坡度与流量均可分别调节。

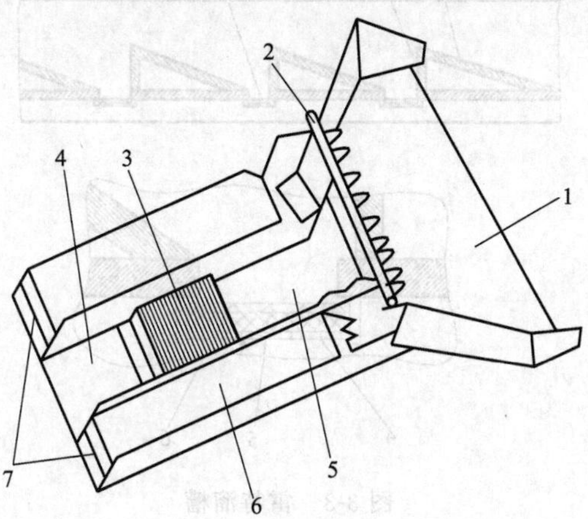

图 3-2　罗斯溜槽

1—给矿箱；2—冲洗水；3—粗选格条；4—再选格条；

5—筛板；6—侧面溜槽；7—格条

(3) 皮尔逊溜槽

它与罗斯溜槽相似，也是将物料分级入选，但又作了三点改进。

① 给矿箱内设分级装置，将物料分级，在其尾端有循环上升水流给物料以二次清洗，将细粒物料送回至细粒物料排口。

② 给矿箱的两侧板是带孔的，作为细粒物料排料口，其大小可调节以改变细粒溜槽的流量。

③ 粗粒溜槽的首端有一带孔的底板，使细粒金通过孔板进入筛下，由底层的带格溜槽回收。

(4) 雷特溜槽

雷特在翻转溜槽上加了一个偏心转动机使溜槽上下摆动，促进物料松散以改善黄金的捕收。他还对槽底作了改进，见图 3-3。其格条一边垂直一边倾斜，由垂直板与倾斜板组成。在两格条之间有一捕收室，其中有三层筛网：底层支承网、中层尼龙网、顶层不锈钢网。筛下的脉动水流使筛网弯曲变形，尼龙网与不锈钢网发生摩擦产生静电，吸附荷电的细粒黄金。脉动水流还使筛上物料松散，其作用与跳汰过程相似，可以改善细粒金的回收。

(5) 带格条的胶带溜槽

已在黑河金矿局获得成功应用。其优点是连续作业，不需人工“清溜”。其结构与胶带运输机相似，其槽面倾角为 9°左右，胶带速度为 0.5m/min，给矿粒度 −20mm，给矿浓度以 30％为宜。给矿由胶带顶端给入，矿浆顺胶带向下流动从尾端排出，精矿沉积在格槽中待胶带翻转至下部时，用水冲至精矿槽。

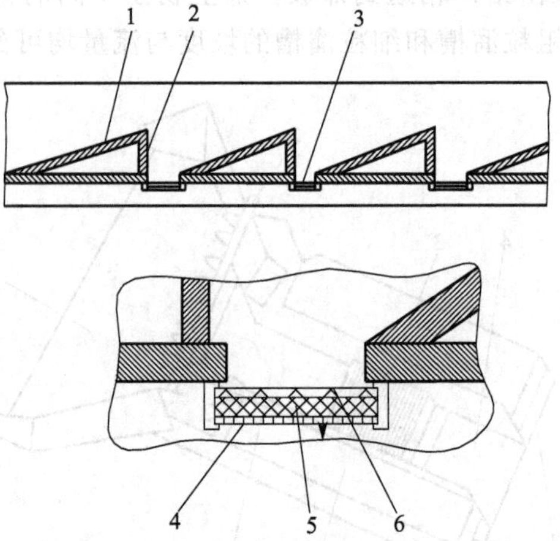

图 3-3 雷特溜槽

1—倾斜板；2—垂直板；3—捕收室；4—支承网；5—尼龙网；6—不锈钢网

(6) 振动溜槽

内蒙古冶金研究所研制了槽面作往复运动的振动溜槽，振动可使物料松散，加速黄金颗粒的沉降。此外，还在槽顶安设筛网筛除大块砾石，以放宽给料粒度范围，简化生产流程。当给矿含泥量较少时，可获得好的效果。

(7) 鼓动溜槽

长春黄金研究所研制了融跳汰与溜槽于一体的鼓动溜槽。溜槽中有鼓动室，用机械方式鼓动隔膜使鼓动室内的矿石松散，加速按相对密度分层。它比一般溜槽有更高的回收率，又比跳汰机的用水量少，所需高差也小，有一定的优点。经试验获得较好的效果。

3.2.3 圆筒形及盘形离心分选机

(1) 约翰逊圆筒选金机

它是一个直径为 1.1m，长为 3.66m 的圆筒，倾斜安装，其倾角为 2.5°～5°，以 3～11r/min 的速度旋转，筒壁上设有与矿浆流向平行的捕收格条。当旋转到顶点时，用水将格条间的黄金冲洗至精矿槽中，见图 3-4。它的操作费用低，很少需要照料，在南非获得了广泛的应用。

(2) 离心圆筒选金机

分选主体乃为一圆筒，转速为 84r/min。物料由一端给入，重矿物在离心力作用下紧贴圆筒内壁，沉积在内壁上。轻的脉石随矿浆流移动到圆筒末端，由提升器提起并卸下经中心管排出，再用一带格条的溜槽扫选。当沉积的重矿物积累到一定数量时，降低圆筒的转速，这时重矿物将脱离内壁，由提升器排至卸料中心管，再到溜槽精选。此设备已应用了 30 多年，处理能力为 20～25t/h。美国有多家金矿

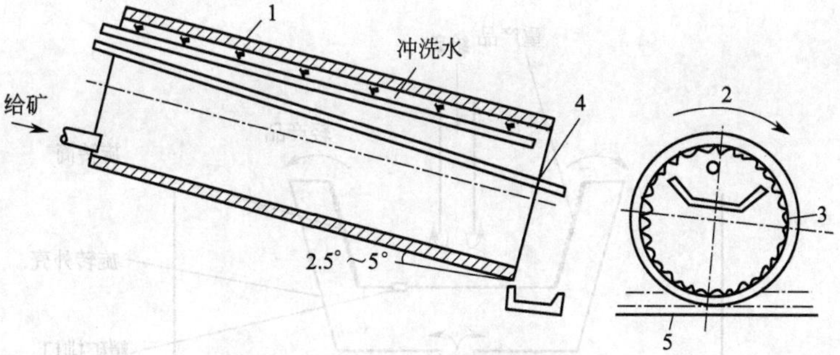

图 3-4　约翰逊圆筒选金机

1—分选圆筒；2—圆筒旋转方向；3—带槽橡胶板；4—精矿槽；5—尾矿槽

所使用的离心圆筒选金机转速达 141r/min，离心力为 4.5g。

(3) 离心盘选机

其主体为一半球形的分选盘，内壁设有带环形沟槽的胶衬，由中空轴带动旋转。给矿至分选盘的底部，脉石与水将在离心力作用下向上运动，由顶端流出进入尾矿槽，黄金与重矿物则沉积在分选盘的环形沟槽中，待给料至一定时间后，切断给矿并使分选盘停止旋转，打开精矿阀排出精矿。然后再关闭精矿阀，重新开始新的选别。该设备富集比高，耗水量小，适于选别细粒金。长春黄金研究所研制成功了 ϕ900mm 离心盘形选金机，取得了较好的分选效果。

(4) 尼尔逊水力分选机

其工作原理与盘形选金机相似，特点是将喷射水加入旋转盘的内壁，形成水垫使精矿沉积层不致过分紧密，以便于卸料。待精矿聚积至 200kg 左右时，停车用水将精矿冲下排出，冲洗时间约 5min。至 1982 年 8 月，此设备已推广使用，其主要参数见表 3-3，结构见图 3-5。

表 3-3　尼尔逊水力分选机主要参数

分选盘直径 /mm	转速 /(r/min)	离心力 /g	处理量 /(yd³①/h)	耗水量 /(gal②/min)	给矿粒度 /mm	功率 /kW	机重 /kg
762	400	60	30	400	<6	5.6	635

① 1yd³＝0.76455m³。

② 1gal＝4.546dm³。

近年来，国内一些脉金矿浮选厂，也推广使用尼尔逊水力分选机取代混汞用于回收粗粒金，效果很好，也更有利于矿山的环境保护。

(5) 倾斜离心盘选机

其结构见图 3-6。分选盘倾斜安装，盘面上有螺旋形排列的格条。在分选盘的垂直壁上设有倾斜的角钢，用来搅动矿浆，产生上升水流以强化分选。喷水管喷出冲洗水用以清洗盘壁重砂并使精矿由中心孔顺利排出。

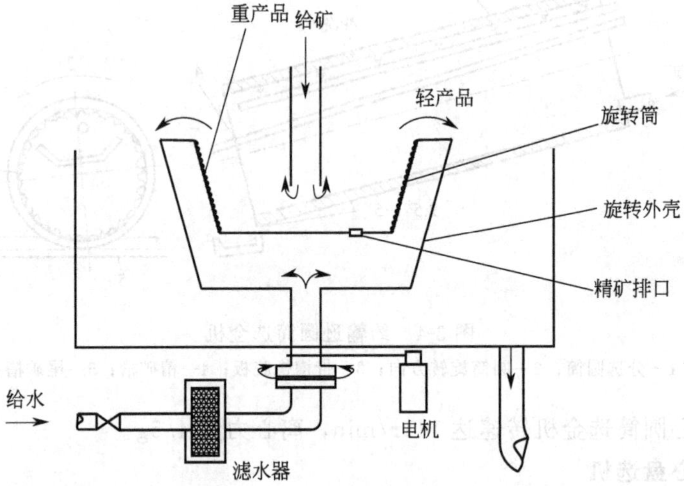

图 3-5 尼尔逊水力分选机

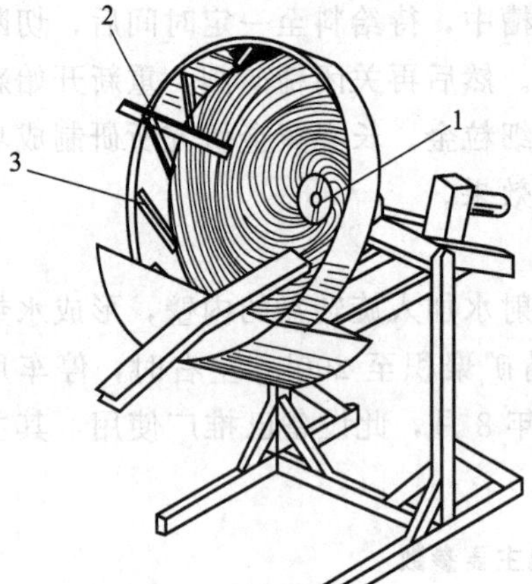

图 3-6 倾斜离心盘选机

1—精矿排出口；2—喷水管；3—倾斜角钢

3.2.4 横向倾斜的胶带溜槽

其特点是胶带自给矿端向尾矿端向下倾斜，矿流方向与胶带运动方向垂直，其示意见图 3-7。它的操作简单，易于观察，只要给矿量适宜而且稳定，即可获得满意的结果。此设备用在美国恩格罗金矿。

3.2.5 振动翻床

床面作低频率、大振幅的往复振动，在冲洗精矿时床面可翻转，倾斜成 40°，故称振动翻床。工业型设备宽 3m，长 1.2m，为了连续给矿，以两个床面为一组。一个床面工作时另一个床面翻转卸矿，为提高处理量可作成多层。矿流方向与床面运动方向垂直，床面沿矿流方向倾斜 1.5°。床的表面可带格条，也可是平滑的。给矿浓度以 25%～45%为宜，它的处理量大，富集比与回收率高。适于选别小于 0.15mm 的物料，其外形见图 3-8。

3.2.6 螺旋选矿机

前苏联在选别 0～8mm 的含金砂矿时广泛采用 ϕ1200mm，螺距为 650～750mm 的螺旋选矿机，其处理量为 7～10m^3/h。在选别 0.02～0.5mm 含金砂矿时，则采用槽面横向倾角小，槽断面形状为立方抛物线形的螺旋溜槽。

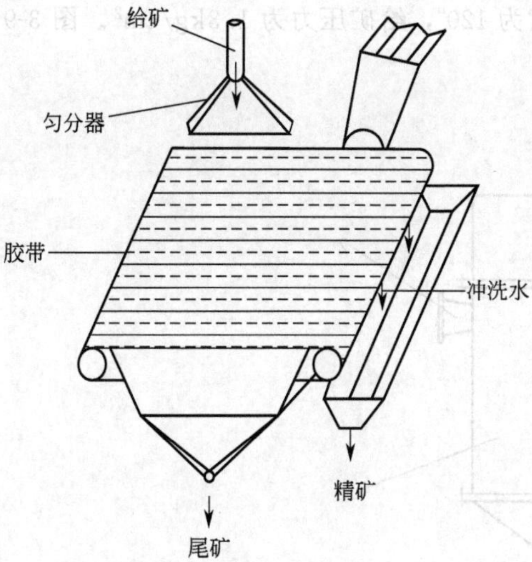

图 3-7　横向倾斜的胶带溜槽

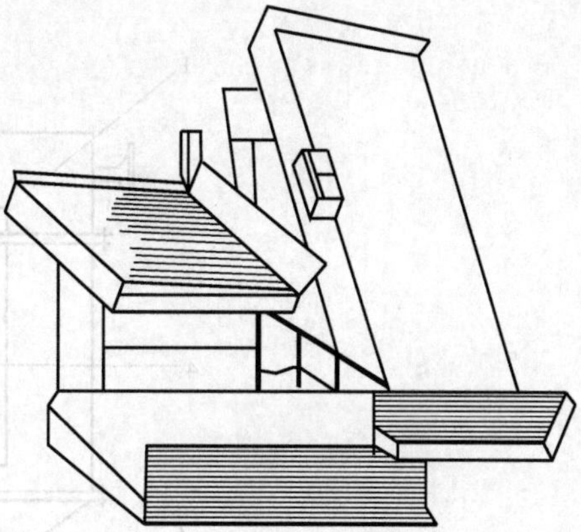

图 3-8　振动翻床

澳大利亚矿藏有限公司生产的 M-7 型螺旋选矿机专用于选别黄金，直径为 24in[1]。第一圈的螺距为 13in，其余四圈的螺距为 16in。其横断面的特点是外缘较陡，内缘较平缓，各圈横断面形状互不相同，选别时不需冲洗水，精矿自尾端一次排出。选别粒度范围为 14～325 目，处理能力为 1.5～3.0t/h，美国与加拿大已采用 300 多台。

3.2.7　圆锥选矿机

用于选别砂金、脉金及从选厂尾矿中回收黄金，选别粒度范围为 10～400 目。给矿必须经过除渣，筛去大块及杂物。它的处理量大，一台设备可实现多段选别，ϕ2m 的圆锥选矿机处理能力可达 60～100t/h。由于投资及操作费用低，可用于选别尾矿或作为附属设备，将黄金作为副产品回收。如美国爱达荷州蛇河的河床砂中含金 0.1g/t，在旧有的生产建筑用砂的工厂中增设弧形筛，采用圆锥选矿机、摇床、混汞筒等设备回收黄金，回收率可达 85%以上。

3.2.8　短锥旋流器

前苏联与南非都曾用短锥旋流器选别黄金。昆明冶金设计院与黑河金矿局曾用 ϕ125mm 和 ϕ300mm 的短锥旋流器进行选别黄金的试验，试验结果见表 3-4。

表 3-4　短锥旋流器砂金分选试验结果

旋流器直径/mm	给矿浓度/%	$D_{溢}/D_{沉}$	产率/%		回收率/%		处理量	
			沉砂	溢流	沉砂	溢流	干矿/(t/d)	矿浆/(m^3/d)
ϕ125	15.63	42/7	5.91	94.09	100.0	—	97.2	218.0
ϕ300	11.98	95/25	8.95	91.05	98.12	1.8	143.0	1068.0

[1] 1in=0.0254m。

短锥水力旋流器的特点是锥角大，通常为120°，给矿压力为1.3kg/cm^2。图3-9为其结构示意图。

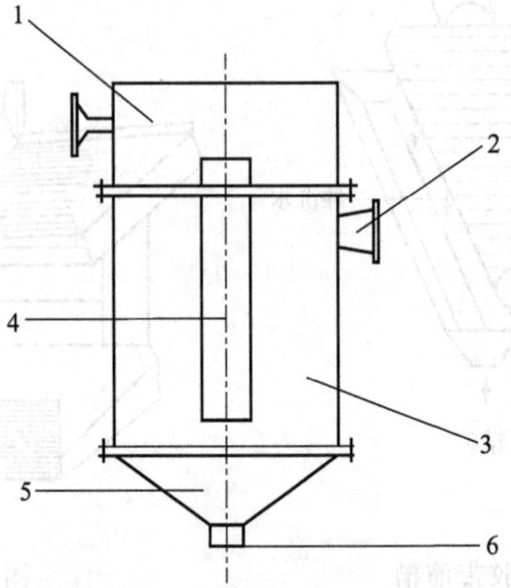

图3-9 短锥水力旋流器

1—溢流室；2—给矿管；3—圆筒；4—溢流管；

5—圆锥；6—沉砂口

3.2.9 摇床

摇床是重砂精选的最重要的设备之一。其优点是回收率高，富集比高。处理能力视其给料粒度而异。1800mm×4500mm摇床的处理量见表3-5。

表3-5 1800mm×4500mm摇床的处理量

给料粒度	<3mm	-28目	-100目	-150目
处理量/(t/h)	2.5～3.0	1.5～1.75	0.75～1.0	0.5

3.2.10 黄金重选设备小结

① 选别砂金的重选设备种类繁多，在选用设备前应充分了解设备的性能。

② 设备的选用应根据矿石的性质、开采规模、采场条件及供水、供电等因素及技术经济效益综合考虑确定。

③ 我国的黄金重选设备还比较少，不能适应各种条件下的不同要求，还需大力研制开发。

④ 笼统地强调某种设备的优越性，忽略设备的多样化是不利于黄金采选工业发展的。

⑤ 使用离心力场类设备有利于细粒金的回收。

3.3 砂金矿选别

3.3.1 砂金矿选别的工艺流程

砂金矿的选矿原则是先用重选法最大限度地从原矿砂中回收金及其伴生的各种重矿物，继而用重选、浮选、混汞、磁、电选等联合作业，将金和各种重矿物彼此分离以达到综合回收的目的。

砂金矿选别工艺流程通常可分为如下三个作业：洗矿作业（包括碎散、筛分和脱泥）、粗选作业和精选作业。

(1) 洗矿作业

一般砂金矿床均含有较高的风化黏土，它将含金矿砂包裹起来，形成胶结块或泥浆体。这种胶结泥团如不碎散，将在筛分过程随废石一起排除，造成金的损失。此外，胶泥还能胶结在砾石或卵石上，如不碎散清洗，也要在筛分过程中造成金的损失。

用水浸泡、冲洗并辅以机械搅动将被胶结的矿砂解离出来，并使砾石、砂与黏土相分离，且洗净砾石上所黏附的黏土和金粒，这个过程即为洗矿。洗矿作业包括碎散、筛分和脱泥三项工序，它是砂金矿选别前非常重要的必备作业。这一作业之所以重要，是因为它不但使泥砂碎散分离，并使黏附在砾石表面的金粒也脱离掉，而且能筛分出大量不含金的砾石，直接丢弃；一般产率可达给矿的 40%～50%，减少选矿的处理量，提高了金的入选品位，同时脱去了绝大部分矿泥，改善了砂金矿的选别性能，有利于提高砂金矿的选别回收指标。

在砂金选别中，脱泥与剔除大块砾石一样，也是一项十分重要的准备作业。在砂金中小于 0.1mm 的物料一般不含金或含金甚微，例如，珲春金矿的砂金中小于 0.1mm 的金只占 0.15%，而同粒级矿泥却占原矿砂的 13.77%。这种小于 0.1mm 的金俗称漂浮金，在选别过程中很难回收。但相同粒级的矿泥却对选别过程，特别是机械选别过程起到很大的干扰作用。所以，在砂金矿选厂内，总是设法将小于 0.1mm 的矿泥预先脱除。生产上常用的脱泥设备有各种规格的脱泥斗。而溜槽选金允许的物料粒级宽，且处理量大，因而溜槽选别之前多不脱泥。

根据国内外资料介绍和生产实践经验，并结合砂金矿的可洗性特点，一般选用振动筛、圆筒筛、水力冲洗板筛等设备来完成洗矿、碎散、筛分作业。

筛分作业能排除 20%～40%的废石，甚至高达 50%的废石（砾石、卵石），是砂金选矿不可缺少的作业。合理筛分参数的确定必须依据原矿砂中金的粒度组成的测定资料。目前我国砂金矿选择的筛孔一般为 10～20mm，如用固定溜槽作粗选设备时筛孔可大些，但不能超过 60mm。固定选厂的筛分设备多为格筛、振动筛，采金船则用圆筒筛。筛上冲水不但能提高筛分效率，还能进一步碎散矿泥，所以砂金矿的筛分作业多为水筛。水筛的冲洗水量应根据洗矿要求确定，并满足下段选别作业对浓度的要求。

(2) 粗选作业

实践证明，重选法是处理砂金矿最有效、最经济的方法，由于砂金中金的粒度组成不同，各种重选设备处理物料的有效粒度界限也不同，所以合理的砂金选别流程应是几种重选设备的联合作业。

目前，我国砂金矿选别的主要工艺流程和所使用的主选设备基本上可分为四大类：固定溜槽（或改进型溜槽）—摇床流程、固定或胶带可动溜槽—跳汰机—摇床流程、多段跳汰—摇床流程、离心盘选机—摇床流程。下面分别给予介绍。

① 固定溜槽（或改进型溜槽）—摇床流程　在各乡镇企业和群众采金时，均采用固定溜槽粗选和人工手摇盘淘洗（精选）。由于洗矿效果差，“板结”和“清溜”不及时，回收下限只能达到+0.2mm，回收率一般只有50%～60%，甚至更低一些。在国有采金船上，对固定溜槽进行了改革，例如除设有主横向固定溜槽外，还增加了扫选作业的纵向固定溜槽，其流程见图3-10。

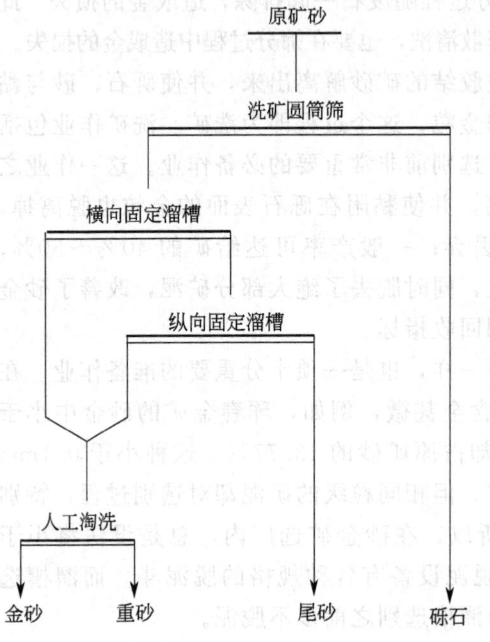

图 3-10　固定溜槽—摇床流程

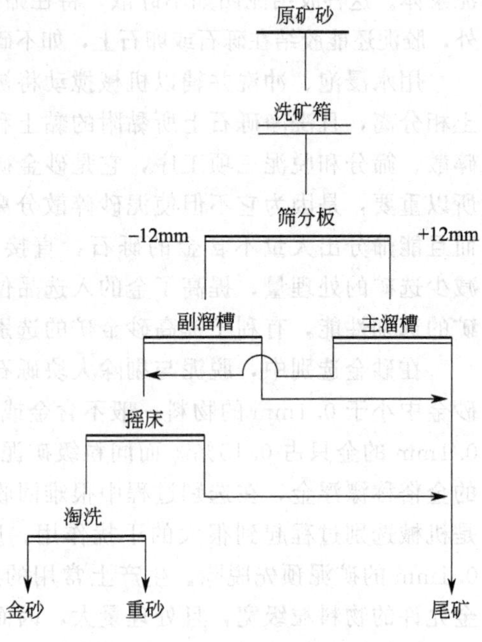

图 3-11　改进型溜槽—摇床流程

近年来，有的采金船上安装了电动葫芦提升溜槽，增加了清溜次数，实现了半机械化清溜，不仅减轻了工人的劳动强度，还提高了回收率。

另一个改进措施是在扫选溜槽上铺设塑料毛毡（草坪），强化了细粒金的捕收。

为了克服固定溜槽“板结”、“清溜”困难和回收率低的缺点，自1983年中国黄金总公司组织赴美、加考察以来，引进了罗斯（ROSS）溜槽的技术发展浪潮。国内昆明有色冶金设计院和东北工学院首先研制了胶带可动溜槽代替固定溜槽，实现了自动清溜，提高回收率达83%～85%。其次是黑龙江省和北京有色设计总院先后研制出了“龙江Ⅰ型”、“龙江Ⅱ型”洗选溜槽，已推广使用，其流程见图 3-11。

另外，长春黄金研究所研制了鼓动溜槽和旋转圆筒溜槽。国外砂金选矿中也开始使用圆锥选矿机和 M-7 螺旋溜槽等。所有这些改进型溜槽均具有处理量大、回收率高、不板结和清溜简便等优点。当然，改进型溜槽也同固定溜槽一样，具有操作简单、容易掌握和维护检修方便等优点，因而更受使用厂家欢迎。

② 固定溜槽（或胶带可动溜槽）—跳汰机—摇床流程　固定溜槽—跳汰机—摇床流程，最早由长春黄金设计院在其设计的 250L 采金船上使用。其流程见图 3-12。

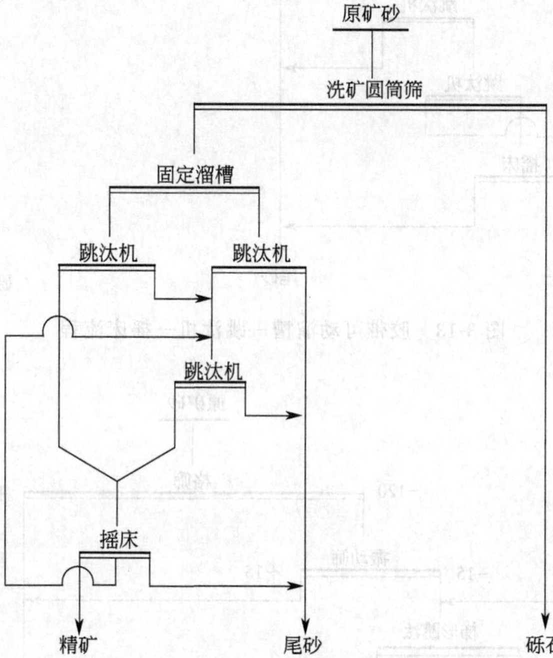

图 3-12　固定溜槽—跳汰机—摇床流程

这种流程在 20 世纪 70 年代是较为先进的，但也存在缺点，用于固定溜槽尾矿扫选的跳汰作业，由于固定溜槽排出尾矿的液固比为 10∶1，不适于该作业的液固比 6∶1 的工艺条件要求，且无脱水设施，故使其选别效果欠佳。同时当挖掘的矿砂量增多时，跳汰机的单位负荷增高，选矿回收率也明显下降。

胶带可动溜槽—跳汰机—摇床流程在黑河金矿局 100L 采金船上使用，其流程见图 3-13。试验表明，胶带可动溜槽适应性强，给矿量、给矿浓度的变化对回收率影响较小，同时消除了物料在固定溜槽选别中易于板结的弊病，实现了自动清溜，作业回收率可达 95%。该 100L 采金船用胶带可动溜槽粗选，粗精矿用矩形跳汰机二次精选。生产实践表明该工艺流程简单实用，流程畅通，选别效果较好。

目前，大量推广使用洗选溜槽（即罗斯溜槽），为了进一步提高回收率，也可以增加矩形跳汰扫选作业。

③ 多段跳汰—摇床流程　典型的有内蒙古哈尼河固定选金厂工艺流程和引进

荷兰的300L采金船工艺流程。哈尼河金选厂流程见图3-14。

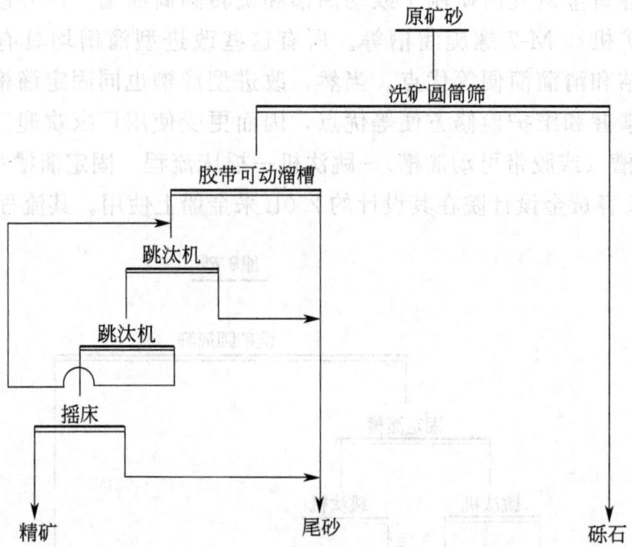

图3-13 胶带可动溜槽—跳汰机—摇床流程

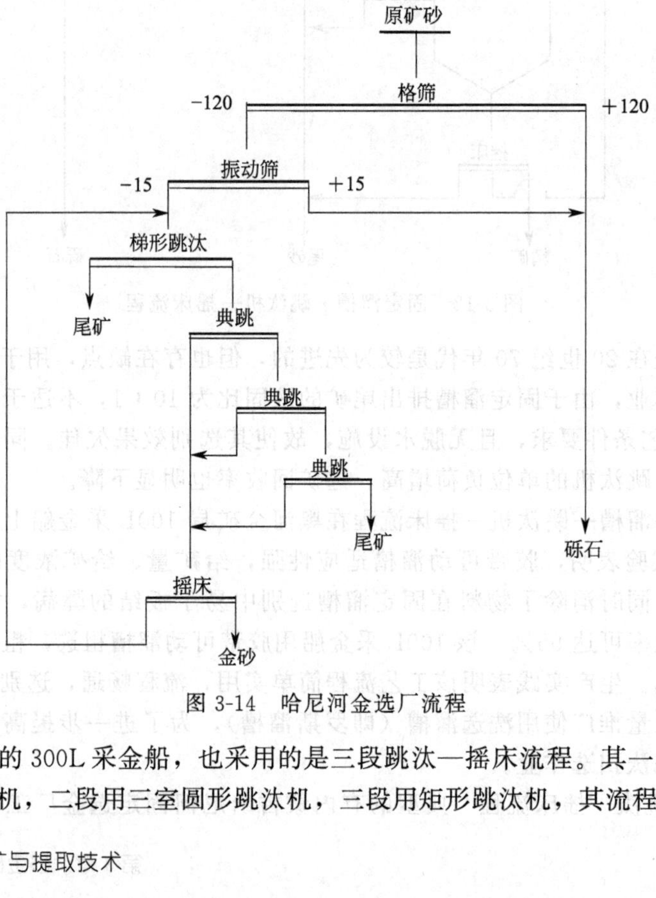

图3-14 哈尼河金选厂流程

引进荷兰的300L采金船，也采用的是三段跳汰—摇床流程。其一段主选设备为九室圆形跳汰机，二段用三室圆形跳汰机，三段用矩形跳汰机，其流程见图3-15。

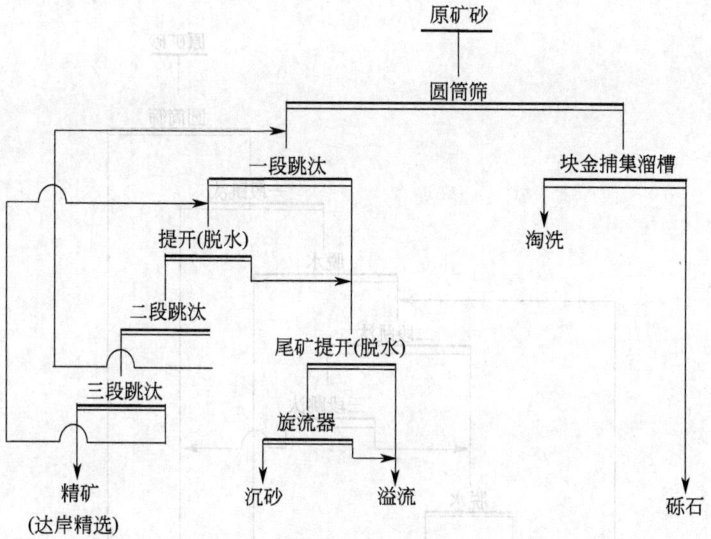

图 3-15　三段跳汰—摇床流程

上述两种流程基本相似，共同之处均是粗选丢弃尾矿，其精矿再用跳汰精选。不同的是，第一种流程为三段典瓦尔跳汰机进行开路扫选排尾，精矿集中摇床精选，摇床尾矿大闭路返回粗选梯形跳汰。而第二种流程，精选跳汰均返回前一作业，构成多段闭路选别作业，精选作业不排尾，造成重矿物在流程中恶性循环。这种现象，在引进的 300L 采金船生产中得到证实。因此，我们认为第一种流程较合理。通过四川白水金矿 300L 采金船的实践也证明了采用第一种流程的合理性。其推荐的合理跳汰—摇床流程见图 3-16。

④ 离心盘选机—摇床流程。这种流程在内蒙古察右中旗所属的金盒、察汉哈达、转经召等金矿得到应用。主选设备采用 ϕ900mm 离心盘选机。其流程结构见图 3-17。

这种流程的优点是，在圆筒洗矿筛前均设有大粒金捕集溜槽，以防止大粒金在圆筒筛和离心盘选机中流失，此溜槽回收率可达 22%。离心盘选机对细粒金回收效果好，总回收率可达 85%左右。其缺点是，处理量小，仅达 5～25m^3/h；另外对给矿量和浓度的波动比较敏感，以及由于间断作业排矿不及时，均会使回收率下降。

但总的来说，这种设备具有结构简单、操作方便、耗水少及选别效果好（作业回收率达 95%）等优点，现在已越来越受到重视，并已开始运用到采金船上。尤其是该设备高度小、精矿产率低、富集比高，从而可简化采金船上的选矿过程，便于在船上配置。

综上所述，我国砂金洗选当前四种主要流程，在运用中应根据砂金矿的可洗性和可选性确定其工艺流程的选择。

主选设备有：固定溜槽与各种改进型溜槽、各种跳汰机类、各种离心盘选机类。

粗精选设备有：摇床等。

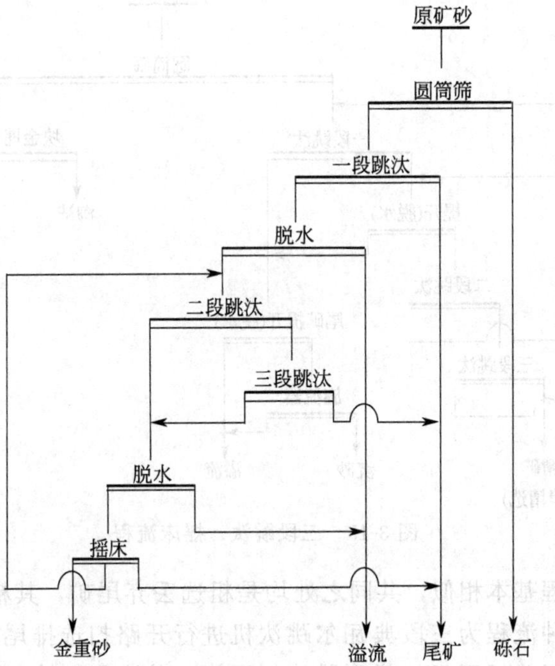

图 3-16　合理跳汰—摇床流程

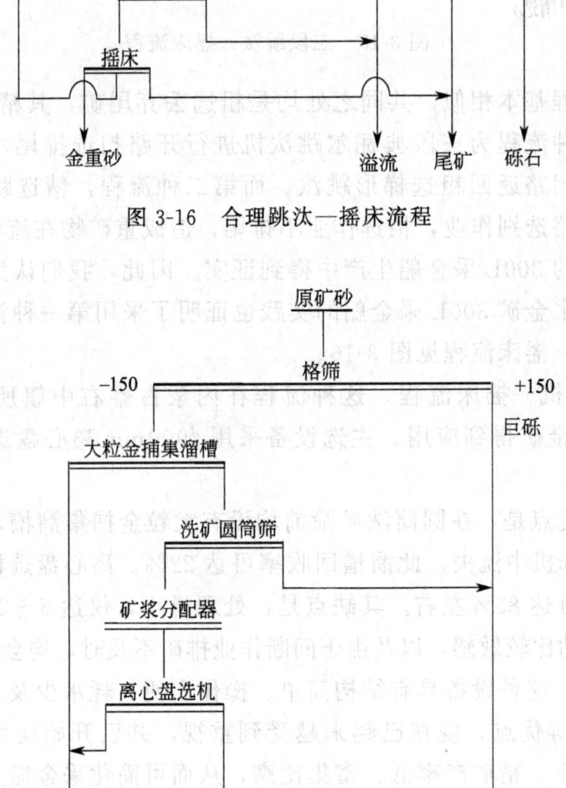

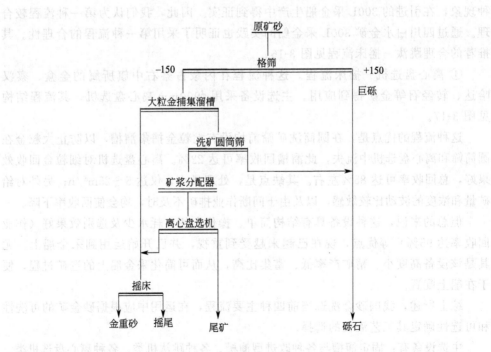

图 3-17　离心盘选机—摇床流程

(3) 精选作业

粗选阶段得出的含金精矿，金品位在100g/t左右，重砂矿物多在1～2kg/t。这些重砂矿物的相对密度均较高，一般为4～5，与金的相对密度差缩小了，给精选带来一定影响。精选作业，一般经过中型摇床、人工手摇淘洗盘淘洗、烘干、除铁磁选和吹选等工序来完成。目前处理含金粗精矿主要有三种方法。

① 用淘金盘人工淘出金粒后重砂丢弃。

② 用混汞筒进行内混汞，获得汞膏后重砂抛弃。

③ 用人工淘洗或混汞提取金后，重砂集中送精选厂处理，用磁电选等方法分别回收各种重砂矿物。

总之，精选作业也非常重要，要特别重视精选过程中流程和设备的完善，强化精选作业，杜绝精选过程中金的流失，提高金和其他重砂矿物的回收率，达到综合回收的目的，充分利用国家矿产资源。

3.3.2 砂金矿选别的实践

为适应矿床类型、原矿性质、采掘、运输及机械化作业的需要，砂金矿选厂可以归纳成三大类型：固定式选金厂、半移动式选金厂（机组）、移动式选金厂。

(1) 固定式选金厂

内蒙古哈尼河砂金矿是1975年由北京有色设计总院设计的固定式选金厂。采矿用挖掘机、推土机、装载机进行机械化开采，汽车运输；选厂采用三段跳汰粗选，摇床精选的工艺流程。原矿砂由汽车运至选厂，然后进振动筛进行筛分，大于16mm的砾石由胶带机排出，筛下产品进入梯形跳汰机。梯跳产品进入典瓦尔型跳汰机进行三段选别，典跳所得精矿再经摇床精选，其选别流程见图3-14。

固定式选金厂的选金工艺不像采金船受船体面积和空间的限制，可以采用较先进的选别流程，选择多种设备联合进行多段选别，因而选金回收率比较高，且可以综合回收各种重砂矿物。另外工人在厂房中工作，劳动条件好，生产操作稳定，管理方便。尽管固定式选金厂有很多优点，但由于砂金矿床含金矿层薄，采矿推进速度快，原矿运输费用逐年增加。且选金厂的集中供水、尾矿排放及采空区的复填困难等，大大增加了复杂性，增加了选金成本，一般讲不宜采用，故目前不是发展方向。

(2) 半移动式选金厂（机组）

半移动式选金厂（机组）由长春黄金研究所研制，在内蒙古金盆大沟经过多年工业试验，并于1981年通过鉴定定型。它由一台水冲筛，一台ϕ1000mm×4000mm圆筒筛，三台ϕ900mm离心盘选机和一台ϕ2100mm×1050mm中型摇床组成。机组处理量为20m^3/h，耗水量为50m^3/h，安装功率为13kW。选矿回收率可达85%。

该机组配置紧凑，容易拆迁，不需建造永久性厂房，因而基建投资省，见效快。它适于小型砂金矿床及地方集体采金企业使用。

(3) 移动式选金厂

这种移动式选金厂又可以分成两种，即采金船和地面移动式洗选机组。

采金船是一个非常科学的采选联合体。具有采矿、洗选、排尾三位一体之功能，相应的供水、供电、供热设备。其优点是，选矿成本低［2～3元/(m^3·原矿)］，劳动条件好，选矿回收率高，生产能力大且机械化程度高等。其缺点是基建投资大，建造周期长，仅适应于储量较大的河谷冲积砂金矿床，不适应于诸如阶地砂金矿以及缺水、储量小的矿床。虽然如此，随着砂金的开采，世界各地采金船的数量不断增加。我国自行设计和制造了各种类型的采金船，至今已有斗容分别为50L、100L、150L、250L、300L的链斗式采金船系列，分布在黑龙江、吉林、辽宁、四川、湖南、江西等省区，用于砂金矿选矿生产。我国砂金矿开采的采金船，其主要技术性能见表3-6。

表3-6　采金船主要技术性能

采金船规格/L	50	100	150	250	300
挖斗容量/L	50	100	150	250	300
水下挖掘深度/m	6	7.5	10	15	11
生产能力/(m^3/d)	500	1800	3000～4000	6600～8300	8100
装机容量/kW	138		620	1300	1050
质量/t	100	420	500～600	1350～1400	—

采金船的生产过程是，从挖斗卸下的含金砂矿经受矿漏斗给入圆筒筛进行洗矿、碎散和筛分。筛上砾石用胶带机或砾石溜槽排至船尾的采空区；筛下矿砂则通过密封分配器给入选别设备进行粗、扫选。获得的粗金矿有的在船上精选和人工淘洗直接获得产品金，多数则送至岸上精选厂集中处理。

采金船的工艺流程有：单一固定溜槽流程、溜槽—跳汰机—摇床流程和三段跳汰—摇床流程等。这些内容在前面章节已经介绍过就不再赘述。

移动式洗选机组，近年来有了很大发展，特别是从1983年后引进北美罗斯溜槽选别砂金技术以来，在黑龙江和内蒙古都有新的移动式洗选溜槽相继建成和投产。例如，黑龙江省制的“龙江Ⅰ型”和北京有色金属研究总院研制的35m^3/h的洗选溜槽都属于这类设备。这类设备的优点是：结构简单、易于移动、生产能力大、选别粒级宽、不板结、清溜容易、操作简单而易于掌握、维修工作量小、见效快等。缺点是：回收率不太高，在铺设塑料毛毡的情况下回收率仅为70%左右。但比普遍固定溜槽回收率还是有很大提高。

移动式洗选机组，是目前砂金选别的一个重要发展方向。北京有色金属研究总院为内蒙古武川二矿、呼盟吉拉林、呼玛等矿设计的砂金选矿流程，就选用了这类主选设备，并于1987年后相继投产。用推土机露天机械化采掘和剥离，用0.8m^3液压电铲供矿，洗选溜槽选矿，推土机排尾。实现了边采、边选、边排尾、边复田的目的，真正达到了移动式选金厂的要求，受到现场广大职工的欢迎。存在的问题是如何进一步提高细粒金的回收率和降低生产成本。如果这个问题解决了，该类型洗选设备就更加完善了。

第4章 金的浮选

4.1 概述

浮选是黄金选矿厂处理脉金矿石应用最广泛的方法之一。在大多数情况下，浮选法用于处理可浮性很高的硫化物含金矿石效果最为显著。因为通过浮选不仅可以把金最大限度地富集到硫化物精矿中，而且可丢弃尾矿，选矿成本低。浮选法还用来处理多金属含金矿石，如金-铜、金-铅、金-锑、金-铜-铅-锌-硫等矿石。对于这类矿石，采用浮选法处理能够有效地分别选出各种含金硫化物精矿，有利于实现对矿物资源的综合回收。此外，对于不能直接用混汞法或氰化法处理的所谓“难溶矿石”，也需要采用包括浮选在内的联合流程进行处理。当然浮选法也存在局限性：对粗粒嵌布，金粒度大于 0.2mm 的矿石，对不含硫化物的石英质含金矿石，调浆后很难获得稳定的浮选泡沫，采用浮选法就有困难。

近年来，金矿石的浮选工艺有很大进展。主要表现在工艺流程的革新、研制新药剂、改进设计等方面。采用阶段磨矿、阶段选别流程是目前浮选选金的发展趋势，国外多数选金厂采用二段甚至三段磨选流程。国内遂昌金矿、湘西金矿采用两段磨矿、两段选别流程，金的回收率可提高 2%～6%；改变药剂制度，采用多种药剂混合添加，也可改善选金效果，提高金的回收率。遂昌金矿和金厂峪金矿用丁胺黑药与黄药混合添加，金的回收率提高了 2%～5%。

由于浮选法只能将金最大限度地富集到各种硫化物精矿中，不能最终成为成品金。因此，采用单一浮选流程的选金厂为数不多，一般是将浮选作为联合流程的一个过程采用。

4.2 自然金的浮选性质

4.2.1 自然金浮选特点

自然金是易浮矿物，自然金的结晶构造为金属晶格，结成晶格的力为金属键。

因为金属键力弱，因而决定了自然金具有表面润湿性小、容易浮游的性质。生产实践也表明，自然金与许多重金属硫化物同属易浮矿物，均很容易被黄药类捕收剂捕收。但由于金的含量以及其他因素的影响，自然金的浮选有如下特点。

① 多数矿石中的自然金是以细粒浸染状存在，要使金粒达到单体解离必须进行细磨。

② 金常与硫化矿物，特别是与黄铁矿致密共生，因此在回收金时必须同时选出硫化矿物。

③ 金的相对密度很大，在浮选过程中，金粒与气泡接触后易从气泡表面脱落。

④ 在氧化矿石中，金粒表面常被铁的氧化物所污染或覆盖。

⑤ 金具有柔性与延性，在磨矿时常呈片状，表面往往会嵌进一层矿粒，使金粒表面粗糙。

此外，在磨矿过程中由于固体颗粒相互摩擦，特别是钢球与金粒间的强烈研磨作用，金粒表面被铁等金属所污。所有这些特点，对金的可浮性均会产生不利的影响。

自然金并不是化学纯的矿物。它或是化合物；或是同其他金属形成的合金。自然金中常见的杂质是银和铜，其次是铁、铋、铂等。杂质含量对自然金的可浮性影响也很大。因为杂质会降低金粒的相对密度，改变金粒的结构，降低金的可浮性。杂质越多越易氧化，金的浮游能力降低越显著。如金中含银和铜，使自然金表面变得容易氧化，因而可浮性降低。如果金是以含金硫化物形式存在，则其浮游行为相当于硫化矿，而且硫化矿含金后可浮性一般都有所提高。

综上所述，矿石中的金既具有易浮的一面，又具有难浮的一面。为了充分回收金，在实际生产过程中，需要针对上述特点，采取相应措施，制定合理的浮选流程，选择适宜的技术条件，消除种种影响金的浮游性能的不利因素，提高金的可浮性，以期最大限度地提高金的浮选指标。

4.2.2 氧的作用及黄药类捕收剂吸附机理

金粒浮选时氧的预先作用很重要，用含放射性同位素硫的黄药作放射线及显微照相技术研究证实，当水溶液中氧的浓度增大时，金、银、铜及其含金粒子表面上黄药层的密度也增大。氧的预先作用对不同的金属表面有着不同的影响，提高水溶液中氧的含量，不仅使表面层增厚，而且在一定程度上还能提高氧的固着程度。自然金是一种可浮性较好的矿物，它及其共生的硫化矿物的浮选通常采用硫代化合物（如黄药、黑药等）作捕收剂。

金粒的表面在暴露后几乎并不立即直接被硫代化合物捕收剂所覆盖，其相互作用是在与水或空气经过相当长的时间接触后才开始的。其特征是捕收剂层的密度提高很快，此时黄药与金粒表面相互作用得最好。当继续氧化时，黄药在金粒表面的固着较少，金粒的疏水性就下降。

根据有氧存在时阴离子捕收剂固着的概念可认为，在阴极区，当氧按下列反应

（阶段性的）还原时，由于消耗相应量电子的结果，黄药的阴离子就固着在矿粒的阳极区。

$$O_2+2e^- = O_2^{2-}$$

$$O_2^{2-}+2e^- = 2O^{2-}$$

$$O^{2-}+H_2O = 2OH^-$$

黄药首先覆盖在金粒上，在氧还原的第一阶段生成的过氧离子可以用来使黄药氧化为双黄药，从而在金粒上形成双黄药层。近年来采用含示踪硫（^{35}S）的黄药研究在金粒上黄药吸附层的实验表明，上述机理是完全可能的。

可见，浮选时，金属硫化矿物及其含金表面的工艺性质与氧的作用密切相关。此外，氧被金属硫化矿物吸附时，由于氧对电子有很强的亲和力，所以会引起金属原子外层产生电离作用。这时由于金粒表面部分原子转入离子状态使表面带正电，因而也有利于对黄药阴离子的吸附。

关于氧与金的碲化物和锑化物的相互作用与此基本相同。黄药在有氧存在的条件与金可发生如下反应：

$$2Au+2NaX+H_2O+\frac{1}{2}O_2 = 2AuX+2NaOH$$

即在金粒表面可生成一层黄原酸金薄膜。因此，可认为黄药在氧的作用下除了在金粒表面形成双黄药层外，还存在有黄原酸金膜，从而使金粒表面疏水浮出。

4.2.3 影响金粒可浮性的因素

影响金粒的可浮性的因素很多，如金的赋存状态、杂质、粒度及形状等。下面将分别进行讨论。

自然金常含有许多杂质，影响金粒的可浮性的杂质主要是银和铜等。当金粒表面被氧化铁污染时，其可浮性将大大降低。

金的粒度大小也直接影响到它的可浮性。按粒度可分为四类。

① +0.8mm 的金粒，不浮。

② −0.8mm+0.4mm 的金粒，难浮（只能浮出 5%～6%）。

③ −0.4mm+0.25mm 的金粒，可浮（浮出量约 25%）。

④ −0.25mm 的金粒，易浮（回收率可达 96%）。

可见，浮选的金粒不应大于 0.4mm。故通常在浮选前，必须用重选、混汞或其他方法把粗粒金（+0.2mm）预先选出后再进行浮选。

金粒的形状及其表面状态与可浮性关系密切：片状与结核状的金粒较易浮选，而球形的金粒则较难浮出。

金浮选的最佳 pH 为 7～9。有时用石灰调整 pH，但因石灰会抑制含金的黄铁矿，且在一定程度上也抑制自然金，故生产上常用苏打（$NaCO_3$）代替石灰。矿浆浓度对金粒的浮选具有重要意义。一般认为，在浓矿浆（液：固=2.5：1）中浮选，粗粒金的回收率可提高。

为了顺利地浮出自然金，一般采用活化剂，强烈搅拌，并在浮选槽中保持高的矿浆面以及快速刮泡等措施，以利于提高金的回收率。

原生矿泥的存在会使浮选发生困难：如滑石、云母、碳质物以及其他片状矿物易于浮出，而使金精矿贫化。又如黏土质的矿泥在矿浆中呈悬浮状态，并覆盖在金粒表面，从而使金粒难于上浮。铁锰氧化物矿泥的存在会大大增加药剂耗量；或罩盖在金粒表面，也使金的回收率降低。为了抑制原生矿泥，可添加少量的淀粉及水玻璃。

几乎所有的碱都是金的抑制剂，但它们的作用是不同的。如在矿浆中存在有一定量的石灰时，应尽可能地避免空气（含 CO_2）进入矿浆中，否则生成 $CaCO_3$ 沉淀，这对金粒的浮选是极为有害的。

当矿浆中有可溶性盐存在时，应加入苏打使铁离子沉淀，以避免硅酸盐脉石受铁离子的活化作用而浮出。

在有游离金存在时，通常要用较强的捕收剂，并适当增加起泡剂的用量。当浮选趋于终了时，尤其要加强起泡剂的作用。当金的表面有氧化膜存在时，则应增加药剂与金的接触时间，同时辅以添加一些螯合捕收剂，有利于提高金的回收率。

4.3 金的浮选

4.3.1 含金矿石浮选概述

含金矿石浮选的主要特点是浮出金（在矿石中金的含量是很少的），特别是回收存在于毒砂或黄铁矿颗粒中的金，可把它们选到硫化物精矿中。浮选所得含金硫化物精矿，如果能用氰化物浸出，则在细磨后进行氰化浸出；如果不能氰化，则必须通过焙烧或冶炼处理。

一般来说，在下列情况下含金矿石有可能采用浮选。

① 金与硫化物紧密共生。

② 金并不是大部分与硫化物共生，但矿石中含有足够量的硫化矿物能保证获得稳定的含金硫化物矿化泡沫。

③ 矿石不含有硫化物，而含有大量的氧化铁（如铁帽），这时矿石中所含的赭石泥起了泡沫稳定剂的作用。

④ 矿石中不含有硫化物或氧化铁，但含有易浮且能够使泡沫稳定的矿物（如绢云母）。

⑤ 纯的石英质金矿石预先与硫化物矿石混合后；或添加硫化矿物（3%）；或在添加适当的药剂后可形成稳定的泡沫。

⑥ 用浮选法回收矿石中的主要有价组分（铜、铅、砷等）后，尾矿再进行氰化处理。

黄药、黑药是金的有效捕收剂。

石灰、氰化物、硫化钠是金的抑制剂。

氰化物的作用是溶解矿物表面形成的疏水性黄原酸金，使其受到抑制。

硫化钠的作用主要是降低黄药在矿物表面的吸附量。对某些轻度氧化的硫化矿石，加入硫化钠会降低金的回收率；但对强烈地被氧化了的硫化矿石，添加硫化钠对提高精矿质量与回收率是有利的。

混合使用捕收剂可以改善浮选效果，提高泡沫产品中有用矿物的回收率与浮选速度，并降低捕收剂的用量。高级与低级黄药混合使用，可使刚开始氧化的含金硫化物的浮选有所改善。在浮选自然金时，采用按一定比例的两种捕收剂混用，其结果比单独使用其中任何一种捕收剂所得的结果都要好。特别是矿石中含有难浮的硫化物时，混合用药显得更为重要。混合使用捕收剂的作用效果随其中一种捕收剂的烃链长度的增加而提高。

另据报道，在用黄药浮选硫化矿（Cu、Pb）过程中，添加非极性油，如锭子油、高压器油、工业润滑油及原油等，能强化浮选过程，并明显地提高浮选工艺指标。这显然可解释为非极性捕收剂能改善矿粒向气泡附着的条件，从而提高分选效果。

4.3.2 含金矿石的浮选实践

金在矿石中常以游离状态产出，最常见的矿物为自然金与银金矿，它们都具有很好的可浮性，故浮选是处理金矿石的重要方法之一。金常与很多硫化矿物共生，特别是常与黄铁矿共生，所以金的浮选和含金黄铁矿等金属硫化矿的浮选在实践上是密切相关的。我们下面要介绍的几个选厂的浮选实践也多是金与硫化矿物共生的金矿石。

根据硫化物的种类和数量，可以选择以下几种处理方案。

① 当矿石中硫化物主要是黄铁矿，且无其他重金属硫化物，而且金主要以中、细粒与硫化铁共生。这样的矿石用浮选产出硫化物金精矿，浮选精矿再经氰化浸出，从而避免了将全部矿石进行氰化处理。也可将浮选精矿送火冶厂处理。当金主要是呈次显微粒与黄铁矿共生时，精矿直接氰化浸出效果欠佳，必须经过焙烧，使金粒解离再用氰化浸出。山东烟台地区很多金矿山都采用上述处理方案。

② 当矿石中硫化物除了硫化铁以外还存在少量黄铜矿、闪锌矿、方铅矿，金既与黄铁矿共生，也与这些重金属硫化物共生。一般的处理方案：按有色金属硫化矿常规的流程与药剂制度，浮选得到相应的精矿，精矿送冶炼厂处理。金进到铜或铅（一般进入铜精矿较多）精矿中在冶炼过程中加以回收。金与硫化铁共生的那一部分，经浮选得到硫化铁精矿，再经焙烧氰化浸出加以回收，河南秦岭地区的一些多金属含金矿石的处理属于这一方案。

③ 当矿石中存在有害于氰化的硫化物，如砷、锑、铋的硫化物，用浮选得到的硫化物精矿，必须用焙烧把精矿中的砷、铋等金属灼烧成易挥发的金属氧化物，将烧渣再磨后用氰化浸出处理。

④ 当矿石中一部分金以游离状态存在，一部分金与硫化物共生，一部分金细粒浸染于脉石矿物中。这样的矿石必须配合重选回收游离状态的金，以浮选回收与

硫化物共生的金，浮选尾矿视其含金量多少还要考虑是否采用氰化浸出。浮选精矿可以采用细磨后再直接浸出；或者焙烧后将焙烧渣细磨后再进行氰化浸出。

下面具体介绍几个金浮选厂的生产实例。

(1) 单一浮选选金

① 矿石性质。矿石工业类型为热液充填、贫硫化矿物浅成构造、含金银交代脉石英岩型矿床。

矿石自然类型有致密块状、条带状、角砾状、网脉状矿石等。主要金属矿物为黄铁矿、磁黄铁矿、白铁矿、闪锌矿及方铅矿。脉石矿物主要是石英、白云石及方解石。金银类矿物主要为金银矿、自然金及银金矿等。

金银矿物多呈圆状、叶状、棒状和不规则的树枝状，粒径多在0.01～0.038mm，最大粒径0.50mm，最小粒径0.003mm。赋存状态有两种：一种为包体金形式，约30%，其绝大部分分布在黄铁矿中，少量分散在方铅矿、闪锌矿和黄铜矿晶体中，粒径一般小于0.01mm；另一种为连生体金形式，约占70%，分布在各脉石矿物颗粒间或金属硫化物间，粒径变化较大，在0.003～0.2mm之间。

矿石松散密度为2.71t/m^3，松散系数1.6，硬度f为19。

② 选矿工艺。选矿工艺采用两段一闭路碎矿，阶段磨矿、阶段浮选，浓缩、过滤两段脱水流程。其工艺流程见图4-1，浮选药剂制度见表4-1。

③ 技术指标见表4-2。

表4-1 浮选药剂制度 g/t

加药地点	丁胺黑药	丁黄药	2号油	石灰
一段粗选	50	22	22	320
一段扫选	12	6	—	—
二段粗选	15	9	11	—
二段扫选	10	6	—	—

表4-2 技术指标

项目	原矿品位/(g/t)	精矿品位/(g/t)	回收率/%
金	10.05	122.14	92
银	255.5	2936.74	87

(2) 浮选-氰化提金

① 矿石性质。某金矿属于中温热液蚀变花岗岩型金矿床，矿石类型属于含金高硫铁矿石英脉型矿石。矿石中主要金属矿物有银金矿、黄铁矿、菱铁矿，其次是黄铜矿、方铅矿、闪锌矿，还有少量磁黄铁矿、辉铜矿等。脉石矿物主要有石英、绢云母，其次是长石、方解石以及少量的木屑石、镐英石、磷灰石、绿泥石、绿帘石、黑云母、角闪石等。

金主要赋存在黄铁矿及金属硫化矿物的晶隙和裂隙之中。黄铁矿晶隙金占41.4%，裂隙金占18.04%；黄铁矿黄铜矿晶隙金占16%，黄铁矿中包体金占5.5%。金的嵌布粒度较细，大于0.07mm占1.72%；0.07～0.005mm占

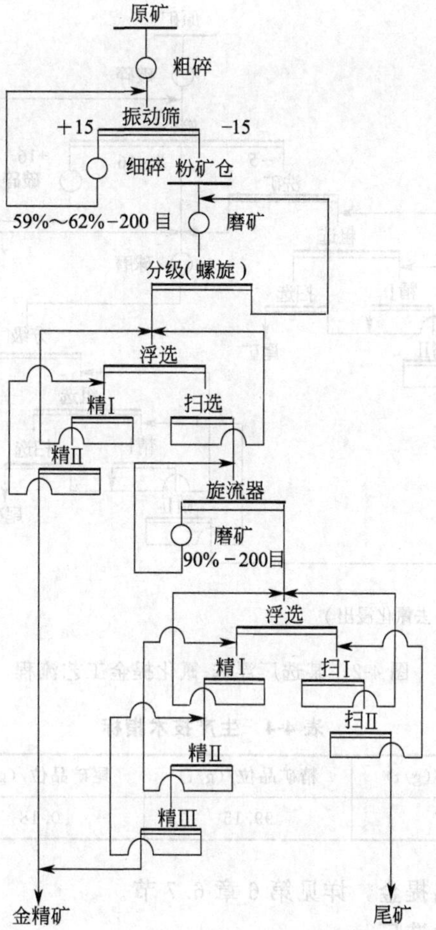

图 4-1　某金矿单一浮选选金工艺流程

76.46％；小于 0.005mm 占 21.82％。

原矿化学多元素分析见表 4-3。

表 4-3　原矿化学多元素分析

元素	Au	Ag	Cu	Al_2O_3	Fe_2O_3	CaO	MgO	K_2O	BaO	SiO_2
含量/％	8.18g/t	11.38g/t	0.05	11.46	6.30	0.64	0.38	3.99	0.26	68.9

② 选矿工艺。原矿经两段一闭路碎矿后，－16mm 产品进入磨矿系统。浮选采用一段磨矿，分级机溢流细度－200 目占 55％～60％，经一粗一扫二精浮选，产出浮选精矿进入氰化系统。尾矿由泵扬至海边尾矿库。其浮选部分工艺流程见图 4-2。其浮选工艺特点之一，即矿泥进行单独浮选处理。

选矿药剂消耗：黄药 130～150g/t；2 号油 40～50g/t；石灰调 pH 为 7～8。

③ 生产技术指标见表 4-4。

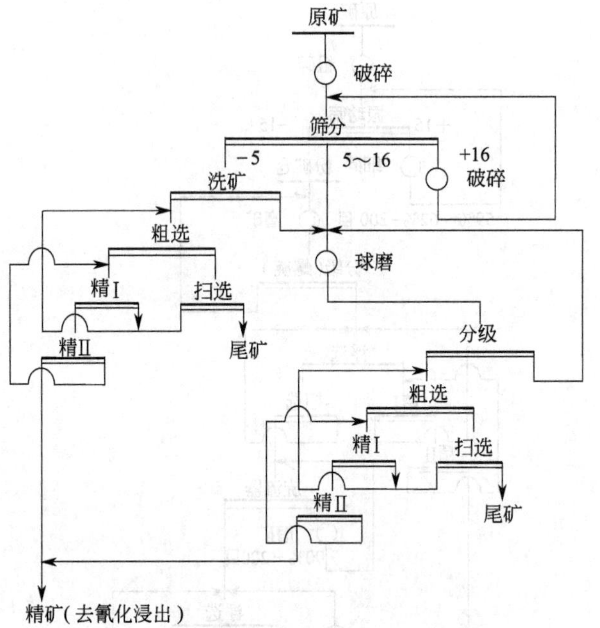

图 4-2　某选厂浮选-氰化提金工艺流程

表 4-4　生产技术指标

项目	原矿品位/(g/t)	精矿品位/(g/t)	尾矿品位/(g/t)	回收率/%
Au	4.07	99.15	0.18	95.84

浮选精矿氰化浸出提金，详见第 6 章 6.7 节。

(3) 招远金矿灵山选厂

① 原矿性质。灵山含金矿床属于含金石英网状脉蚀变花岗岩型金矿床，按成因应为中温热液裂隙充填交代型金矿床。

金矿物主要有两种，其中以自然金为主体，其次是银金矿。

该矿石为少硫化物矿石，硫化物含量仅为 3.7%，其中黄铁矿占 3.2%，其余为黄铜矿和闪锌矿等，含量很少。还有少量磁铁矿、白铁矿及微量的铜兰、方铅矿、褐铁矿等。

脉石矿物在矿石中占绝对优势，含量可达 96.45%。其中，石英占 42.44%、长石占 35.18%、绢云母和高岭石占 12.38%、方解石占 4.64%、白云母占 1.01%，此外还有少量的角闪石、绿泥石、磷灰石、黑云母、锆石、金红石等。

黄铁矿、黄铜矿浸染粒度较粗。黄铁矿大于 0.075mm 者占 83.12%，黄铜矿大于 0.075mm 者占 84.22%。这两种矿物嵌布粒度对选金是很有利的。其粒度特性见表 4-5。

表 4-5　黄铁矿、黄铜矿浸染粒度特性

粒级/mm	＞0.15	0.15～0.10	0.10～0.075	0.075～0.056	0.056～0.037	0.037～0.01	＜0.01
黄铁矿/%	67.7	9.79	5.63	5.63	4.77	5.28	1.20
黄铜矿/%	71.18	9.17	3.87	4.29	3.51	7.58	0.40

两种金的独立矿物为自然金和银金矿。相对含量前者 75.28%，后者 24.72%。

金矿物最大粒径为 0.5mm，最小粒径仅为 0.00021mm。

金矿物嵌布粒度是属粗细不均匀嵌布，而细粒金量偏大，但次显微金量很少，仅占 0.01%。详见表 4-6。

表 4-6　金矿物嵌布粒度特性

粒级/mm	＞0.30	0.30～0.075	0.075～0.056	0.056～0.037	0.037～0.01	0.01～0.001	＜0.001
金铁矿/%	5.54	9.96	5.61	9.09	53.11	16.62	0.01

从表 4-6 金矿物嵌布粒度特性来看，必须选择合理的磨矿流程，采用重选将中粒和部分细粒金回收，然后再用浮选法回收其他的微细粒金的工艺流程是适应的。

② 工艺流程。其工艺流程见图 4-3。入磨粒度＜20mm，磨矿细度为 50%～55%－200 目，重选采用跳汰、摇床进行回收。

药剂用量：黄药：110g/t；2 号油：60g/t；pH：7。

③ 生产技术。生产技术指标见表 4-7。

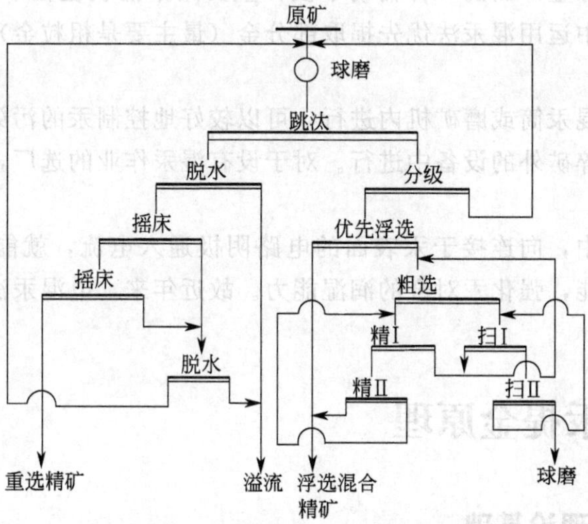

图 4-3　招远金矿灵山选厂工艺流程

表 4-7　生产技术指标

品位/(g/t)				作业回收率/%		总回收率/%
原矿	浮选给矿	浮选精矿	浮选尾矿	重选	浮选	
11.07	8.82	167.23	0.63	20.35	92.67	94.16

第5章 混汞法

混汞法大约创始于我国的秦末汉初，是我国炼丹家对世界的一大贡献。我国的炼丹家很早就采用混汞法来提取金银，该法后来才传入西方各国。混汞法这一回收黄金的古老方法，在近代冶金中从某种程度上来说，虽已被氰化法和浮选法所代替，但从回收解离的单体自然金（特别是粗粒金）的角度，仍有它独到之处。故至今仍为国内外回收黄金的重要方法之一。

混汞法按其生产方式可分为内混汞和外混汞。在砂金矿山普遍用混汞法分离金与重砂矿物；而在脉金矿山，混汞通常作为联合流程的一部分，与浮选、重选、氰化等配合，作为脉金矿山的一种辅助手段，主要用来捕收粗粒单体金。实践证明，在脉金选矿流程中运用混汞法优先提取部分金（最主要是粗粒金）能大大降低金在尾矿中的损失。

内混汞是在混汞筒或磨矿机内进行，可以较好地控制汞的污染。外混汞主要设备是混汞板，在碎矿外的设备中进行。对于设有混汞作业的选厂，必须严格做好汞中毒的防护工作。

在混汞作业中，向连接于汞表面的电路阴极通入电流，就能降低汞的表面张力，活化汞的性能，强化汞对金的润湿能力。故近年来，电混汞法已应用于国外的工业生产中。

5.1 混汞提金原理

5.1.1 混汞的理论基础

混汞提金是基于液态金属汞对矿浆中金粒的选择性润湿（捕集），从而使之与其他金属矿物和脉石分离，随后汞向被捕集的金粒中扩散而生成汞齐（合金）。接着于蒸汞器中蒸馏汞齐，使汞从汞齐中挥发分离而获得金。

混汞过程中，汞表面与矿浆中金粒表面的接触是在水介质中进行的。当金与汞接触时，它们之间形成的新接触面就代替了原来金与水和汞与水的接触面。从而使相系的表面能降低，并破坏了妨碍汞表面与金粒表面接触的水化层。此时汞沿着金粒表面迅速扩散，并促使相界面上的表面能降低，随着汞向金粒内部的扩散，即形成汞金化合物——汞齐，并同时放出热量。这种放热反应是由于原子间力的作用结果。

混汞理论认为：汞之所以能选择性地润湿金并向金粒内部扩散，就在于金粒表面具有的氧化膜最薄这一性质。众所周知一般金属表面和空气接触，就会被氧化而生成氧化膜。但金与其他贱金属相比，氧化速度最慢，生成的氧化膜最薄，这是金易被汞润湿并汞齐化的根本原因。除金外，银、铜、锌、锡和镉等也能与汞结合成汞齐，甚至铂也能在锌和钠参与下生成铂汞齐。但银和铂等的表面易形成一层致密、坚硬的氧化膜，汞齐化比较困难。其他贱金属则因表面上的氧化膜很难除掉，而不能直接形成汞齐。

5.1.2 汞齐的形成、性质和结构

在生产过程中，金和其他矿物以颗粒状与汞接触。此时，其他矿物不被汞捕集而随矿浆流走。金粒则被汞润湿而搜集（图 5-1），并向金粒内部扩散。汞向金粒中扩散的过程，是先于金粒表面生成 $AuHg_2$，再逐渐向金粒深部扩散生成 Au_2Hg，直到生成 Au_3Hg 的固溶体（图 5-2）。在经混汞处理过的粗粒金的中心通常还残留着没有与汞形成汞齐的金。金粒必须同汞接触 1.5～2h 后才能完全汞齐化。所以在混汞作业时间内，只有细粒金才能达到完全汞齐化。

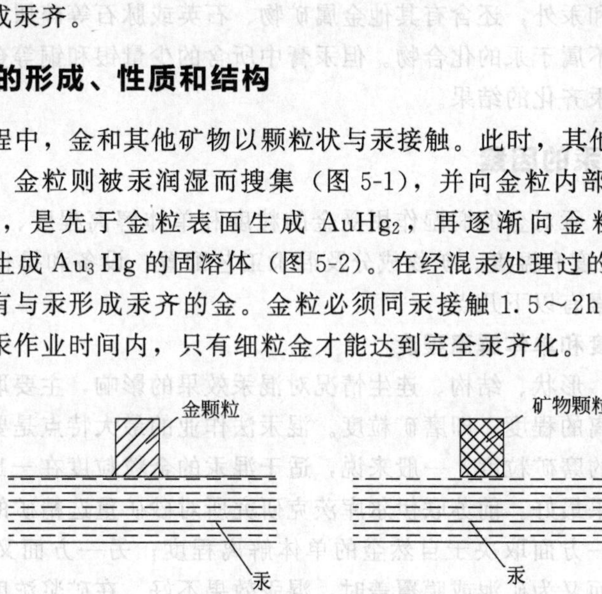

图 5-1　汞与金粒和其他矿物接触时的状态图

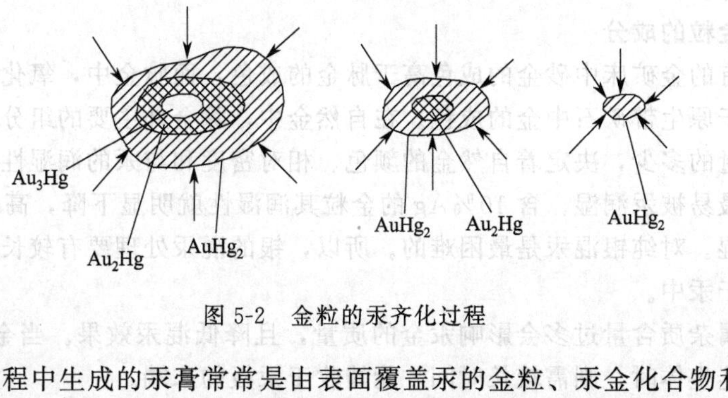

图 5-2　金粒的汞齐化过程

在混汞过程中生成的汞膏常常是由表面覆盖汞的金粒、汞金化合物和含少量金的液态汞（包括过剩的）组成。生成的汞齐为银白色的糊状混合物，它由化合物和

固溶体组成，性质与一般合金相同。

汞齐含金小于10%的为液态，而含金达12.5%的为致密体。当将汞齐加热至400℃时，汞即升华呈元素状态由汞齐中分离出来，且汞齐易在低于熔点的温度下分解而析出过量的汞。

工业生产中所刮取的汞膏，经清水洗净并压榨出多余的汞，获得致密的固体汞膏。固体汞膏含金量与压榨力大小和压滤布疏密有关，通常很接近于 $AuHg_2$ 组成的含量（32.95%Au），且混汞金粒的粗细还会直接影响汞膏的含金量。粗粒金混汞时，因金粒中心汞齐化不完全，汞膏含量可达40%～50%；细粒金混汞时，金粒的汞齐化完全，且表面积大，附着的汞多，汞膏含金只有20%～25%。

汞膏中除金和汞外，还含有其他金属矿物、石英或脉石等碎屑，这些物质多为机械混入物，而不属于汞的化合物。但汞膏中所含的少量银和铜等金属，则是由于这些金属部分被汞齐化的结果。

5.1.3 影响混汞的因素

混汞过程中，汞对金的润湿作用受金的粒度和单体解离程度、金与汞的成分、矿浆pH、矿浆浓度和温度、矿物成分及混汞工艺配置、设备和操作条件等因素影响。主要影响因素有以下几点。

(1) 金的粒度和单体解离程度

金粒的大小、形状、结构、连生情况对混汞效果的影响，主要取决于金粒从包裹它的矿物中解离的程度，即磨矿粒度。混汞法作业的最大特点是要求采用较高的矿浆浓度和较大的磨矿粒度，一般来说，适于混汞的金粒粒度在－1～＋0.1mm之间，此时混汞效果最好。前苏联伊尔库茨克研究所对砂矿重选精矿的混汞试验结果证明，混汞效果一方面取决于自然金的单体解离程度；另一方面又与粒度密切相关。当金粒细小而又为矿泥或膜覆盖时，混汞效果不好。在矿浆浓度大的条件下磨矿时，0.03mm以下的微细金粒易随矿浆流失，而不易与汞板上的汞形成汞齐，使回收率下降。

(2) 金粒的成分

在所有的金矿床中砂金的成色高于脉金的成色，而脉金中，氧化带矿石中金的成色又高于原生带矿石中金的成色。在自然金中，除金外主要的组分是银。银在自然金中含量的多少，决定着自然金的颜色、相对密度和与汞的润湿性。

纯金最易被汞润湿。含10%Ag的金粒其润湿性就明显下降，高银的金基合金则最难润湿。对纯银混汞是最困难的。所以，银的混汞处理要有较长时间并要使其全部浸没于汞中。

重金属杂质含量过多会影响汞金的质量，且降低混汞效果。当金粒与黄铁矿、脉石等成连生体时，则需较长时间才能捕收于汞板的末端。

金粒表面可能会被氧化铁等杂质薄膜所覆盖，这些薄膜通常应在磨矿期间或混汞以前予以清除。其办法是加入石灰、氰化物、重铬酸盐、高锰酸盐或碱等药剂。

(3) 汞的成分

纯汞的混汞效果不好，使用含有金银及少量重金属（铜、铅、锌均小于0.1%）的汞比使用纯汞的效果好得多，在稀硫酸介质中使用锌汞齐时，不但可以捕收金，还可以捕收铂。但当重金属杂质在汞中含量过多时，就会在汞的表面浓集而大大降低汞的表面张力，使汞对金的润湿能力降低。如汞中含铜为1%时，汞在金上的扩散过程为30～60min；当含铜达5%时，扩散过程就需2～3h。当汞中含锌为0.1%～5.0%时，就不会润湿金，更不会往金粒中扩散。含锌少于0.05%的汞对金的润湿性能好。汞中若混有大量的铜或铁时，汞齐便会变硬发脆，继而粉化。故在磨矿中混入大量铁屑；或矿浆中产生大量的重金属离子，都会引起混汞过程中汞的粉化。

汞中含有金银，汞对金的润湿能力就会大大提高，从而可以加速汞对金的浸润捕集过程。当汞中金银含量达0.17%时，对金的润湿能力可提高70%；当金银含量达5%时，可提高两倍。

汞的表面会被油质、黏土、滑石、石墨、砷化物、硫化物和铜、锡等金属以及分解生成的有机质、可溶铁、硫酸铜等物质所弄脏。这些物质中，以铁对汞弄脏的危害最大。铁进入汞中所生成的灰黑色薄膜能包裹汞，把汞分成大量的微细小球。采用早期的钠汞齐法或蒸馏净化法都能有效地防止汞的硬脆和粉化。

汞粉化的另一原因是汞被过磨所引起的，这时汞为水膜包裹而呈微细小球状存在，产生粉化。

(4) 矿浆温度

汞在常温下呈液态，它的溶点为－38.89℃，沸点为357.25℃。矿浆温度过低时，汞的黏性大，对金的润湿性差。随着温度的上升，汞的活性增强，对混汞作业有利。但温度过高时，汞的流动性增强会导致部分汞金随矿浆流失。

矿浆在10℃时，汞的蒸发率为1.43mg/(m^2·min)；当矿浆温度在10～40℃范围内变化时，温度每增加10℃，汞的蒸发量增加1.2～1.5倍。

(5) 矿浆浓度

外混汞，矿浆浓度一般以10%～25%为好，磨矿循环中板混汞以50%左右的浓度为好，以保证金粒有足够的沉降速度。因外混汞是依靠矿浆在槽内流动的作用，借助相对密度的差异使金粒分层，促使自然金粒与混汞板面上的汞有机会充分接触，以达到捕收金的目的。而内混汞则是在碎磨设备中借自然金粒解离时金粒表面暴露的瞬间被汞捕集的。在磨矿机中主要要考虑到磨矿效率。因为矿浆浓度在60%～80%时磨矿效率较高，故在此条件下混汞。在捣矿机、辗盘机及混汞筒中进行内混汞时，矿浆浓度以30%～50%较合适。但内混汞作业结束后，应把矿浆稀释到较低浓度，以便把矿浆中分散的汞齐和汞聚集起来加以回收。

(6) 矿浆 pH

在酸性介质或氰化液中（NaCN 浓度为 0.05%）混汞的作业效果较好。尤以处理性质复杂、有害杂质多的矿石更为有效。因为在混汞过程中，金粒和汞的表面所生成的氧化物薄膜，能被酸或氰化物所溶解，从而有利于汞对金粒的润湿搜集。图 5-3 为前苏联某砂金矿床的金在不同介质中的混汞效率。

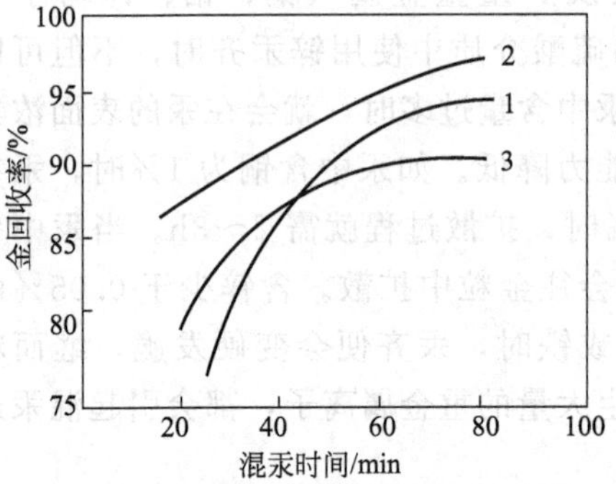

图 5-3　金在不同介质中的混汞效率

1—中性介质；2—酸性介质（3%～5% H_2SO_4）；3—碱性介质（石灰溶液）

碱的存在能使可溶性盐类沉淀和消除油质的影响。在磨矿过程中，硫化物的氧化和电化学反应（内混汞时）可产生可溶性盐类，有时也会造成油质（润滑油）的污染。这些都会影响混汞作业的正常进行。采用在碱性介质中混汞就能消除这些不良影响。使用石灰作调整剂，能中和矿酸，减少可溶性盐类的影响，防止油污的危害，并能使极微细粒的矿泥凝聚，减少介质的黏度。但过量的石灰能抑制含金黄铁矿并能降低汞化速度。通常石灰的添加量为混汞精矿量的 4%～5%。

(7) 汞板性质

汞板材料有紫铜板、镀银铜板、纯银板等，以镀银铜板的混汞效果最好，且投资较小。使板面变得粗糙，可增加吸汞能力。为了镀银和生产上更换方便，常将电解铜板裁成宽为 400～600mm、长为 800～1200mm 的小块，镀银后，按支架的倾斜方向一块块铺设在床面上。

汞板的坡度过大，矿浆流速快，金粒与汞板接触时间短，金粒容易流失；汞板的坡度过小，矿粒易在汞板上造成堆积，金粒同样不易与汞板接触，从而减弱捕金作用。某矿所定的适宜的汞板坡度为 8°。

(8) 汞的添加量及添加次数

汞的添加量及添加次数是影响选金效果的因素之一。在汞板上添加汞应均匀、适量。夏天汞的流动性大，应勤加少加；冬天一般每隔 2～4h 加一次汞，并适当多加些。原矿含金量高时，每次加汞量应多加些，刮金次数也应勤些，可每班刮金一次；原矿含金量低时，加汞量要少些，刮金的次数也要少些，可每隔 24h 刮金一次，这有利于汞金膜的形成，提高金的捕集能力。

(9) 水质

混汞用水应当洁净，不含酸、重金属硫酸盐离子和有机质。当其杂质含量高时，应用石灰或其他药剂进行预先净化，使上述有害物质随添加剂一起沉淀，以减轻对混汞作业的危害。

5.2 混汞方法和设备的选择与操作

5.2.1 混汞方法

混汞方法分为内混汞和外混汞两种。

当以浮选、重选或氰化法作为提金的主要方法时，要采用混汞，一般在球磨机磨矿循环中或浓缩机溢流中用混汞板进行外混汞，以回收解离的单体自然金，很少在球磨机中进行内混汞。

当以混汞法为提金的主要手段时，一般在捣矿机、球磨机等设备中进行内混汞。混汞板只作为辅助手段回收从捣矿机等设备中溢流出来的部分细粒金和汞齐。

对从砂金矿洗选出来的重砂或粗选精矿和富含金的中间产品，则于再磨矿的同时进行内混汞；或采用混汞筒混汞。

对砂金矿或呈粗大颗粒浸染状的含金纯石英矿石，以及含有易引起汞粉化的矿物（如砷、锑、铋的硫化物、云母、滑石、石墨等）的金矿石，用混汞更有效。

5.2.2 混汞设备的选择与操作

生产实践中选用什么样的混汞设备，取决于生产工艺流程所采用的混汞方法。内混汞是在碎矿的同时进行混汞，常用的设备有捣矿机、辗盘机、混汞筒以及球磨机。外混汞是在碎磨外进行混汞，常用的设备有各种类型的混汞板（混汞槽）和其他辅助设备。

5.2.2.1 内混汞设备与操作

在美国和南非的内混汞作业多用捣矿机。前苏联的一些中小矿山使用辗盘机。一些砂矿的重选精矿则多用混汞筒。球磨机混汞在澳大利亚和美国等使用较普遍。

(1) 捣矿机混汞

图 5-4 所示为一种构造简单、操作方便的捣矿机。它结构简单、价格低廉、搬运容易。缺点是处理量小，工作效率低，特别是对矿石中的细粒金，往往因碎矿粒度不均匀和不够细，而不能从矿石中充分解离出来，致使混汞作业回收率偏低。故它仅适用于处理含粗粒金的简单矿石或用于小型脉金矿山。

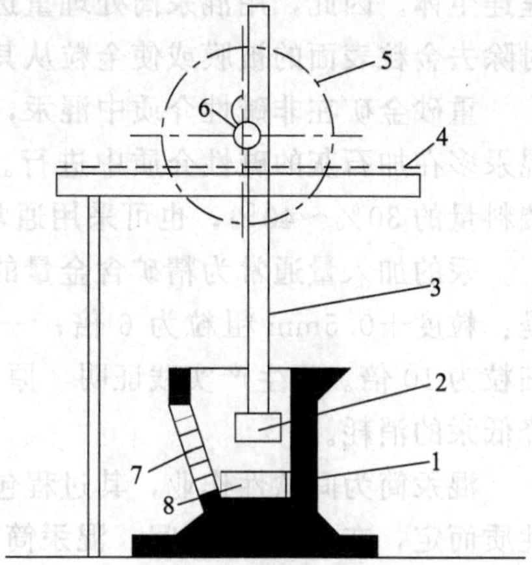

图 5-4 捣矿机示意图

1—臼槽；2—锤头；3—捣杆；4—机架；5—传动机构；6—凸轮；7—筛网；8—锤垫

捣矿机混汞是将矿石、汞和水加入臼槽中，由传动机械带动凸轮使锤头作上下往复运动，从而达到碎矿与混汞的目的。矿浆通过臼槽边上的筛网排出，经混汞板捕收矿浆中的汞膏、过量汞和未汞齐化的金粒后，由溜槽分离出沉砂，再经摇床精选出含金硫化矿精矿。捣矿机臼槽在作业一段时间后，需定期清理，将清出物通过混汞板和摇床分选，产出汞膏和含金精矿。

我国金矿山使用的捣矿机，有 225kg 和 450kg 两种锤头，给矿粒度＜50mm，排矿粒度＜0.4mm。处理能力分别为 295kg/(台·h) 和 610kg/(台·h)。首次给汞量分别为 110g/t 和 20g/t。作业中，石灰用量为 0.5～10kg/t 矿石；汞添加量在首次给汞后，每隔 15min 按原矿含金量的 5 倍添加一次。

(2) 混汞筒混汞

混汞筒（图 5-5）是金矿山应用最广泛的混汞设备。它不但可以用来处理采金船等砂金矿的重选金矿，而且也可用来处理脉金矿山摇床等设备所产出的重选精矿。其操作简便，金的回收率可达 98％以上。

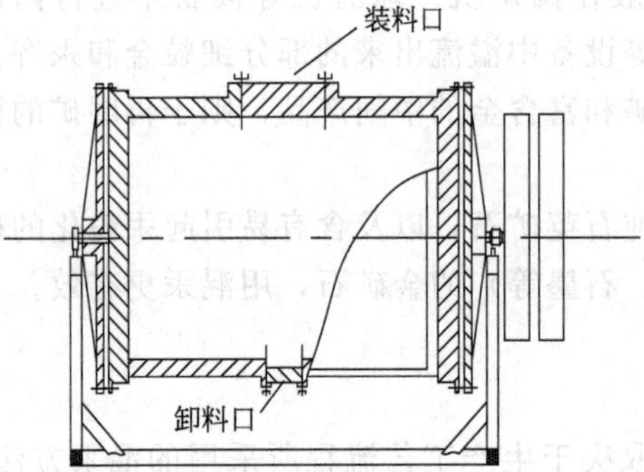

图 5-5　混汞筒

标准混汞筒是直径为 0.9m，长为 1.2m 的带橡胶衬里的钢筒，转速为 20r/min。这种混汞筒一次作业的装矿量约 500kg。

重选金矿中的金虽大部分呈单体解离状态，但金粒表面常带有不同程度的污染，且有部分金尚与其他矿物或脉石呈连生体。因此，用混汞筒处理重选精矿时都要向筒中加入钢球，以便在混汞作业时除去金粒表面的被膜或使金粒从其他矿物或脉石中解离出来。

重砂金矿在非碱性介质中混汞，有时会因铁矿物的混入而生成磁性汞膏，故内混汞多在加石灰的碱性介质中进行。石灰用量为装料量的 2％～4％，水量一般为装料量的 30％～40％，也可采用通常的磨矿浓度。

汞的加入量通常为精矿含金量的 9 倍，但随磨矿粒度的不同应有所变化。一般是：粒度＋0.5mm 粗粒为 6 倍；－0.15mm～＋0.5mm 中粒为 8 倍；－0.15mm 细粒为 10 倍。经生产实践证明，原料经研磨一定时间后再加汞，能提高混汞效率，降低汞的消耗。

混汞筒为间歇性作业，其过程包括装料、混汞和出料。混汞时间长短，随给矿性质而定，在 1～12h 之间。混汞筒产物经捕汞器、绒面溜槽或混汞板处理，以分离和回收汞齐和重矿物。

(3) 球磨机混汞

在球磨机中进行内混汞，是向球磨机中加入汞磨矿后，在球磨机排料槽底铺设苇席和在分级机溢流堰下部设溜槽来捕收汞膏。此法的缺点是汞膏流失严重，金的回收率仅为 60％～70％。

美国霍姆斯特克选金厂经改进的球磨机混汞工艺，是按每吨矿石向球磨机中加入 14～17g 的汞。磨矿后，由安在球磨机排矿端的克拉克·托多（Clark Tobo）捕汞器和连接在捕汞器后的混汞板来捕收汞膏。这些设备可从每吨矿石中回收15g左右的汞膏。金的混汞回收率为 71.6%，混汞尾矿经氰化处理，再回收25.4%的金，金的总回收率为 97%。

5.2.2.2 外混汞设备与操作

用于外混汞的主要设备有混汞板及配合混汞板作业的给矿箱和捕汞（金）器等。

混汞板是一块块以叠瓦形式搭接安装在木（或钢）质倾斜槽面上的挂汞铜板，称混汞板，也叫混汞槽。混汞槽有固定式混汞槽和振动式混汞槽之分。

采用给矿箱（或称矿浆分配器）供给混汞板矿浆。该箱为一长方形木箱，面向汞板一侧开有孔径为 30～50mm 的小孔若干，以使孔内流出的矿浆布满汞板，为能使矿浆均匀地布满整块汞板，最好在每个孔前钉一可动的菱形木块，以便调节每个孔的矿浆流量大小。

捕集从汞板上随矿浆流失的汞和汞膏使用捕汞（金）器。捕汞器置于汞板之后，矿浆在这里减慢流速，以便汞和重矿物借相对密度差沉降与脉石分离，捕汞器中矿浆的上升流速通常为 30～60mm/s。

捕汞器的类型相当多，图 5-6 所示为最简单的箱式捕汞器。矿浆从混汞槽流入箱内，经隔板下边返上来从溢流口流出。定期清出沉到箱底的汞与汞膏。当物料相对密度较大，颗粒较粗时，为提高捕汞效果，多采用水力捕汞器。图 5-7 所示为水力捕汞器的一种。它是从捕汞器下部补加水以造成脉动水流（150～200 次/min）来提高汞与脉石的分层和分离效果。

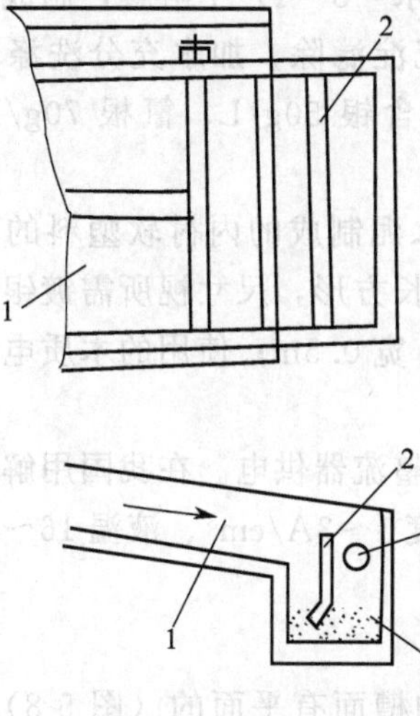

图 5-6 箱式捕汞器

1—溜槽；2—隔板；3—汞与汞膏；4—矿浆溢流口

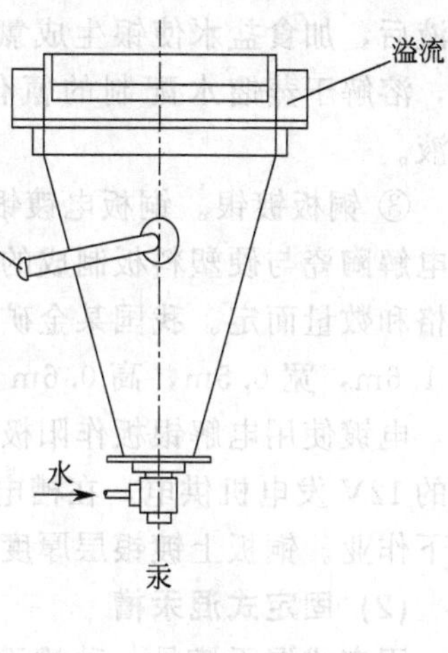

图 5-7 水力捕汞器

(1) 混汞板及其加工

混汞板通常使用 3～5mm 厚的镀银紫铜板，但也有用纯银板或紫铜板的。紫铜板的混汞效果较差。纯银板和镀银紫铜板一样具有抗矿酸和硫化物的作用，并具有不着色的性质，撒汞后又能形成银汞齐，可缓冲矿浆的摩擦，并易保持匀整的汞面。实践证明，用它们作混汞板时金回收率比用紫铜板高2%～5%。但纯银板的价格较高，投资费用大，且纯银板表面光滑，挂汞量不足，混汞效果常常还不如镀银紫铜板好。

用紫铜板混汞时，虽效果较差，但可省去镀银工艺，且价格较低。紫铜板使用时先裁成所需的尺寸，然后进行退火使表面疏松、粗糙。再用木槌或砂轮研磨（机械或手工），修正不平表面或去除其他缺陷。最后用氯化铵或氰化物溶液仔细洗涤并用清水冲洗干净，于铜板工作面上撒一层汞后进行混汞作业。

镀银紫铜板加工方法有以下几种。

① 铜板处理。为了镀银和生产上更换方便，常将电解铜板裁成宽为400～600mm、长为800～1200mm的小块状。镀银后，再一块块铺在床面上。裁好的小块先用化学法或加热法去除表面油污，再用木槌打平板面，最后用钢丝刷和细砂纸除去铜板上的毛刺、斑痕，再磨光后送电镀。

② 电镀液配制。所用的电镀液为银氰化钾的水溶液，配制100L电镀液的原料为电解银5kg，纯硝酸（90%）9～11kg，食盐8～9kg，氰化钾（98%～99%）12kg，再加蒸馏水至100L。电镀液配制的基本反应为：

$$2Ag+4HNO_3 \longrightarrow 2AgNO_3+2H_2O+2NO_2\uparrow$$

$$2AgNO_3+2NaCl \longrightarrow 2AgCl+2NaNO_3$$

$$AgCl+2KCN \longrightarrow KAg(CN)_2+KCl$$

电镀液的制备：将电解银加入稀硝酸（硝酸：水=3：1）中溶解，制成硝酸银溶液后，加食盐水使银生成氯化银沉淀。然后将沉淀滤除，加水充分洗涤至中性后，溶解于蒸馏水配制的氰化钾溶液中，配制成含银50g/L、氰根70g/L的电镀液。

③ 铜板镀银。铜板电镀银通常在木质或钢筋水泥制成的内衬软塑料的电解槽或电解陶瓷与硬塑料板制成的电解槽中进行。槽为长方形，尺寸视所需镀银的铜板规格和数量而定。我国某金矿使用的汞板长1.2m，宽0.5m；使用的木质电解槽则长1.6m，宽0.5m，高0.6m。

电镀使用电解银板作阳极，由直流发电机或硅整流器供电。在我国用解放牌汽车的12V发电机供电，在槽电压6～10V、电流密度1～3A/cm^3、液温16～20℃条件下作业。铜板上镀银层厚度为10～15μm。

(2) 固定式混汞槽

固定式混汞槽是一种槽面不动的混汞板。它的槽面有平面的（图5-8）、阶梯的和中间带有捕集沟的（图5-9）三种形式。在我国多用平面的混汞槽，而国外多用带捕集沟的。

这种中间带捕集沟的槽有捕集粗粒单体金的作用，但也会出现矿砂淤积对操作不利的一面；阶梯式的固定混汞槽是以每段形成30～50mm的高差而构成阶梯状。

依靠矿浆流动的落差使矿浆得以很好地混合而避免分层，以减少细粒金的损失，并能使单体金进入底层与汞板表面达到良好接触。

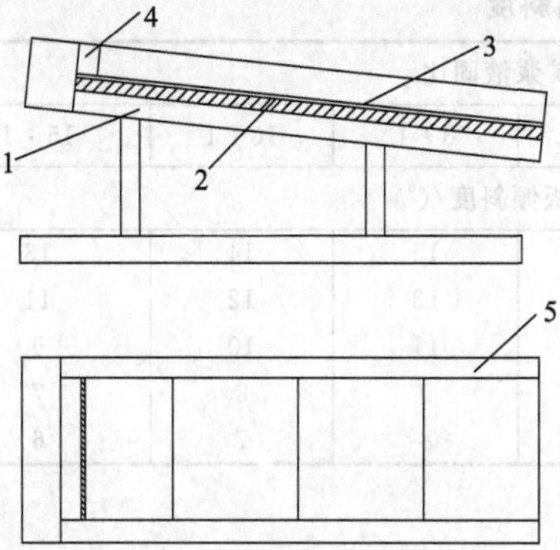

图 5-8　固定式混汞槽

1—支架；2—床面；3—汞板；

4—矿浆分配器；5—侧帮

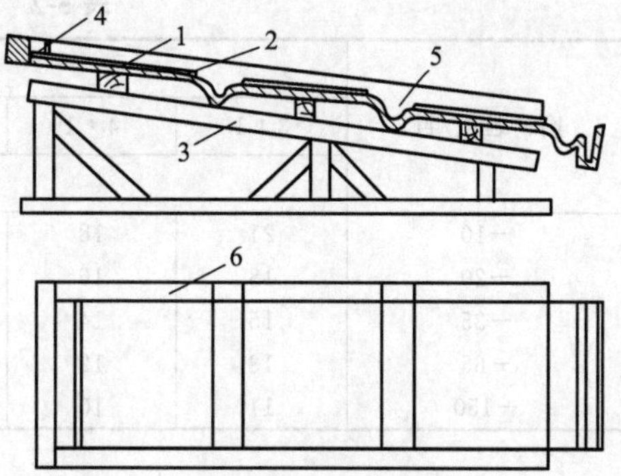

图 5-9　有捕集沟的固定混汞溜槽

1—汞板；2—床面；3—支架；

4—矿浆分配器；5—捕集沟；6—侧帮

汞板面积的确定与处理矿石量、矿石性质和混汞作业在选金流程中的作用有关。通常在汞板面上矿浆流深度为5～8mm，流速为0.5～0.7m/s的条件下，处理1t矿石所需的汞板面积为0.05～0.5m^2。若混汞只为捕收大颗粒游离金，其尾矿尚需浮选、重选或氰化时，汞板定额可定为0.1～0.2m^2/(t·d)。各种条件下的汞板定额列于表5-1。

生产实践中，混汞板的作业效果主要取决于汞板的宽度，而不取决于汞板的长度。汞板适当宽一些，可使矿浆流在板面上的厚度变薄且分布均匀，有利于金的混汞。出于混汞时绝大部分金被捕收在汞板的前端，故增大汞板的长度并没有多大的实际意义。通常，混汞板作为内混汞的辅助设备以捕收流失的汞膏和汞（金）时，汞板长约5～6m；混汞板作为外混汞设备，置于磨矿机闭路循环中并且只捕收粗粒金时，汞板长2～4m已足够了。

表 5-1　混汞板生产定额　　　　t/(m^2·d)

混汞在选金流程中的位置	矿石含金量/(g/t)			
	＞10～15		＜10	
	细粒金	粗粒金	细粒金	粗粒金
混汞作为独立作业	0.4～0.5	0.3～0.4	0.3～0.4	0.2～0.3
混汞，然后溜槽扫选	0.3～0.4	0.2～0.3	0.2～0.3	0.15～0.2
混汞，然后浮选或氰化	0.15～0.2	0.1～0.2	0.1～0.15	0.05～0.1

混汞板的倾斜度取决于给矿粒度和矿浆浓度。当矿粒较粗、矿浆较浓时，倾斜度应大些；反之则应小些。如我国某金矿球磨排矿粒度60％－200目，矿浆浓度50％，汞板倾角为10°。另一石英脉型金铜矿分级机溢流细度为55％～60％－200

目，矿浆浓度30%，汞板的倾角为8°。表5-2列出了相对密度为2.7～2.8的矿石在不同粒度、不同浓度时汞板的倾斜度。

表5-2 汞板的倾斜度

磨矿粒度/目	矿浆液固比					
	3∶1	4∶1	6∶1	8∶1	10∶1	15∶1
	汞板倾斜度/(°)					
−10	21	18	16	15	14	13
−20	18	16	14	13	12	11
−35	15	14	12	11	10	9
−65	13	12	10	9	8	7
−150	11	10	9	8	7	6

(3) 振动式混汞槽

振动式混汞槽已应用于国外的混汞实践中，它可用于处理磨矿粒度小于48～65目的相对密度大、含细粒金的硫化物矿石。这种汞板处理能力大，处理量为10～12t/(m^2·d)。

汞板安置方式有两种类型：一是汞板悬吊在拉杆上；二是汞板装置于木（或钢）质支架（弹簧）上。倾斜度为10°～12°。汞板由凸轮曲臂或偏心轮驱动作横向摆动(很少有纵向摆动)，摆幅为25mm，摆次16～200次/min，功率消耗0.36～0.56kW。

(4) 混汞板的操作

要提高混汞作业回收率，就必须提高汞板的操作和管理水平，严格控制影响汞板作业效果的各种主要因素。前面就混汞作业的主要影响因素已经介绍过，在此仅针对混汞板的操作要领介绍如下。

① 给矿粒度。一般为0.42～3.0mm，粒度过大，金粒难单体解离，且过大的矿粒易擦伤汞板表面，造成汞和汞膏的损失。对于含细粒金的矿石，给矿粒度可以小到0.15mm左右。

② 矿浆浓度。常用的矿浆浓度以含固体10%～25%为好。浓度过大，细粒金难于沉降而影响金的混汞；浓度过小，会降低汞板生产效率。但在一些联合流程的作业中，为满足下一作业对浓度的要求，故也在矿浆浓度为50%～60%时混汞。

③ 矿浆酸碱度。在酸性介质中混汞，汞和金粒表面洁净，能促进汞对金的润湿，提高回收率。但在酸性介质中，矿泥不易凝结而沾污金粒，影响汞对金的润湿。故对含泥矿石混汞，多在pH为8.0～8.5的碱性介质中进行。

④ 矿浆流速。矿浆在汞板上的流速必须与汞板上的矿浆厚度相适应。一般来讲，当流速为0.5～0.7m/s时，矿浆厚度以保持在5～8mm为宜。

⑤ 添汞时间和添汞量。我国金矿混汞生产实践中，汞板投产后初次投汞量为15～30g/m^2；运行6～12h后将添汞一次。每次添汞量原则上为矿石含金量的2～5倍。添汞次数通常为每日2～4次。前苏联某金矿山将添汞次数由每日2次改为6次后，金的作业回收率比原来提高18%～30%。总之，添加量、添加次数的多少

取决于整个混汞作业循环中应保持有足够量的汞，使矿浆在流动的全过程中金粒随时都有与汞接触的机会。

⑥ 刮汞时间。有些矿山是在每次添汞之前刮汞，刮汞膏的时间与添汞时间一致，我国许多矿山是在每个作业班中刮汞膏一次。刮汞膏前停止给矿，并将汞板冲洗干净，然后用硬橡胶板刮取汞膏。国外有些矿山采取先加热汞板的方法，待汞膏软化后再刮取。

⑦ 混汞故障消除。混汞作业常见故障的表现形式及其消除（或预防）方法有：

a. 汞膏坚硬。常因添汞量不足，致使汞膏呈固溶体状态，造成汞板干涸，汞膏坚硬。应经常检查，及时适量添汞即可消除。

b. 汞的微粒化。经蒸馏回收的汞，有时会产生微粒化。微粒化后的汞不能在汞板上均匀铺开，作业时易随矿浆流失而造成汞（金）的损失。对于这种汞，用前应小心地向汞中加入钠，使汞粒凝集后再用。

c. 汞的粉化。矿石中铁和硫化物会与汞作用使汞粉化，粉化后的汞在汞板上生成黑色斑点使汞板的捕金能力丧失，粉化了的汞也很容易损失于尾矿中。当矿石中含有砷、锑、铋的硫化物时，这种作用尤为明显。矿浆中的氧会使汞氧化，于汞板上生成红色或黄红色斑痕。

其消除方法有：

ⅰ. 加大石灰用量以抑制硫化物；

ⅱ. 增大汞的添加量，让过量汞与粉化汞一道流出；

ⅲ. 增大矿浆流量，让矿粒摩擦掉汞板上的斑痕等。

当矿石为含金多金属硫化矿时，其中的含金硫化物常会附着于汞板，使混汞作业恶化。加大石灰用量，提高矿浆 pH（有时 pH 达 12 以上），就可以消除这种不良现象。

刮取汞金时，有意在汞板上留下一层薄的汞膏对防止混汞故障的发生，也有一定的效果。

5.3 汞金的分离、压滤和蒸馏

5.3.1 汞膏的分离和洗涤

混汞作业时所获得的汞膏，混杂有大量的重砂矿物、脉石及其他杂质，必须通过洗涤使其分离，此项作业俗称“清汞”。

由于汞膏的相对密度远大于其他重矿物，故在重选设备中通过洗涤就很容易使其分离。从混汞筒和捕汞器中获得的汞膏，通常经淘金盘或短溜槽处理。有的国家则用混汞板或小型旋流器处理。图 5-10 所示的是南非许多金矿山用于处理混汞筒产物的尖底机械淘金盘。它的圆盘直径为 900～1200mm，盘底下凹，盘周边高 100mm，圆盘后部安装于曲柄拉杆上，盘的前端由可滚动的导轴支承，来自伞形齿轮的动力借曲柄的运动使圆盘作水平运动。混汞筒的产物倒入淘金盘后，矿浆随着盘的运动和水流的冲洗作用，脉石被送往盘前端由溜槽排出。相对密度大的汞膏聚凝于盘中心，由盘底放出口放出。一台直径为 1200mm 的尖底机械淘金盘日处理混汞筒产物 2～4t。

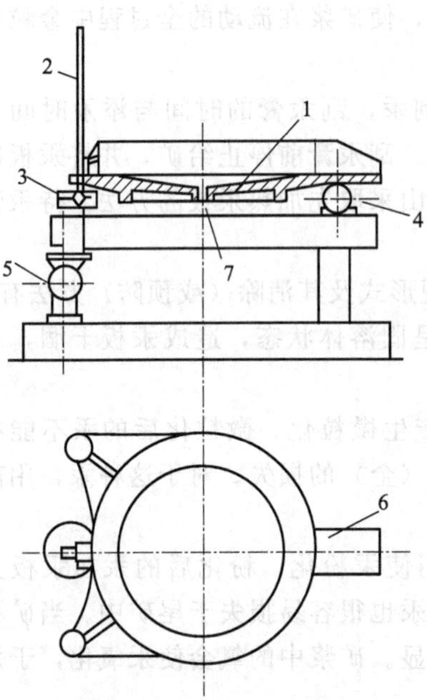

图 5-10　尖底机械淘金盘

1—尖底圆盘；2—拉杆；3—曲柄机构；4—导辊；5—伞形齿轮；6—流槽；7—汞膏放出口

国产重砂分离盘，其结构与上述尖底机械淘金盘相似。它的圆盘直径为 700mm，周边高 120mm。一次作业（1.5～2.0h）可处理混汞筒砂矿 60～120kg。

经上列设备分离出的汞膏和混汞板上刮下的汞膏虽比较干净，但还需在长方形的操作台上进行洗涤。操作台台面铺设薄铜板，台面周围钉上 20～30mm 高的木条，以防操作时流散的汞洒到地上。汞膏先置于瓷盘内加水反复冲洗，并由操作者用戴橡胶手套的手反复揉搓，以便尽可能洗去汞膏内的杂质。混入汞膏中的铁可用磁铁吸出。为得到柔软易于处理的汞膏，可加汞稀释。含杂质多的汞膏呈暗灰色，洗涤作业一直进行到汞膏明亮光洁为止。

汞膏的洗涤也可在热水中进行。随着温度的升高，汞会变得更软和更稀而更易于洗净。但温度的升高会加速汞的挥发，危害操作者的健康，故在安全条件不具备的情况下不宜采用。

5.3.2　汞膏的压滤

洗净的汞膏，通常用致密的布包好后送压滤以除去多余的汞。产出固体汞膏(硬汞膏)。此项作业俗称“压汞”。汞膏所用的压滤机械视生产规模的大小而异。生产规模不大的工厂，通常使用手工操作的卧式螺杆压滤机或杠杆式压滤机；大规模生产的大厂则采用风压或液压压滤机。用于汞膏压滤的各种压滤机结构简单，一般工厂均可自制。

有一种立式螺杆压滤机，它的底盘上钻有圆孔并可以拆卸。操作时将包好的汞膏放在底盘上，并用圆筒牢牢固定，再旋转手轮使螺旋推动活塞下移进行压滤。多余的汞由底盘的圆孔流出，收集到压滤机下部的容器中，然后卸下底盘取下硬汞膏。

压滤产出的硬汞膏含金量为 20%～50%。其含金量主要取决于混汞金粒的大小。另外，也与压滤机的压力大小和滤布的疏密有关系。

压滤回收的汞中常含有 0.1%～0.2%的金，可再次用于混汞。它的捕金效果比纯汞好，特别适用于汞板发生故障的情况。当混汞的金粒极细或包汞膏的布不致密时，压滤出的汞常含有大量的金。此种汞在常温下放置较长时间后，金也析出而沉于容器底部。

5.3.3 汞膏的蒸馏与蒸馏渣的冶炼

硬汞膏中金与汞的分离，是基于汞的沸点（357℃）远低于金的熔点（1064℃）和沸点（2860℃）。汞齐经压滤除汞后产生的硬汞膏，含汞量仍有60%甚至更多。将其装入铸铁锅（缸）中，置于焦煤、煤气或电炉等加热的炉中缓慢升温。当温度超过汞的沸点，汞即从汞膏中气化升华。为使汞金完全分离，许多工厂将蒸馏温度控制在400～450℃，并在后期升温至750～800℃并保持30min。升华的汞经装有冷凝器的钢管冷凝后，呈球状液滴滴入盛水的容器中回收。蒸汞时间需持续5～6h或更长，通常蒸汞作业的回收率大于99%。

在小型矿山，多用蒸馏罐（图5-11）来蒸汞。蒸馏罐的技术规格见表5-3，大型矿山多用蒸馏炉来蒸汞（图5-12）。

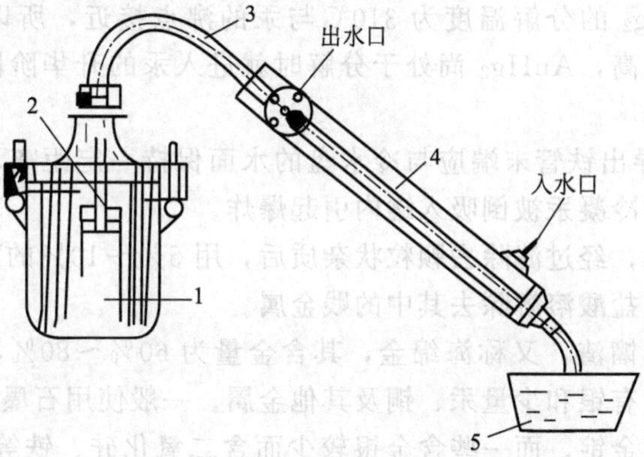

图5-11　汞膏蒸馏罐

1—罐体；2—密封盖；3—引出软管；4—冷却水套；5—冷水盆

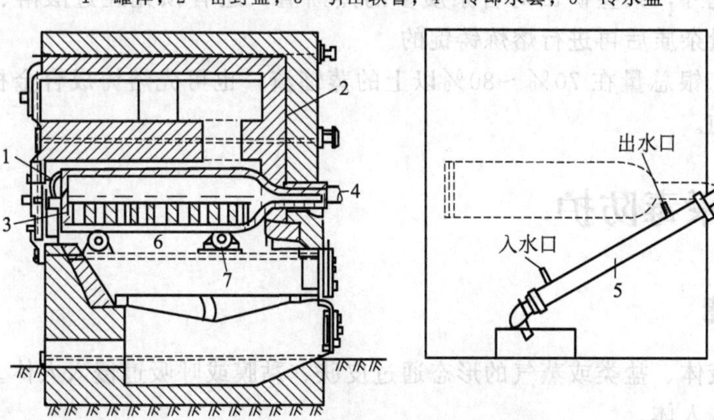

图5-12　汞膏蒸馏炉

1—蒸馏缸；2—缸；3—密封门；4—引出铁管；5—冷却水套；6—铁盆；7—管支座

表 5-3 蒸汞罐技术规格

名称	规格/mm		汞装入量/kg	设备重量/kg
	直径	长度		
锅炉型蒸馏罐	125～150	200	3～5	38
圆柱形蒸馏罐	200	500	15	70

当用蒸馏罐时，由于罐的体积小且汞膏直接放置在罐内，蒸汞时应注意以下几点。

① 装汞膏前，应于罐内壁上涂一层糊状白垩粉和石墨粉、滑石粉、氧化铁粉，以防止蒸馏后的含金渣黏结罐壁。

② 蒸馏罐内汞膏层厚一般为 40～50mm，过厚容易造成汞的蒸馏不完全，且汞膏沸腾时金易喷溅到罐外。

③ 汞膏必须纯净，且不可混入包装纸，否则回收的汞再使用时易发生粉化。汞膏中混入重矿物和大量硫时，易引起罐底穿孔造成金的损失。

④ 由于 $AuHg_2$ 的分解温度为 310℃与汞的沸点接近，所以蒸汞罐应缓慢升温。若炉温急剧升高，$AuHg_2$ 尚处于分解时就进入汞的升华阶段，则易造成汞的激烈沸腾而喷溅。

⑤ 蒸馏罐的导出铁管末端应与冷水盘的水面保持一定距离，以免蒸汞后期罐内呈负压时，水与冷凝汞被倒吸入罐内引起爆炸。

蒸馏回收的汞，经过滤除去颗粒状杂质后，用 5%～10%的稀硝酸洗涤净化后返回混汞用；或用盐酸溶解除去其中的贱金属。

蒸馏产出的蒸馏渣，又称海绵金，其含金量为 60%～80%，有些矿山可高达 80%～90%，并含有银和少量汞、铜及其他金属。一般使用石墨坩埚于柴油或焦炭地炉中熔铸成合质金锭。而一些含金银较少而含二氧化硅、铁等杂质多的蒸馏渣，可加入碳酸钠及少量硝酸钠、硼砂等进行氧化熔炼造渣，待除去大量杂质后再铸成合质金锭。此外，某些矿山对含杂质多的蒸馏渣，还有预先经过酸溶、碱浸等处理，除去大量杂质后再进行熔炼铸锭的。

对含金、银总量在 70%～80%以上的蒸馏渣，也可先熔铸成合金板，然后再进行电解提纯。

5.4 汞毒防护

5.4.1 汞毒

汞能以液体、盐类或蒸气的形态通过皮肤、黏膜或呼吸道侵入人体。其中以汞蒸气最易侵入人体。

汞能淤积于肾、肝、脑、肺、骨骼等器官中，引起急性或慢性中毒。根据汞中毒的轻重程度，患者可分为四期。

一期为汞吸收：在24h内尿汞含量小于0.01mg/L；

二期为轻度中毒：在24h内尿汞含量大于0.01mg/L，其主要症状是头疼、头晕、记忆力衰退、多汗无力；

三期为中度中毒：其主要症状是易兴奋、胆怯、手指颤抖、精神症状加重、牙龈炎加重、有轻度贫血及慢性结肠炎；

四期为重度中毒：其主要症状是智力减退、汞毒性脑病、贫血、肠炎及肾损害。

我国规定，空气中含汞量不许超过0.01～0.02mg/m^3。工业废水中汞及其化合物最高容许浓度为0.05mg/L。

5.4.2 汞毒的防护及安全措施

为了保护环境不受污染，保护工人的身体健康，混汞应限制使用。

对于设有混汞作业的选厂，必须严格做好汞毒的防护工作，制定严格的安全技术操作规程，使汞蒸气和金属汞对人体的影响减少到最小程度。具体措施有以下几种。

① 经常对工人进行汞毒防护安全思想教育，使工人深刻认识到汞毒防护的重要性。

② 制定严格的混汞操作制度，装汞器皿要密闭，严防汞蒸发逸出；进行混汞操作时必须身着防护用品，避免汞与皮肤直接接触；在有汞的房间内不存放食品、吃东西和吸烟。

③ 混汞车间和炼金室要加强通风。汞膏的洗涤、压滤及蒸汞等作业应在具有抽风装置的密闭操作橱内进行。图5-13为带有抽风装置的汞作业台结构示意。

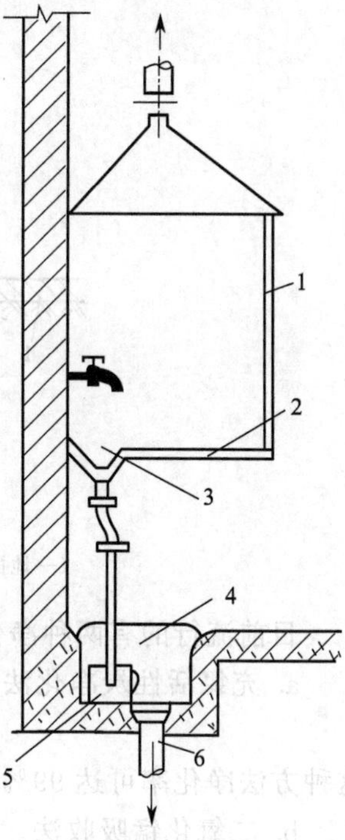

图5-13 汞作业台结构

1—通风橱；2—工作台；3—集汞孔；4—集水池；5—集汞罐；6—排水管

④ 凡具有带汞作业的厂房地面应选择不吸汞的材料砌筑（如聚氯乙烯塑料、人造橡胶的油毡、酚醛塑料、石棉硬质橡胶、辉绿岩板、花岗岩板等），墙与地面应保持光滑，顶棚最好刷油漆，并且定期用肥皂水或高锰酸钾溶液（1∶10000）进行刷洗。

⑤ 尽管精心操作，也难免有少量汞泼洒在地面上，这种流散汞除应立即用吸液管或混汞板收集起来外，也可用引射式吸汞器（图5-14）加以回收。另外，为了便于回收流散的汞，地面应保持光滑并做成1°～3°的坡度。地面与墙角做成圆角，墙应附加墙裙，见图5-15。

⑥ 操作橱下、室外的污水井内都应有集汞装置，尽量不使汞流失。

⑦ 含汞废气的净化。

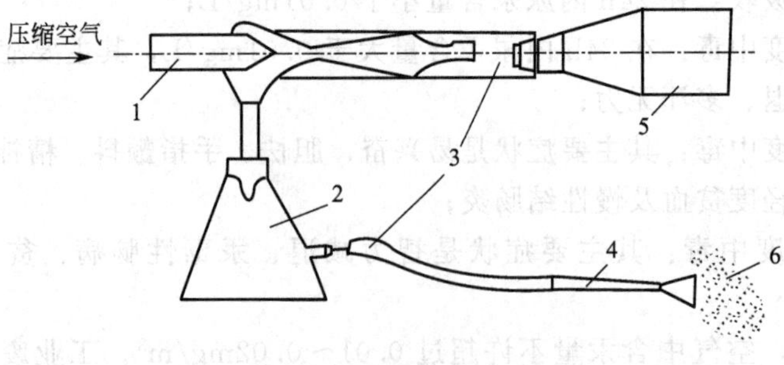

图 5-14　引射式吸汞器

1—玻璃引射器；2—集汞瓶；3—橡皮管；4—吸汞头；

5—活性炭净化器；6—流散汞

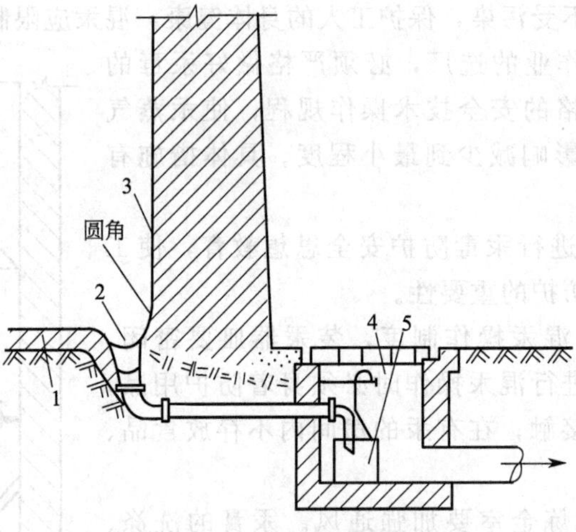

图 5-15　汞作业室地面结构

1—地面；2—地漏；3—墙裙；4—污水池；5—集汞罐

目前流行的有两种净化方法：

a. 充氯活性炭净化法。活性炭吸附含汞空气，氯与汞生成氯化汞。即：

$$Hg + Cl_2 \longrightarrow HgCl_2 \downarrow$$

这种方法净化率可达 99%。

b. 二氧化锰吸收法。天然的软锰矿能够强烈地吸收汞蒸气，也能够吸收呈液体状态的细小汞珠。即：

$$MnO_2 + 2Hg = Hg_2MnO_2$$

当有硫酸存在时，Hg_2MnO_2 还能生成硫酸汞：

$$Hg_2MnO_2 + 4H_2SO_4 + MnO_2 = 2HgSO_4 + 2MnSO_4 + 4H_2O$$

当硫酸汞浓集到一定程度后（大约 200g/m³），即由吸收装置中排出，并加入铁屑或铜屑使汞置换沉淀出来。

软锰矿的吸收效率可达 95%～99%。

第6章 氰化法提金

氰化法自1887年应用于矿山提取金银以来，已有近百年的历史，工艺比较成熟。由于其回收率高，对矿石适应性强，能就地产金，所以至今仍是黄金生产的主要办法。堆浸、渗滤氰化法、搅拌氰化法、炭浆法、炭浸法都属于氰化提金法的范畴。

根据浸出方式氰化法可分为搅拌氰化和渗滤氰化。搅拌氰化用以处理重选、混汞后的尾矿和浮选的含金精矿；或用于全泥氰化；而渗虑氰化用于处理浮选尾矿和低品位含金矿石的堆浸等。

在氰化提金工艺中，金的浸出是整个工艺过程中最重要的环节。对于某种含金矿石来说，能否采用氰化法处理；或氰化回收率的高低，在大多数情况下，主要取决于浸出作业的效果。从氰化法生产各个作业成本的组成来看，浸出作业往往也是占着很大的比重。因此，为了提高氰化厂的技术经济效益，采用合理的浸出工艺和设备，选择合理的浸出条件，掌握合理的操作方法便成为氰化生产的重要课题。

6.1 金的氰化浸出原理

在含氧的氰化物溶液中金的溶解，称为氰化浸出。贵金属金和银是化学性质很稳定的元素，它们很难氧化，在绝大多数的溶剂中不会溶解。但是，人类在18世纪中叶，发现了金、银和铜等金属能溶解于氰化物溶液中，同时也发现了空气的存在对氰化浸出的作用及温度对溶解速度的影响。

6.1.1 反应机理

金对电子具有非常强的亲和力，化学性质稳定，因此它的电离氧化过程需要很大的能量。在氰化过程中，金在稀薄的氰化溶液中，在有氧存在时可以生成一价金的络合物而溶解。其基本反应式为：

$$4Au+8NaCN+O_2+2H_2O \longrightarrow 4NaAu(CN)_2+4NaOH$$

又有人认为金被氰化溶液溶解时发生两步反应：

$$2Au + 4NaCN + 2H_2O + O_2 \longrightarrow 2NaAu(CN)_2 + H_2O_2 + 2NaOH$$

$$2Au + 4NaCN + H_2O_2 \longrightarrow 2NaAu(CN)_2 + 2NaOH$$

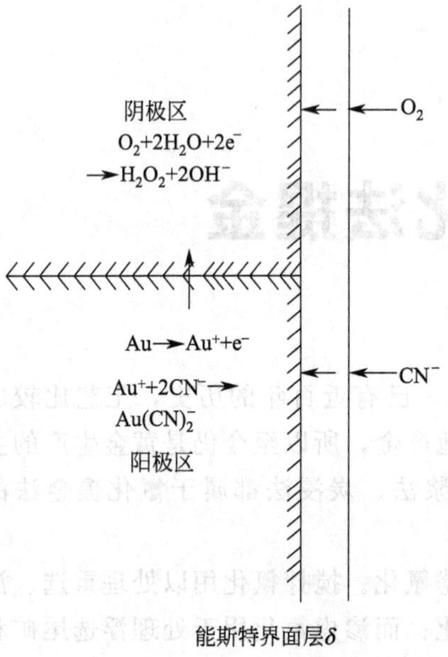

图 6-1　金在氰化溶液中溶解的图解说明

上面两步反应的总和，与前面引述的反应式是一样的。过氧化氢是由于溶解于水中的氧发生还原作用生成的。对银的溶解同样可以写出类似的反应式。

金在氰化物中溶解是电化学溶解（图 6-1）。在溶解过程中，金粒从其表面的阳极区失去电子，与此同时，氧从金粒表面的阴极区得到电子。此时，阳极的反应为：

$$Au \longrightarrow Au^+ + e^-$$

而阴极的反应为：

$$O_2 + 2H_2O + 2e^- \longrightarrow H_2O_2 + 2OH^-$$

图 6-1 表明，当固体状态的金浸入氰化物溶液中时，在溶液中 O_2 和 CN^- 的作用下，固体表面便立即发生阴极反应和阳极反应，金成为络合离子 $Au(CN)_2^-$ 而溶解。并在金的表面附近形成饱和溶液；同时，金的溶解消耗了金粒表面附近的氧和氰根离子，使其浓度急剧下降。表面附近的溶液，称为界面层。这是一层与固体表面几乎没有相对流动的液体膜（厚度为 δ）。在界面层内 $Au(CN)_2^-$ 和 O_2、CN^- 的浓度变化呈直线关系（图 6-2）。界面层以外的溶液中这些物质的浓度则与整个溶液的浓度相同。

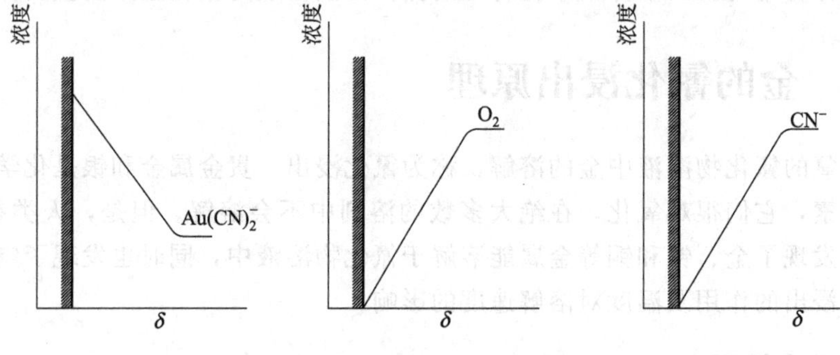

图 6-2　界面层内 $Au(CN)_2^-$、O_2 和 CN^- 的浓度变化

伴随着固体表面 $Au(CN)_2^-$ 离子浓度的饱和及 O_2、CN^- 浓度的降低，金的溶解速度将会变得缓慢，甚至停止。金在氰化物溶液中能进一步溶解，是靠扩散作用将 $Au(CN)_2^-$ 从固体表面通过界面层向溶液内部扩散。同样，溶液内部的溶解氧和氰离子也通过界面层向固体表面扩散。由于扩散，使金周围已饱和的溶液浓度下降，随之金则更进一步溶解，以补充此溶液的浓度，金的溶解作用就是这样逐渐进

行的。

根据扩散理论分析：当氰化物浓度较低时。金的溶解速度仅取决于氰化物的浓度。如果氰化物浓度较高时，金的溶解速度仅取决于氧的浓度。

而实际上，在常温常压下，为了使金、银得到较快的溶解速度，溶液中溶解氧的浓度和游离氰化物浓度对金的溶解都起作用，合理的条件既不单是溶解氧的浓度，也不单是游离氰根离子的浓度，而是两者浓度的比值。因此，如果只是片面注意加强搅拌以获得理想的充气，而溶液中游离氰化物的量不足，氰化效果不会好；反之，如果加入过量的氰化物，而氰化溶液含氧量低于最佳值，这样不仅浪费氰化物，氰化浸出金的效果也不会好。在生产上要同时检验溶液中游离氰化物和溶解氧的含量，两者摩尔比为 6 时是理想的。

6.1.2 浸出药剂

(1) 氰化物

氰化法提金工艺最主要的药剂就是氰化物。

凡含有氰基［—C≡N ］的化合物统称为氰化物。氰化物有无机氰化物和有机氰化物两大类。

常用的无机氰化物有：KCN、NaCN、$Ca(CN)_2$ 和 NH_4CN（氰化铵）等。

有机氰化物统称为腈。如粗乳腈、纯乳腈、扁桃乳腈等。其分子中的烃基 R 与氰基的碳原子相连接（R—CN）。

各种氰化物的分子中，都有一个或几个氰基，它在溶液中能与贵金属金、银形成络合离子而转移到溶液中。因此，氰化物能够作为金、银的很好的溶剂。

在选用氰化物时要考虑选用的氰化物对金的相对溶解能力、稳定性、所含杂质对工艺的影响、价格及供货的可靠性等。在工业生产中，应用最多的是无机氰化物，有机氰化物基本不用。

氰化物对金的相对溶解能力，取决于单位重量氰化物中氰根（CN^-）的含量；或取决于氰化物中金属的原子价和氰化物的分子量的比值。比值越大，对金的溶解能力就越强。常见的几种无机氰化物对金的相对溶解能力比较见表 6-1。

表 6-1 几种氰化物对金的溶解能力比较

分子式	分子量	金属的原子价	对金的相对溶解能力（以 KCN 为 100）	获得同等溶液浓度的相对消耗	溶液的稳定顺序
NaCN	49	1	132.6	49	2
KCN	65	1	100.0	65	1
$Ca(CN)_2$	92	2	141.3	46	4
NH_4CN	44	1	147.7	44	3

氰化物的稳定性是指它们在含有二氧化碳的空气中被分解成 HCN 气体的稳定程度。按稳定性的大小可以排成下列顺序：KCN、NaCN、NH_4CN、$Ca(CN)_2$。在工业生产上最常使用的是氰化钠。氰化钠是一种白色立方结晶颗粒或粉末，溶于

水和液氨，有剧毒。它的特点是溶金能力强、价格较便宜、溶液的稳定性好、使用方便等。

在氰化提金历史中，使用最早的是氰化钾，但由于它的相对溶金能力较低，价格又贵，稳定性也不如氰化钠，所以逐渐被氰化钠所代替。

选金厂还广泛使用一种廉价的氰化物，称为氰熔物。氰熔物是氰化钙[$Ca(CN)_2$]、食盐和焦炭的混合物在电炉熔融后制得的产物。氰熔物的有用成分为45%$Ca(CN)_2$。其他均为杂质。这些杂质有可溶性硫化物、碳和不溶的杂质等。使用氰熔物前要清除这些杂质，即强力搅拌氰熔物溶液，同时往溶液中添加食盐使硫化物变成硫化铅沉淀，澄清后的溶液用于氰化浸出作业。

按金的溶解的基本反应式，理论上溶解1g纯金需0.49gNaCN，但实际生产中氰化钠的消耗量为理论数的200倍以上。当然实际消耗量比起理论消耗量高如此之多，是因为实际消耗量包括了氰化过程中氰化物的机械损失和化学损失。

(2) 保护碱

为了保持氰化物溶液的稳定性，减少氰化物的化学损失，在氰化物溶液中必须加入适量的碱，使其保持一定的碱度，称为保护碱。

在氰化过程中氰化物除正常耗用外，还有损失。损失的原因有机械损失和化学损失。

机械损失的原因通常有：浸出槽中矿浆装得过满外溢或泄漏，矿浆飞溅。浸出后矿浆脱水和洗涤不充分以及含氰污水带走等。

化学损失的原因主要是：氰化物的水解；溶液中有 CO_2 和因硫化矿氧化所生成的硫酸和碳酸也会与氰化物作用生成挥发性的 HCN；矿石中铜、锌、硒、碲等矿物都会消耗氰化物生成硫氰化物及相应的络盐。

氰化钾等氰化物在水解时发生下述反应：

$$KCN + H_2O \longrightarrow KOH + HCN\uparrow$$

生成的 HCN（氰化氢）从溶液中挥发出来而损失于空气中，同时对车间空气造成污染。当把石灰、苛性钾或苛性钠加入溶液中会使氰化物的水解减弱，促使以上反应向左进行。

由于加碱，还可中和矿石中硫化矿氧化生成的酸类，从而阻止 HCN 的生成。

如矿石中的黄铁矿（FeS_2）氧化时生成 H_2SO_4，此外还生成 $FeSO_4$，$FeSO_4$ 也会消耗氰化物。其反应式为：

$$FeSO_4 + 6KCN \longrightarrow K_4Fe(CN)_6 + K_2SO_4$$

在氰化溶液中加碱和充氧，硫酸亚铁被氧化成 $Fe_2(SO_4)_3$，$Fe_2(SO_4)_3$ 与碱作用生成 $Fe(OH)_3$ 沉淀。由于碱和氧的存在而避免了铁氰络合物的生成，减少了KCN的消耗。

如上所述，正是由于加碱，使氰化物的化学损失减少。因此，把加入氰化溶液中的碱称为保护碱。

但是，碱度过高，对金的浸出也是不利的，会降低金的溶解速度，并在下一步金的置换时增加锌的消耗。

因此，保护碱的加入量必须适度。在生产实践中，通常控制 pH 为 11～12 的范围内。为了降低生产成本，常用石灰（CaO）作保护碱。使用时常先配制成浓度为 0.03%～0.05%的石灰乳加入氰化溶液中。

在氰化法生产中，如果需要较强的碱度，例如像处理金碲矿石时，高碱度能促进碲化物溶解，这时一般不用石灰而采用氢氧化钠。

6.1.3 影响金溶解速度的因素

(1) 氰化物和氧的浓度的影响

氰化物和氧的浓度是决定金溶解速度的两个最主要的因素。金与银的溶解速度与氰化物浓度的关系见图 6-3。

从图 6-3 可以看出，当氰化物的浓度在 0.05%以下时。金的溶解速度随着溶液中氰化物浓度增大而直线地增大，以后则随氰化物浓度的增大而缓慢上升，直至氰化物浓度增大到 0.15%时为止。以后再继续增大氰化物浓度，金的溶解速度反而略有下降。金在低浓度氰化物溶液中溶解速度很大的原因，是氧在其中的溶解度较大以及氧和溶剂在稀溶液中扩散速度较大所致。氧在低浓度氰化物溶液中的溶解度几乎是恒定不变的，同时，随着氰化物浓度的增大，扩散速度降低得并不多。用低浓度氰化物溶液处理金矿石时，金与银的溶解度都很大；但各种非金属的溶解度很小，使氰化物的消耗减少了，有利于金的溶解。

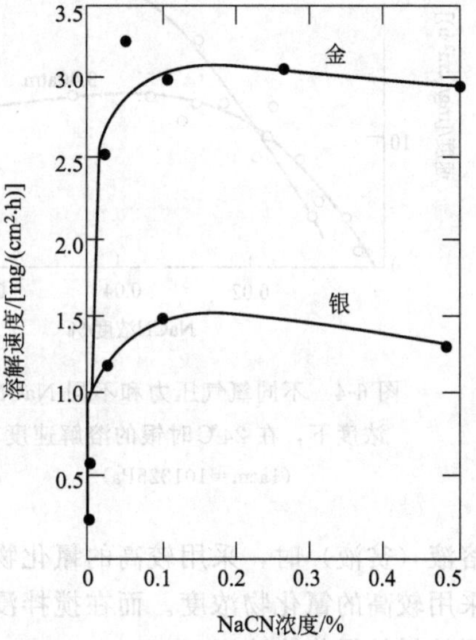

图 6-3　金与银的溶解速度与氰化物浓度的关系

在金因电化学作用而溶解的场合，氧与 CN^- 的扩散作用有很大的意义。在金的溶解过程中，一方面是环绕金粒周围的一层溶液中的 O_2 和 CN^- 被消耗，这一层溶液浓度因此而降低。为了使金的溶解以同样作用继续下去，必须有数量大致相等的 O_2 和 CN^- 从邻近的溶液层扩散到围绕金粒周围的一层溶液中。如果 O_2 和 CN^- 的扩散速度不够大，则金的溶解速度将减缓。另一方面，氧的扩散速度与 CN^- 的扩散速度必须有一定比例，因为氧气不足将使金的溶解速度减小。在正常状况下，氧在氰化物溶液中的溶解度为 7.5～8.0mg/L。在稀薄氰化溶液中则达到某一恒定值。因此，氰化物浓度增大或超过某一限度的时候，氰化物浓度与氧浓度的比例即被破坏，会使过多的氰化物被保留下来而不能被有效利用。

当氰化物浓度低时，银（也包括金在内）的溶解速度只取决于氰化物溶液的浓度；相反，氰化物溶液的浓度高时，银的溶解速度与氰化物浓度无关，而仅随 O_2 的浓度而定（图 6-4）。所以在氰化过程中，任何引起氰化溶液中氧浓度的降低，都将导致金溶解速度的降低。例如，在某些矿石中所伴生的大部分白铁矿、磁黄铁矿及部分黄铁矿很容易氧化，以致消耗大量氰化物和溶液中的氧，使金的溶解速度降低。为了防止这些有害杂质的影响，往往在氰化浸出之前，对矿石进行碱浸处理。做法是在碱性条件下，经过比较强烈的充气和搅拌处理，以使硫化铁矿氧化呈 $Fe(OH)_3$ 沉淀。因为 $Fe(OH)_3$ 不与氰化物发生作用，也不能再吸收溶液中的氧，有利于提高氰化浸出指标。

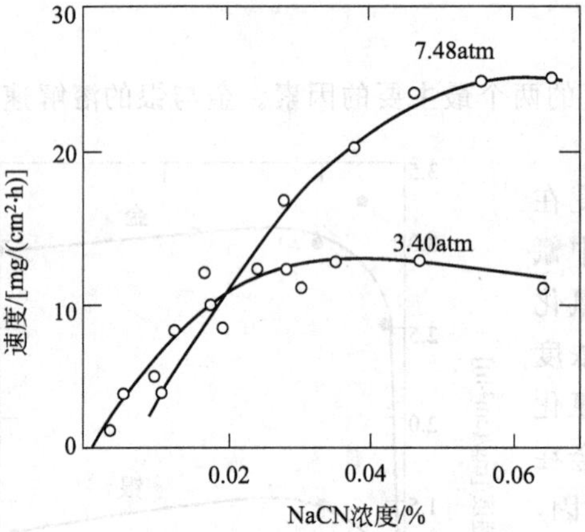

图 6-4 不同氧气压力和不同 NaCN 浓度下，在 24℃时银的溶解速度（1atm＝101325Pa）

因此，强化金溶解过程的基本因素就是提高氧在溶液中的浓度，这可以用渗氧溶液或在高压下进行氰化来实现。例如，在空气压力为 7 个大气压时，根据各种矿石特性的不同。金的溶解速度可提高为原来溶解速度的 10～20 倍，甚至 30 倍，并能提高金的回收率约 15%。

多数人认为，在常压条件下，金的最高溶解速度是在氰化物浓度为 0.05%～0.10%的范围内；而在某些情况下是在 0.02%～0.03%的范围内。一般来说，当进行渗滤氰化和处理磁黄铁矿等杂质较多的矿石以及循环使用脱金溶液（贫液）时，采用较高的氰化物浓度；处理浮选精矿的氰化比原矿全泥氰化要采用较高的氰化物浓度。而在搅拌浸出以及溶液中杂质含量较低的条件下，应该采用较低的氰化物浓度。

氰化物的消耗与物料性质、生产工艺和操作条件有关。一般情况下全泥氰化法的氰化钠消耗量为 0.25～1.0kg/t；浮选精矿或焙烧精矿氰化时氰化钠的消耗量为 26kg/t。

(2) 温度的影响

金的溶解速度是随着温度的升高而增大，在 85℃左右为最大。金的溶解速度与温度的关系见图 6-5。但从另一方面来说，温度的大幅度升高也带来许多负作用。

① 氧在溶液中的溶解度随着温度的升高而下降，于 100℃时溶液中的含氧量为零。

② 温度的升高增加了氰化物的水解作用。这是因为氰化物的水解反应是可逆的，温度的升高增加了 HCN 的挥发速度，从而促进了氰化物的水解。

③ 随着温度的升高，氰化物的消耗大幅度增加。其原因除了氰化物的水解以外，矿石中其他非贵金属元素与氰化物的作用加剧，也是增加药剂消耗的直接原因。

④ 保护碱的浓度随着温度的升高而降低。这主要是 $Ca(CN)_2$ 的溶解度是随着温度的升高而下降，部分碱从溶液中析出而造成的。

⑤ 随着温度的升高，已溶金的沉淀作用加强了，当温度达到40℃时，30min后金的沉淀率接近100%。

此外，加温矿浆要消耗大量燃料，提高了处理矿石的氰化成本。因此，工业上一般不采用加温矿浆方法来处理矿石。

综上所述，温度是影响金浸出效果的重要因素。在氰化法生产中，为了使浸出过程在较好的温度条件下进行，对于不同地区的氰化工厂，要区别对待。比如北方地区的氰化厂，应建在室内，在寒冷季节应考虑采取保温措施，使矿浆温度维持在15～20℃。而在南方的氰化厂，则要注意夏季气温，若温度太高，不仅会增加氰化物的消耗，也会导致浸出过程的恶化。生产实践表明，为了保证较好的浸出效果，矿浆温度以10～20℃为宜。

(3) 金粒大小及形状的影响

金粒大小是决定金溶解速度一个很主要的因素。当处理含金量相同但金粒大小不同的矿石时，其溶解速度是不一样的。金粒越大，其溶解速度越慢，这给提金过程带来很大影响。

根据金粒在氰化工艺过程中的行为，基本上可以分为如下的三种粒度：粗粒金（>7μm）、细粒金（7～1μm）和微粒金（<1μm）。虽然在大多数情况下，矿石中的金主要是呈细粒和微细粒存在，但也有部分金粒是较大的。粗粒金一般不适于氰化法处理。特别是金粒大小极不均匀的矿石，常含有特粗颗粒的金（>0.5～0.6mm）。在氰化前虽然经过磨矿处理，因为金粒具有很强的韧性，在磨矿时，金粒不能和其他矿石一样达到理想的细度。对于这部分金，宜于用重选或混汞等辅助方法回收，以免在氰化中，由于粗粒金溶解缓慢，过度地延长浸出时间；或因为粗粒金浸出不完全而使其损失在氰化尾矿中。另外，在闭路磨矿系统中，粗粒金很容易在循环物料中富集和嵌布在磨矿机衬板和介质上。因此如有可能，可把氰化物加到磨矿机中，有效地加速粗粒金的浸出。

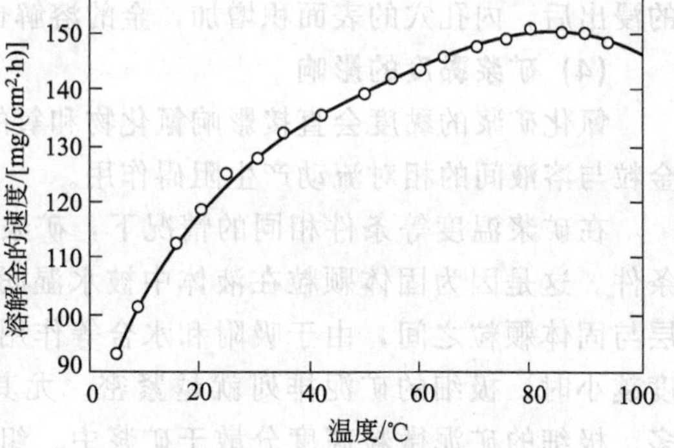

图 6-5　在 0.25%KCN 溶液中温度对金溶解速度的影响

粒度介于1～7μm的细粒金，在浸出前经过磨矿后，一般都能够得到单体分离或从伴生矿物的表面上暴露出来，用氰化法处理可以取得很好的效果。在工业生产中，金粒的暴露情况是与磨矿细度相关联的。磨矿细度越细，金粒的暴露越完全，浸出速度就越快。氰化矿石合理的磨矿细度，应通过试验，根据金的实际浸出效果与磨矿费用、药剂消耗和氰化洗涤条件等因素，综合分析后确定。一般来说：金颗粒均匀，极细粒较少的矿石适于粗磨；而全泥氰化矿石粒度的要求往往比浮选精矿氰化的粒度要粗些。我国精矿氰化厂，磨矿细度大多要求－325 目占 80%～95%；而全泥氰化厂的磨矿细度多数控制在－325 目占 60%～80%。

微粒金（$<1\mu m$）在磨矿时很难从包裹的矿物中分离或暴露出来。因此，不适于直接用氰化法回收。如果金被包裹在有用矿物（如硫化矿）中，则可以用浮选的方法使金富集在精矿中，经火法冶炼随同其他元素一起回收；或精矿焙烧后再用氰化法回收。某些含金氧化矿石，虽然金粒很细，但矿石呈多孔状，在粗磨的情况下，也能得到较好的氰化浸出效果。

金粒的形状对金的浸出过程也有很大影响。在矿石中，金粒的形状有浑圆状、片状、脉状或树枝状、内孔状或其他不规则状。浑圆状的金具有的较小的比表面积，并且在不断减小，从而影响浸出的金量逐渐减小。其他形状的金都比浑圆状的金具有较大的比表面，浸出速度一般都比较快。片状的金，表面积不随浸出时间的延长而降低，所以在浸出过程中金的浸出量接近一致；有内孔穴的金经过一段时间的浸出后，内孔穴的表面积增加，金的溶解也越来越快。

(4) 矿浆黏度的影响

氰化矿浆的黏度会直接影响氰化物和氧的扩散速度，并在矿浆黏度较高时，对金粒与溶液间的相对流动产生阻碍作用。

在矿浆温度等条件相同的情况下，矿浆浓度和含泥量是决定矿浆黏度的主要条件。这是因为固体颗粒在液体中被水湿润后，在其表面形成一个水化膜层，水层与固体颗粒之间，由于吸附和水合等作用很难产生对流。当固体颗粒越多、粒度越小时，极细的矿泥排列就越紧密。尤其是当矿浆中含泥量较高时，数量极多、极细的矿泥微粒高度分散于矿浆中。组成了接近胶体的矿浆，从而大大提高了矿浆的黏度。这种高黏度的矿浆，大大降低了金的溶解速度并吸附矿浆中已溶解的金。

矿浆浓度越低，则矿浆黏度越小，氰化溶液中的氰离子与氧向金粒表面的扩散速度就越大，从而能提高金的溶解速度和浸出率。虽然采用低浓度矿浆进行浸出时，会相对地缩短浸出时间，但也会引起一些不良的后果。例如，必须增大设备的体积，成比例地增加浸出时所用的药剂量。因此，适宜的矿浆浓度是通过实验来确定的。一般来说，对粒状物料进行氰化时，其矿浆浓度为 33%；对于含泥较少，物料中能被氰化溶解的杂质又较少时，可以采用较高的浓度，通常可以达到40%～50%；相反，若物料含泥较多，矿石性质又比较复杂时，宜采用较低的浓度，一般为 20%～30%。

(5) 杂质离子的影响

金通常是以自然金、银金矿、碲金矿存在，与其共生的金属矿物有黄铁矿、磁黄铁矿、砷黄铁矿、方铅矿、闪锌矿、黄铜矿、斑铜矿、毒砂、褐铁矿、辉铋矿、辉铝矿等；脉石矿物有石英、长石、云母、方解石、白云母、绢云母、高岭土等。

在氰化物溶液中，多数的伴生矿物能够不同程度地溶解，给金的浸出带来影响。其中金属矿物的影响比较严重，有的会加速金的溶解，而有的会阻滞金的溶解，从而使氰化过程复杂化。这些能对氰化过程带来影响的物质，称为杂质，其中多数杂质对金的氰化有害。

① 增速效应。适量的铅、汞、铋和铊等盐类的存在，在氰化过程中，对金的溶解是有利的，能够提高金的浸出速度。这是因为金与这些金属发生置换，改变了固体表面的特征，从而促进金的溶解和扩散过程。

例如，铅离子（Pb^{2+}）对金的溶解过程起一种独特的作用。当加入适量的铅盐时，对金的溶解有增速效应（图 6-6）。这是由于铅与金构成原电池，金在原电池中为阳极，而促进金转入溶液。

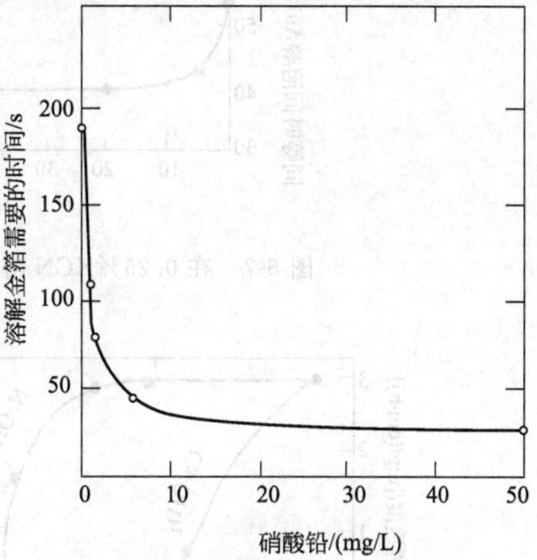

图 6-6　在缓冲的 0.1%NaCN 溶液中 Pb^{2+} 对金溶解的影响

② 阻滞效应。在氰化物溶液中，由于某些杂质的存在，对金的溶解会带来许多不良的影响。

a. 消耗溶液中的氧。由于氧是溶解金所必不可少的，溶液中含氧量的降低，会导致金溶解速度的下降。像磁黄铁矿、砷黄铁矿、辉铋矿等，在碱性氰化物溶液中的分解，都能引起溶解氧的大量消耗。

b. 消耗溶液中的游离氰化物。与金共生的金属矿物，在氰化物溶液中发生溶解，多数会生成氰的络合物。通常溶解一个金属离子，会消耗几个氰化钠分子。如矿石中的硫化物分解时，释放出的硫离子与氰化物反应形成对金的溶解不起作用的硫代氰酸盐。

c. 在金表面生成薄膜。在氰化过程中，杂质能在金粒表面生成阻碍金与氰化物溶液接触的各种薄膜，从而降低金的溶解速度或阻止了金的溶解。

从图 6-7 中可以看出硫离子对金的溶解有明显的阻滞作用。

ⅰ. 过氧化钙薄膜。用 $Ca(OH)_2$ 作为保护碱使矿浆 pH>11.5，要比用 NaOH 或 KOH 作保护碱对金的溶解有更明显的阻滞作用（图 6-8）。

这是由于 $Ca(OH)_2$ 在金的表面生成了过氧化钙薄膜，从而阻碍了金与氰化物和氧作用的缘故。过氧化钙被认为是由于石灰和积累在溶液中的 H_2O_2 按下列反应所生成的：

$$Ca(OH)_2 + H_2O_2 \longrightarrow CaO_2 + 2H_2O$$

石灰在选矿中是作为调整剂或在氰化时作为保护碱添加的。因此，应该严格控

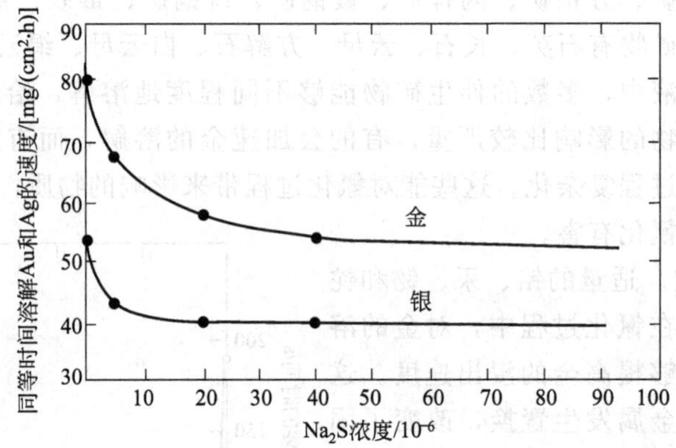

图 6-7　在 0.25%KCN 溶液中 Na_2S 对金溶解速度的影响

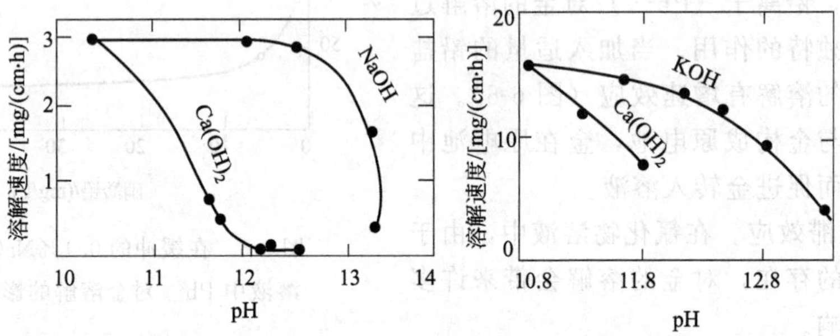

图 6-8　高碱性中由于钙离子引起的阻滞效应

制石灰的用量。

ⅱ. 氧化物薄膜。试验表明，在氰化物溶液中加入臭氧时，能够降低金的溶解速度。显然，这是因为在金的表面生成了一层砖红色的金氧化物薄膜所致。

ⅲ. 不溶的氰化物薄膜。当溶液中有少量的铅离子时，对金的溶解起增速效应；而当铅离子大量存在时，反而会引起溶解速度的降低（图 6-6）。这种作用是因为沉淀在金表面上不溶性的 $Pb(CN)_2$ 薄膜所引起的。因此，在使用铅盐（硝酸铅、醋酸铅）时，必须通过试验确定其最佳用量。

(6) 浮选药剂的影响

浮选精矿或尾矿在氰化时，矿物表面吸附了一定数量的浮选药剂，形成了一层药物薄膜，从而阻碍了金的溶解。因此，为了克服浮选药剂对氰化作业的不良影响，在保证金浮选指标的前提下，应尽量降低浮选药剂的用量，并在氰化前最好采用浓缩机或过滤机进行脱药处理。

6.2　渗滤氰化法

渗滤氰化法是氰化提金方法中较为简单易行的一种。此法设备简单、投资少、见效快，为国内外的小型矿山所广泛采用。它的另一优点是溶剂消耗少、省电、且氰化后的矿浆不必进行浓缩或过滤。

渗滤氰化法通常适于处理－10～0.074mm的矿砂、较粗粒的焙砂、及其他疏松多孔的原料。它最忌处理含有黏土、矿泥、过分细磨的原料和矿粒大小不均匀的原料。矿石中若含有黏土、矿泥等细泥状物料在渗滤氰化之前，首先要进行筛分以及脱泥处理。

6.2.1 渗滤氰化过程

渗滤氰化是在渗滤浸出槽中进行的，把待浸出的矿石装满浸出槽，然后加入氰化物溶液浸出。氰化溶液渗滤过矿石层使金溶解。待浸的矿石应为小于10mm的砂矿或矿砂，经过渗滤浸出的含金溶液（称贵液）透过比槽底稍高的假底（即滤底）经槽壁上的管道流出。贵液排出管位于槽底和滤底之间（图6-9），矿石经氰化溶液处理后再用清水洗涤，把残留在矿石间隙中的含金溶液洗出。

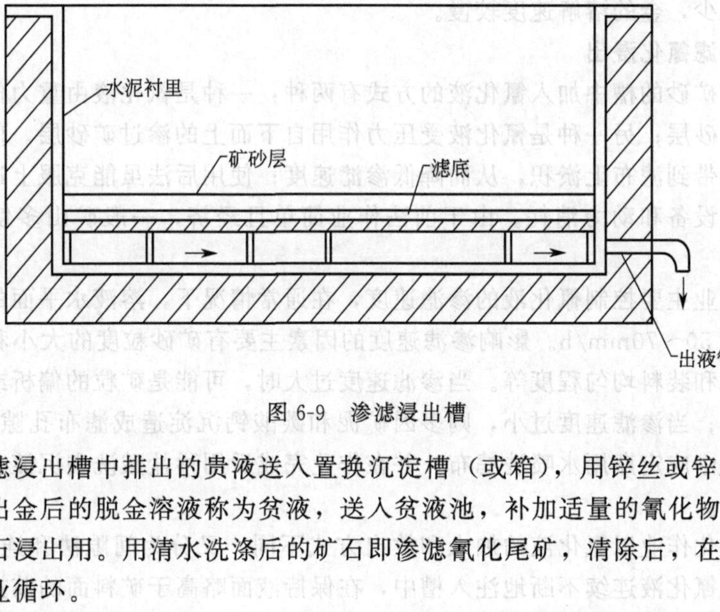

图6-9　渗滤浸出槽

从渗滤浸出槽中排出的贵液送入置换沉淀槽（或箱），用锌丝或锌粉把金置换析出。析出金后的脱金溶液称为贫液，送入贫液池，补加适量的氰化物，可作为下一批新矿石浸出用。用清水洗涤后的矿石即渗滤氰化尾矿，清除后，在浸出槽进行下一轮作业循环。

渗滤氰化槽可以是水泥槽或铁板槽。槽底通常向贵液排出口端呈微倾斜(0.3%左右)，槽的形状有长方形、正方形和圆柱体形等，槽的容积和尺寸根据生产规模选定。渗滤槽的高度由1.5m到4m不等。槽的容积由15t至150t不等。

渗滤浸出槽的假底距槽底为100～200mm，假底的结构常用方木条组成格板，并于格板上铺设帆布、麻袋或席子之类既能防止矿砂滤去又便于含金溶液过滤的滤布，浸出液经出液管流出。有的渗滤浸出槽还在槽底中心设有工作门，供尾矿卸矿用。

6.2.2 渗滤氰化浸出作业方法

渗滤氰化浸出作业包括装料、加氰化液浸出、尾矿卸出等几道工序。

(1) 装料

向浸出槽中装入经预先处理或筛分过的矿砂，分干式装料法和水力装料法。干式装料法可用人工或机械，在许多小型矿山使用人力装料后再耙平。这种方法虽很费人力，但矿砂层疏松且均匀。机械装料通常使用皮带运输机将矿砂送至槽中心安装的撒料圆盘上，圆盘表面带有放射状的肋条，借圆盘快速旋转的离心力将矿砂撒入槽内，此法的缺点是干矿砂粒易发生偏析现象，使装料不均匀。采用干式装料虽料层中存有空气，有利于提高金的浸出率，但用于装置湿磨的矿砂时，必须预先进行脱水，从而增加作业的复杂性。采用干式加料法时，石灰随同矿砂均匀地加入。

水力装料法是将矿浆稀释后，用砂泵或流槽将矿浆送入槽内。此时矿砂下沉，多余的水和部分矿泥经环行溢流沟排出。待装料完毕，矿砂中的水由假底渗出往出液管排出。水力装料多应用于全年生产的大型矿山，它使槽内水分增加，且矿砂中存在的空气少，金的溶解速度较慢。

(2) 渗滤氰化浸出

向装有矿砂的槽中加入氰化液的方式有两种：一种是氰化液由重力作用自上而下的渗过矿砂层；另一种是氰化液受压力作用自下而上的渗过矿砂层。使用前法矿泥易被溶液带到滤布上淤积，从而降低渗滤速度；使用后法虽能克服上述缺点，但需增加机械设备和动力消耗。由于前法作业简单且经济，一般矿山多使用前一种方法。

渗滤作业主要控制氰化液的渗滤速度，在通常情况下，溶液水平面的下降或上升速度应在50～70mm/h。影响渗滤速度的因素主要有矿砂粒度的大小和形状，以及装料厚度和装料均匀程度等。当渗滤速度过大时，可能是矿粒的偏析或料层厚度不均匀所致；当渗滤速度过小，则多因矿泥和碳酸钙沉淀造成滤布孔隙堵塞所致。因此，生产中应定期用水喷洗滤布，并在作业完成后用稀盐酸洗去沉淀在滤布孔隙中的碳酸钙。

渗滤氰化作业以氰化液的加入和放出方式不同，又分为间隙法和连续法两种。连续法是将氰化液连续不断地注入槽中，在保持液面略高于矿料面的前提下，含金溶液连续不断地从出液管排出。采用间歇法渗滤氰化浸出时，通常将氰化溶液分批添加。第一次用浓氰化液（含 NaCN 0.1%～0.2%），对矿砂进行 6～12h 浸出后，放出第一批含金溶液，并让矿砂在没有氰化溶液浸泡条件下静置 6～12h，使矿粒间充分吸入空气；第二次用中等浓度的氰化液（含 NaCN 0.05%～0.08%）浸泡 6～12h，排出贵液后再静置 6～12h；第三次用稀氰化液（含 NaCN 0.03%～0.06%）继续浸出 6～12h，第三批含金溶液放出后，再加水洗涤槽内的尾矿。由于间隙作业的矿砂能间歇地为空气所饱和，也即溶液的含氧量较多，所以它比连续法的提金率约高 2.5%。

(3) 卸料

尾矿的卸出也分干式和水力两种。干式卸矿有使用人工的，也有使用挖掘斗的。当槽底有工作门时，可从上面用棒打一孔，将尾矿耙入孔中放出。水力卸料是用高压水将尾矿冲至尾矿沟中，加水稀释后自流或用砂泵扬至尾矿场。

6.2.3 渗滤氰化浸出技术经济指标

渗滤氰化作业，由于矿砂的性质，渗滤速度和装、卸料效率以及所用氰化液数量等条件不同，处理一批原料的总时间常需4～8天。当处理粒度分级不好或含有矿泥的矿砂时，有时长达10～14天。

渗滤氰化中氰化物的浓度、溶液的总添加量和每批氰化溶液的添加数，通常是根据试验来确定。这与矿石的性质和每批处理的矿石量有关。每处理1t干矿石耗用氰化物（KCN或NaCN）为0.25～1kg，有的难浸矿石可能更高。保护碱石灰的消耗量为1～2kg/t干矿。

影响渗滤浸出金的回收率的因素很多，矿石中金粒的大小、磨矿细度、脱泥和分级的质量、硫化物的含量、渗滤速度、浸出时间、氰化液浓度和数量、操作的好坏、氰化尾矿的洗涤程度、保护碱的用量、槽内料层中的充氧程度等。这些都不同程度地影响金的浸出回收率。

用渗滤法处理含金石英矿砂时，金的提取率可达90%左右。但磨矿粒度不够或分级不好时，金的提取率会降至70%甚至60%。若再加上其他因素的影响，金的提取率还会降低。

6.3 搅拌氰化法

搅拌氰化法是目前常用的氰化浸出作业方法。此法适于处理粒度小于0.3mm的含金矿石。机械化程度高，浸出时间短，浸出率高。

6.3.1 搅拌氰化过程

经磨矿和分级后的矿浆进入浓缩机脱水，提高浓度之后送入机械搅拌浸出槽或空气搅拌的巴丘克浸出槽，往浸出槽中添加适量的氰化液进行浸出。浸出后的矿浆送往固-液分离操作，将含金溶液与氰化尾矿进行分离，固体即是氰化尾矿。贵液送往置换沉淀作业，用锌粉或锌丝沉淀置换金，这种沉淀金通常称为金泥，因其中还含有许多杂质需要进一步处理，再炼制成金锭。氰化尾矿的处理则要视原矿性质而定。若原料为多金属含金矿石或含金黄铁矿，则要考虑综合回收；若是单一的金矿石或含黏土、含泥较高的物料，则有可能氰化浸出后即作为尾矿丢弃。

6.3.2 搅拌浸出设备

搅拌氰化作业方法的代表性设备就是搅拌浸出槽。搅拌浸出槽根据搅拌方式的不同分为机械搅拌式浸出槽、空气搅拌式浸出槽和空气-机械联合搅拌式浸出槽。

(1) 机械搅拌式浸出槽

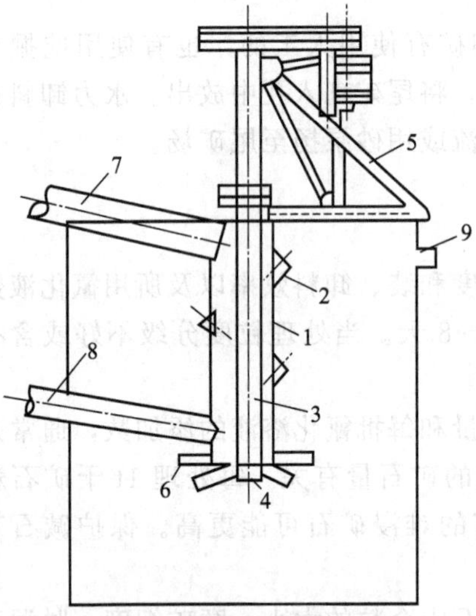

图 6-10　机械搅拌式浸出槽

1—矿浆接受管；2—支管；3—竖轴；4—螺旋桨；5—横架；6—盖板；7—流槽；8—进料管；9—排料管

机械搅拌式浸出槽的搅拌装置有不同的类型，如叶轮、螺旋桨、涡轮等。这种浸出槽很像调浆用的搅拌槽（图 6-10）。目前我国选金厂普遍使用这种形式的浸出槽。矿浆从给矿管或流槽给入槽内，经氰化浸出后从排料管排往下一个浸出槽。浸出槽数根据矿浆处理量和浸出时间而定，并按矿浆自流方式配置。矿浆经过充分的搅拌可以吸入空气，使矿浆中含充足的氧气以保证浸出过程的顺利进行。

这种搅拌槽的优点是能够均匀而强烈地搅拌矿浆，缺点是动力消耗大，设备维修工作量大。适用于处理粒度较粗、密度大、浸出矿浆浓度小，供电不大正常的中、小型氰化厂。

(2) 空气搅拌式浸出槽

空气搅拌式浸出槽是利用压缩空气的气动作用来搅拌矿浆的。在槽内装有各种类型的空气提升器。图 6-11 为空气搅拌浸出槽。

该槽是带有锥底的直径为 3m、高为 11.038m 的圆柱形槽体，在槽内设有两个开口的主风管和辅助风管。主风管插入中心管的底部。压缩空气经主风管给入中心循环管，以气泡状态向上升起。由于中心管内矿浆的压力低于槽内矿浆压力，所以矿浆总是处于运动状态，矿浆沿中心循环管上升至其上端溢流出来，从而使矿浆经常保持悬浮状态，矿浆由上部排出管排出。为了防止下部矿浆沉淀，安装有辅助风管。

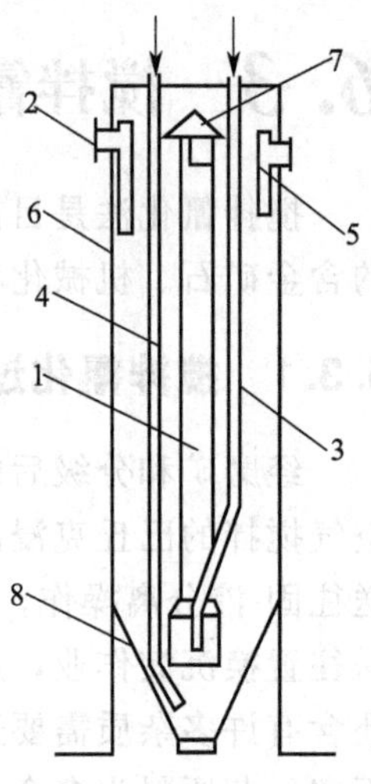

图 6-11　空气搅拌浸出槽

1—中心循环管；2—给矿管；3—主风管；4—辅助风管；5—排矿管；6—槽体；7—防溅帽；8—锥底

空气搅拌式浸出槽的优点是：构造简单，可在矿山现场就地制造、安装；设备费用低；设备本身无运动部件，生产维修费用低；能大大减小浸出过程的液固比，矿浆中金的溶解也较快；对细颗粒组成的高浓度矿浆，空气搅拌效果好；与机械搅拌式浸出槽相比，能耗也低。

空气搅拌式浸出槽的缺点是：必须有空气压缩机供给压缩空气，一旦停电，容易造成主风管、辅助风管的堵塞。为了防止突然停电事故，必须备有备用电源，确保搅拌槽连续运行。

空气搅拌式浸出槽不适合处理粒度粗、密度大、浓度低的矿浆，因它容易沿槽体高度产生浓度分层，使粗颗粒沉淀堵塞搅拌槽。为了避免发生上述现象，应增加矿浆搅拌、循环的空气量，因而增加了能源消耗。

(3) 空气-机械联合搅拌式浸出槽

空气-机械联合搅拌式浸出槽的中央装有空气提升管和机械耙，或在槽子周边装有空气提升器，槽中央也有循环和螺旋桨。图 6-12 是氰化厂应用较广泛的一种空气-机械联合搅拌式浸出槽。

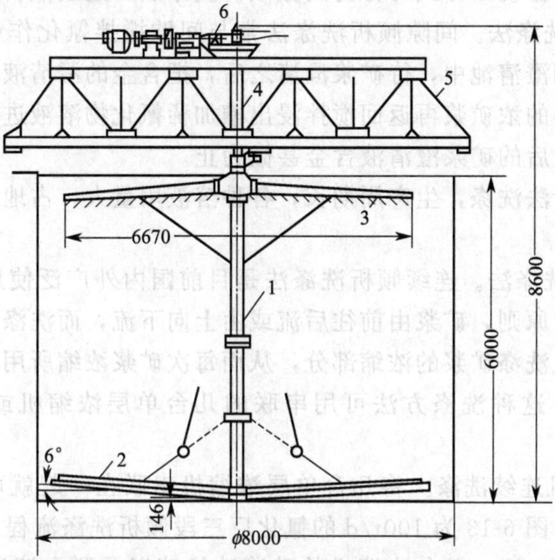

图 6-12　空气-机械联合搅拌式浸出槽

1—空气提升管；2—耙子；3—溜槽；4—竖轴；5—横架；6—传动装置

槽的直径为 3.5～15m，高为 1.8～7.5m，槽底为平底。在槽中央安有直径为 125～250mm 的空气提升管。管下端装有耙子，其上部装有带孔洞的溜槽。管上端与悬在横架上的竖轴连接。竖轴通过传动装置用电机带动旋转，其转数为 1～4 r/min。进入槽内的矿浆分层次向槽底沉落，而沉落在槽底的浓矿浆借助于耙子的旋转作用向空气提升管口聚集；在空气提升管中的压缩空气影响下浓矿浆沿空气提升管上升并在其上部溢出后流入两条溜槽中，再经由溜槽上的开孔流回槽内。因为溜槽是随着竖轴作旋转运动，所以矿浆在槽内分布得很均匀。矿浆由位于槽上部的进料口不断进入，并通过位置恰与进料口相对应的排料口连续排出。

这类联合搅拌式浸出槽也同样具有金的溶解速度快和氰化物耗量少、容积大、动力消耗低等优点，多用于大型氰化厂。

6.3.3　含金溶液与氰化尾矿的分离

搅拌氰化浸出，一般是在矿浆浓度为 35%～50%，pH 为 10～10.5，氰化物浓度为 0.03%～0.06%的条件下，充分搅拌浸出 24h 以上，使 95%以上的金被溶解为金氰络合物而进入溶液中。搅拌氰化法浸出结束后，需要把含金的溶液从氰化矿浆中分离出来。含金溶液作为贵液进入置换沉淀作业，而固体物料则为氰化尾矿。为了使金回收得充分，在固液分离过程还要对浸渣进行洗涤，防止被浸渣带走一部分金。在选金厂，一般分离和洗涤同时完成。洗涤通常有三种方法：倾析法、过滤法和流态化法。

(1) 倾析法洗涤

倾析法洗涤根据浸出方式可分为间隙倾析洗涤法和连续倾析洗涤法。

① 间隙倾析洗涤法。间隙倾析洗涤法常与间歇搅拌氰化作业配合使用。浸出后的氰化矿浆放到澄清池中，待矿浆澄清之后，把含金的澄清液送到金的置换沉淀作业。而澄清池中的浓矿浆再返回搅拌浸出槽加稀氰化物溶液进行二次浸出。如此反复数次直至浸出后的矿浆澄清液含金甚微为止。

这种间歇倾析法洗涤，生产周期长，各种溶液用量大，占地面积大，目前基本上已淘汰使用。

② 连续倾析洗涤法。连续倾析洗涤法是目前国内外广泛使用的方法之一。它是根据逆流洗涤的原则，矿浆由前往后流或由上向下流，而洗涤液则迎着矿浆流由后往前或由下向上洗涤矿浆的浓缩部分，从而每次矿浆浓缩所用的洗涤液均为下一次浓缩时的溢流。这种洗涤方法可用串联的几台单层浓缩机或多层浓缩机加以实现。

a. 单层浓缩机连续洗涤。将几台单层浓缩机串联在一起就可以对氰化矿浆实行连续倾析洗涤。图6-13为100t/d的氰化厂三段倾析洗涤流程。图中标注的数值均为溶液的体积（m^3）。每台浓缩机的矿浆洗涤液以及脱金溶液的流动方向如图6-13箭头所示。Ⅰ段浓缩机的溢液即为贵液，送去置换沉淀处理。

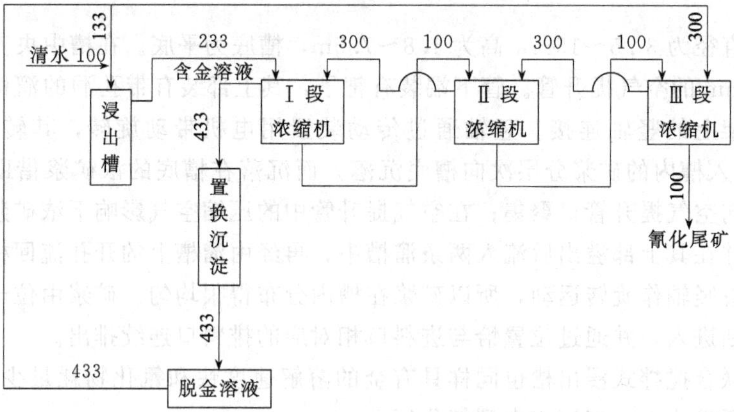

图6-13　三台单层浓缩机连续洗涤流程

此法操作简单，金的洗涤率高，易实现自动化；但因占地面积大，矿浆须多次用泵输送等缺点，所以，近来许多氰化厂采用多层浓缩机的连续倾析洗涤流程。

b. 多层浓缩机连续洗涤。多层浓缩机的构造与中心传动浓缩机大体相同，其不同的是将几个（2～5 个）浓缩机重叠在一起。在我国，大多数选金厂使用二层或三层的浓缩机。图 6-14 为三层浓缩机连续倾析洗涤原理。这种浓缩机，在机旁装有一套洗涤液箱，机内装有一套洗涤液管。在多层浓缩机中央安有中心垂直轴，各层浓缩机的耙架固定在轴上，而轴由电动机通过传动装置作旋转运动。氰化矿浆经进料口进入Ⅰ层浓缩机，然后相继进入Ⅱ层和Ⅲ层浓缩机。Ⅲ层浓缩机的浓缩产品即氰化尾矿，由排料口排出。洗涤液（脱金溶液）通过洗涤液管进入Ⅲ层浓缩机中洗涤矿浆，其溢流沿溢流管进入洗涤液箱的Ⅱ格中，并再经由洗涤液管进入Ⅱ层浓缩机中洗涤矿浆。而Ⅱ层浓缩机的溢流沿溢流管进入洗涤液箱的Ⅰ格中，再经洗涤液管进入Ⅰ层浓缩机中洗涤矿浆。而Ⅰ层浓缩机的溢流即为含金贵液，并由溢流槽流出。

我国某氰化厂用三层浓缩机进行连续洗涤流程见图 6-15。

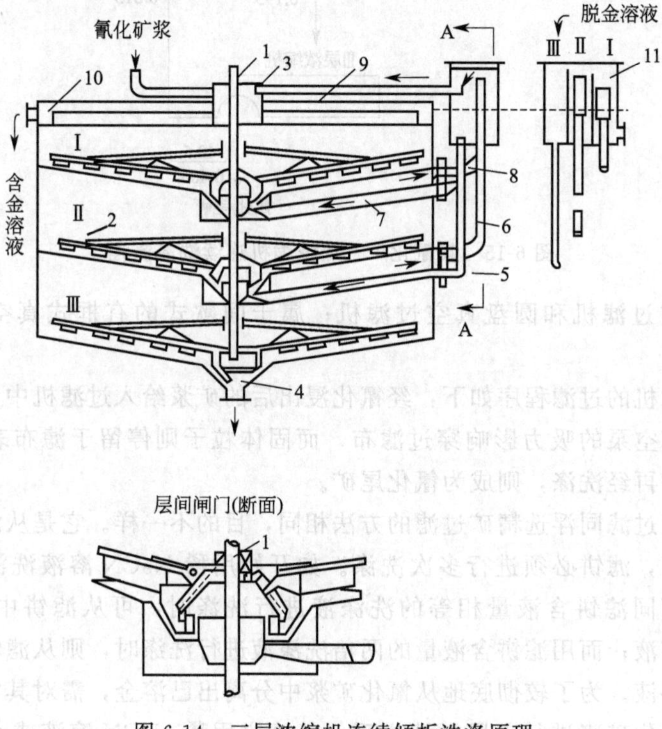

图 6-14　三层浓缩机连续倾析洗涤原理

1—中心轴；2—耙架；3—进料口；4—排料口；5、7、9—洗涤液管；6、8—溢流管；10—溢流槽；11—洗涤液箱

该厂的氰化物料细度为 88％－0.037mm，给矿浓度为 27.8％，排矿浓度为 57.72％，洗涤率为 98.86％。

(2) 过滤法洗涤

当采用过滤法洗涤时通常用真空过滤机从氰化矿浆中分离出含金溶液，用压滤机的情况较少。真空过滤机按其操作方式可分为连续式和间歇式两类，属于连续式

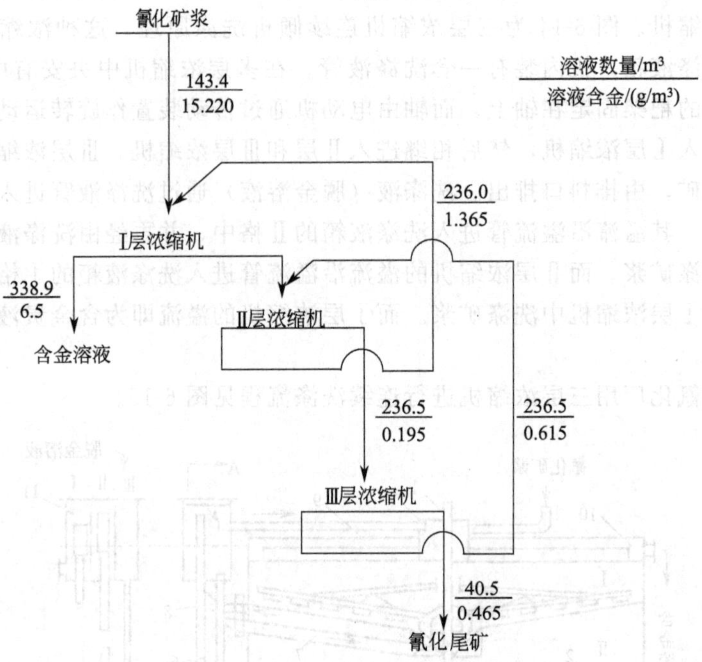

图 6-15　某氰化厂三层浓缩机连续洗涤流程

的有圆筒真空过滤机和圆盘真空过滤机；属于间歇式的有框式真空过滤机和压滤机。

真空过滤机的过滤程序如下：经氰化浸出后的矿浆给入过滤机中，含金溶液在过滤机中受真空泵的吸力影响穿过滤布，而固体粒子则停留于滤布表面形成滤饼(滤渣)。滤饼再经洗涤，则成为氰化尾矿。

氰化矿浆过滤同浮选精矿过滤的方法相同，目的不一样。它是从滤饼中洗出含金溶液，所以，滤饼必须进行多次洗涤。如开始用稀 NaCN 溶液洗涤，继而用清水洗涤。当用同滤饼含液量相等的洗涤液进行洗涤时，可从滤饼中洗出 80%～85%的含金溶液；而用滤饼含液量的两倍洗涤液进行洗涤时，则从滤饼中可以洗出 98%的含金溶液。为了较彻底地从氰化矿浆中分离出已溶金，需对其实行两段过滤洗涤，即将氰化矿浆进行Ⅰ段过滤之后，其滤饼用稀 NaCN 溶液或水调浆成浓度为 50%的矿浆，然后再进行Ⅱ段过滤洗涤。

当对氰化矿浆（特别是泥质矿浆）实行过滤时，金常常会再溶解，这是因为过滤机在吸力时，滤饼中的絮团被破坏并使其中所含的未溶金继续溶解所致。

氰化矿浆的浓度较低，通常为 30%。为了提高过滤机的处理能力和过滤效率，生产中往往在过滤前增设浓缩机，并向其中加入一定数量的凝聚剂——聚丙烯酰胺，使过滤机的给矿浓度达 55%以上。图 6-16 为我国某氰化厂应用浓缩机与两段过滤机联合使用的洗涤流程，该厂金的总洗涤率为 98.27%。

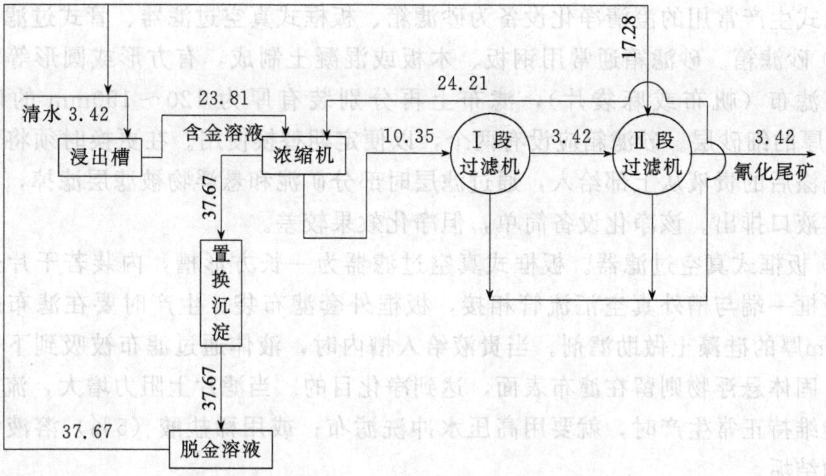

图 6-16 某氰化厂浓缩与两段过滤洗涤流程

(3) 流态化法洗涤

流态化法洗涤是在洗涤柱中完成的。洗涤柱是一个细高的圆柱体，矿浆按逆流洗涤原则在其中进行固液分离。洗涤柱根据矿浆分层情况可分为浓缩扩大段、洗涤段和压缩段。图 6-17 为洗涤柱的洗涤原理和结构示意。氰化矿浆从柱的顶部进入，洗涤液则从洗涤段和压缩段的界面给入。固体粒子沉降到柱的底部并从排料管排出，而含金溶液则从柱的顶部溢流堰排出。在洗涤柱内安有矿浆分布器、洗涤液分布器及排矿输送设备。这种洗涤方式在我国选金厂仍处于试运行阶段。

6.3.4 含金溶液的澄清和沉淀

(1) 含金溶液的澄清和净化

从氰化矿浆中分离出的含金溶液在进入置换沉淀作业之前必须加以澄清净化，以清除其中的矿泥和难沉淀的悬浮物。因为这些杂质若进入置换沉淀作业就会污染锌的表面，降低金的沉淀率及消耗溶液中的氰化物。

从洗涤作业得到的浸出液（贵液）通常含有 $(70\sim80)\times10^{-6}$ 甚至更高的固体悬浮物。为了给锌粉置换作业准备条件，必须使贵液中的悬浮物含量降到 $(5\sim7)\times10^{-6}$，含氧量降到 1×10^{-6} 以下，因此，要先对贵液进行澄清净化和脱氧。

目前生产上使用的贵液净化设备有板框式真空过滤器和管式过滤器，脱氧用真空脱氧塔来实现。

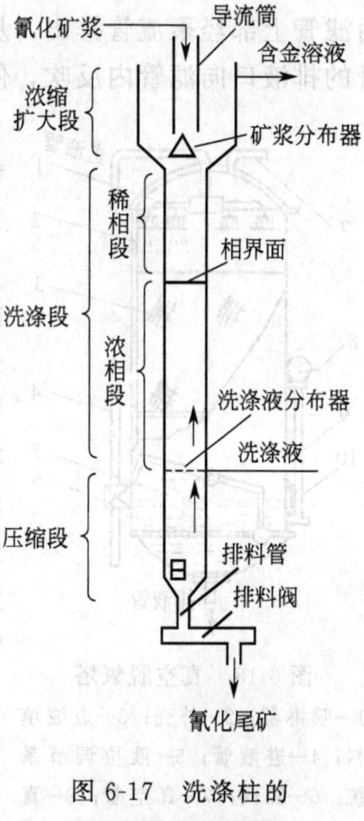

图 6-17 洗涤柱的洗涤原理和结构

老式生产常用的澄清净化设备为砂滤箱、板框式真空过滤器、管式过滤器等。

① 砂滤箱。砂滤箱通常用钢板、木板或混凝土制成，有方形或圆形等。滤底上铺有滤布（帆布或麻袋片），滤布上再分别装有厚为120～150mm的砾石及60mm厚的细砂层。砂滤箱应设有两个，以便定期替换使用。在更换时须将细砂更新，洗涤后的贵液从上部给入，通过滤层时部分矿泥和悬浮物被滤层滤掉，净液从底部排液口排出。该净化设备简单，但净化效果较差。

② 板框式真空过滤器。板框式真空过滤器为一长方形槽，内装若干片过滤板框，板框一端与槽外真空汇流管相接，板框外套滤布袋。生产时要在滤布外涂上1～2mm厚的硅藻土做助滤剂。当贵液给入槽内时，液体通过滤布被吸到下一脱氧作业，固体悬浮物则留在滤布表面，达到净化目的。当滤片上阻力增大，流量减小到不能维持正常生产时，就要用高压水冲洗滤布；或用稀盐酸（5%）溶液洗掉滤布上的结垢。

根据某些氰化厂的生产实践资料，板框式真空过滤器的生产定额为$2.7m^3/(m^2 \cdot d)$。

板框式真空过滤器结构简单，制作方便，净化效果较好。但滤饼清理不便，每周都要逐片取出用水冲洗，工人劳动强度大，在新设计的氰化厂较少使用。

③ 管式过滤器。它是目前生产中用得最广泛和效果较好的贵液净化设备，主要由下锥圆桶形过滤罐体和36根过滤管组成。多孔的过滤管外套滤布袋，过滤时，贵液由罐体下部侧面进液管压力给入，通过滤布进入滤管，滤渣留在滤布上，净液由滤管上部经聚流管排出，从而达到溶液净化的目的。卸渣时，以压缩空气从聚流管的排液口向滤管内反吹，使滤饼从滤布上卸下并从罐底的排渣口排出。

目前生产上使用的管式过滤器只有$20m^2$一种规格。

(2) 含金溶液的脱氧

贵液在进入置换沉淀以前必须进行脱氧。溶液中溶解的氧对置换是有害的，在有氧存在时，溶液中具备了金溶解的条件，已经沉淀的金将发生返溶现象，影响置换效果。另外，氧的存在会加快锌的溶解速度，增加锌耗，产生大量氢氧化锌和氰化锌而影响置换。所以在锌粉置换之前必须脱氧，以确保置换顺利进行。生产上使用的脱氧设备为真空脱氧塔，其真空度一般为680～720mmHg（1mmHg＝133.322Pa，下同），可使贵液中含氧量降到0.5mg/L以下。

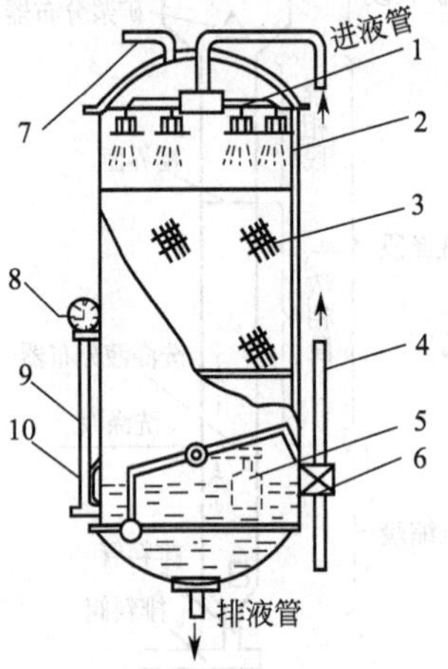

图6-18　真空脱氧塔

1—喷淋器；2—外壳；3—点波填料；4—进液管；5—液位调节系统；6—蝶阀；7—真空管；8—真空表；9—液位指示器；10—人孔口

真空脱氧塔是一底锥圆柱形塔体（图6-18）。塔内上部装有溶液喷淋器，中部为塑料点波填料层，其作用为阻止液体直接下落和增大液体表面积。填料堆由塔下部的筛板支撑，筛板下方为脱氧液储存室，并设有液面控制装置。脱氧塔内的溶液是由真空吸入塔的顶部，由喷淋器淋洒到填料层上，在真空作用下，液体内溶解的气体被脱出，达到脱氧的目的。脱氧液由锥底的排液口由泵吸出并压入置换作业。

在塔外装有水位标尺玻璃管及真空表，可以随时观察塔内液面高度和真空度，生产中的真空度为 680～720mmHg。脱氧率可达 95%以上，脱氧液含氧量在 0.5mg/L 以下。

(3) 金的置换沉淀

从贵液中把金银沉淀出来有多种方法。最常用的方法是用金属锌丝或锌粉把金置换沉淀出来。此外，还有活性炭吸附、离子交换树脂吸附和电解沉淀法等从含金溶液中沉淀金。

① 金属锌置换沉淀金的基本原理。在贵液中的金属锌会溶解于溶液中，而使金沉淀出来。

贵液中的离子 $Au(CN)_2^-$ 与 Zn 作用的反应式为：

$$2Au(CN)_2^- + Zn \longrightarrow 2Au\downarrow + Zn(CN)_4^{2-}$$

$$2NaAu(CN)_2 + 4NaCN + 2Zn + 2H_2O = 2Na_2Zn(CN)_4 + 2Au + 2NaOH + H_2$$

通常写成下式：

$$2NaAu(CN)_2 + 3Zn + 4NaCN + 2H_2O = 2Au + 2Na_2Zn(CN)_4 + Na_2ZnO_2 + 2H_2$$

使用金属锌置换沉淀金时，溶液中必须有足够的氰化物和碱。否则，含金溶液中的溶解氧使已沉淀的金粉再溶解而使锌氧化成氢氧化锌沉淀：

$$Zn + \frac{1}{2}O_2 + H_2O = Zn(OH)_2\downarrow$$

另外，溶液中的 $Na_2Zn(CN)_4$ 也会转化为氰化锌沉淀：

$$Na_2Zn(CN)_4 + Zn(OH)_2 = 2Zn(CN)_2\downarrow + 2NaOH$$

这些氢氧化锌和氰化锌的白色沉淀物会罩在金属锌的表面形成一层薄膜，这就妨碍了从贵液中置换析出金。因此，贵液在沉淀金之前利用脱氧塔脱除溶解氧将会有利于金的置换沉淀。

往沉淀箱中加入少量醋酸铅或硝酸铅有助于锌的溶解，从而更好地置换沉淀金。

置换沉淀金的作业应在高于 10℃的温度下进行。为了使锌粉获得更有效的置换反应，在溶液中应保持 0.005%左右的铅盐和 0.05%左右的氰化物浓度。

贵液中若含有可溶性硫化物、汞、铜等杂质均有碍于金的置换沉淀。

② 金属锌置换沉淀法。金属锌置换沉淀金通常是以锌丝或锌粉的形式加入沉淀箱的。锌丝是用金属锌锭用车床车成的丝；锌粉是用升华的方法使锌蒸气在大容积的冷凝器中迅速冷却而制得的产品，锌粉粒度小于 0.01mm。通常要求含金属锌 98%以上，细度为 95%－325 目。

锌丝置换法是在 1888 年就开始应用于氰化提金工艺，现在仍然是从含金溶液中置换金的方法之一。在民间采金点和小型氰化矿山仍在普遍使用，甚至一些较大的氰化法提金厂也仍然采用该法。锌丝之所以有如此强的生命力，原因是该法工艺及设备简单、消耗动力少、投资省、较易实现。

锌丝置换是在置换箱中进行的，其工艺流程见图 6-19。贵液经砂滤箱及储液池沉淀，除去部分矿泥后，给入置换箱进行锌丝置换，一般在砂滤之前加入适量的铅盐。在置换箱里预先加入足量锌丝。含金银的贵液通过置换箱后，金银被置换而保留在箱中。置换出的金银呈微小颗粒在锌丝表面析出，增大到一定程度后，则以粒团形式靠自重从锌丝上脱落、沉积在箱的底部，而贫液则从箱的尾端排出。

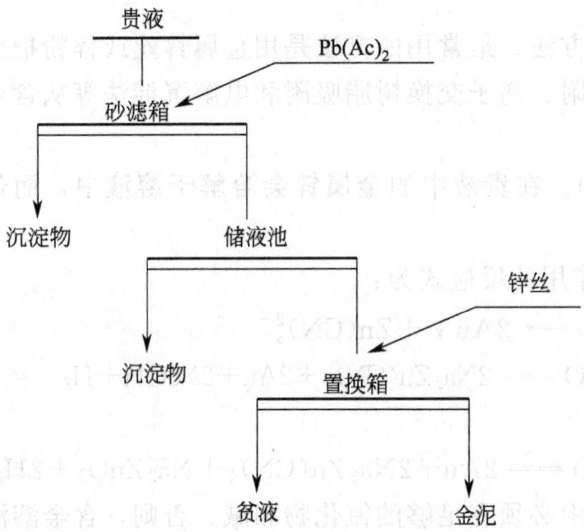

图 6-19　锌丝置换工艺流程

锌丝在贵液中放置 20min 即可使金 99%以上被置换出来。定期取出沉淀的金泥，留待下一步处理。

近 30 年来，锌丝置换法已被更为先进的锌粉置换及其他沉淀金银的方法所代替。由于锌粉的比表面积大，因此有利于充分而迅速地置换沉淀金。

锌粉置换是在置换机中进行的。目前常用的置换机主要有三种：板框式压滤机、置换过滤机（置换沉淀器）和布袋式压滤机。置换机的作用除完成置换反应外，还使固液分离而得到滤饼（即金泥）和贫液。

采用锌粉置换法时，先把锌粉和贵液混合，然后用压滤机或锌粉置换沉淀器使含锌金沉淀物与贫液（脱金溶液）分离。

图 6-20 是采用锌粉置换沉淀器置换沉淀金的设备联系图。该沉淀器是带有锥底的圆形槽，器内有若干个罩有滤布并散射状固定在槽内铁架上的滤框。滤框以 U 形钢管为骨架，其一端堵死，另一端接脱金溶液的支管。脱金溶液的总管环绕在沉淀器的四周，它的支管与每个滤框相通。总管与真空泵和离心泵相连。槽中部安有小叶轮，下部有螺旋桨，都起搅拌作用，目的是防止锌浆在过滤时产生分层现象。

生产中，首先向槽内加入硅藻土在滤布上形成助滤层，然后加入一定量的锌粉形成足够的置换层，再通入脱氧贵液进行置换。置换反应主要在槽内搅拌中进行，由于泵的抽吸，液体通过置换层进行金置换，脱金贫液通过聚流总管由泵扬走，金泥则不断被吸到滤层上。生产中要不断地补充锌粉，并检查置换效果。置换 1 个周期后停机除泥。可以从聚流总管中用高压风吹落金泥，也可以用高压水冲洗，必要时取出滤片人工洗刷。金泥由底部排出口排出，并要全部过滤，得到金泥滤饼。

锌粉置换沉淀法与锌丝沉淀法相比，有下列优点。

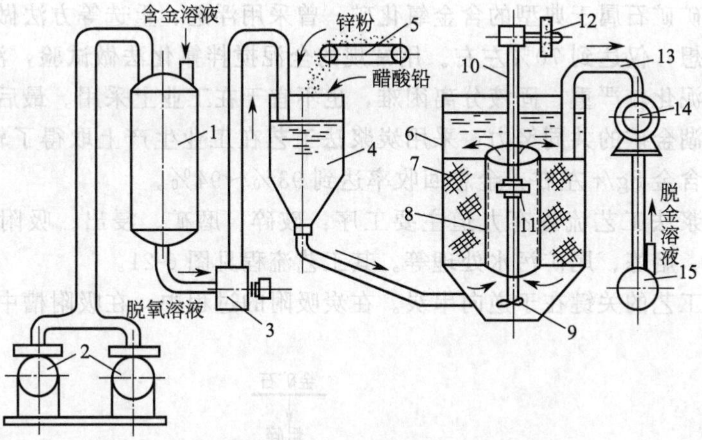

图 6-20　锌粉置换沉淀金的设备联系图

1—脱氧塔；2—真空泵；3—浸没式离心泵；4—混合槽；5—锌粉给料器；6—锌粉置换沉淀器；7—布袋过滤框；8—槽铁架；9—螺旋桨；10—中心轴；11—小叶轮；12—传动机构；13—支管；14—总管和真空泵；15—离心泵

a. 锌粉的价格比较低，用量比较少，在相同条件下锌粉用量仅为锌丝用量的 $\frac{1}{10}\sim\frac{1}{4}$。

b. 金银置换沉淀得完全，可获得较高回收率。

c. 金泥中含锌量少，下一步金泥处理作业也简化了。

d. 整个作业过程能实现机械化和自动化。

6.4　炭浆法提金

炭浆法提金工艺是氰化法提金工艺的一种，也是以氰化物浸取金为基础的。

炭浆法一般是指氰化浸出完成之后，一价金氰化物［$KAu(CN)_2$］再用炭吸附的工艺过程。它是近 30 年才发展起来的，成为金的水冶新工艺。

炭浆法主要适用于矿泥含量高的含金氧化矿石。这种矿石使用上述常规的氰化法很难得到良好的技术经济指标。原因在于矿泥含量高，固液分离困难，现有的过滤机均不能使贵液和矿渣有效地分离。

炭浆法工艺过程是将含金矿石破碎、磨矿之后进行氰化浸出，矿浆经充分浸出后，加活性炭吸附矿浆中的金，载金炭经过清洗和解吸，分为含金较高的贵液和解吸炭。贵液经电解产出金粉，金粉经熔炼即成为金锭。解吸炭经再生后按比例配在新活性炭中，在过程中反复使用。

我国于 20 世纪 80 年代初期开始对炭浆法进行研究，并于 1985 年 1 月和 10 月相继在河南省灵湖金矿和吉林省赤卫沟金矿在工业上应用。多年的生产实践证明，效果良好。现将河南省灵湖金矿采用的炭浆法工艺简述如下。

灵湖金矿矿石属于典型的含金氧化矿。曾采用浮选、重选等方法做过试验，金回收率不理想，仅达到70%左右。用常规的全泥搅拌氰化法做试验，浸出率较高，但由于矿石泥化较严重，固液分离困难，也不宜于在工业上采用。最后经长春黄金研究所和灵湖金矿的共同努力，采用炭浆法工艺在工业生产上取得了较好的成果。该矿的原矿含金8g/t左右，金总回收率达到93%～94%。

该矿炭浆法工艺流程有九道主要工序：破碎、磨矿、浸出、吸附、解吸、电解、炭再生、熔炼、尾矿污水处理等。其工艺流程见图6-21。

炭浆法工艺的关键在于逆向串炭。在炭吸附的过程中，在吸附槽中装有桥式筛

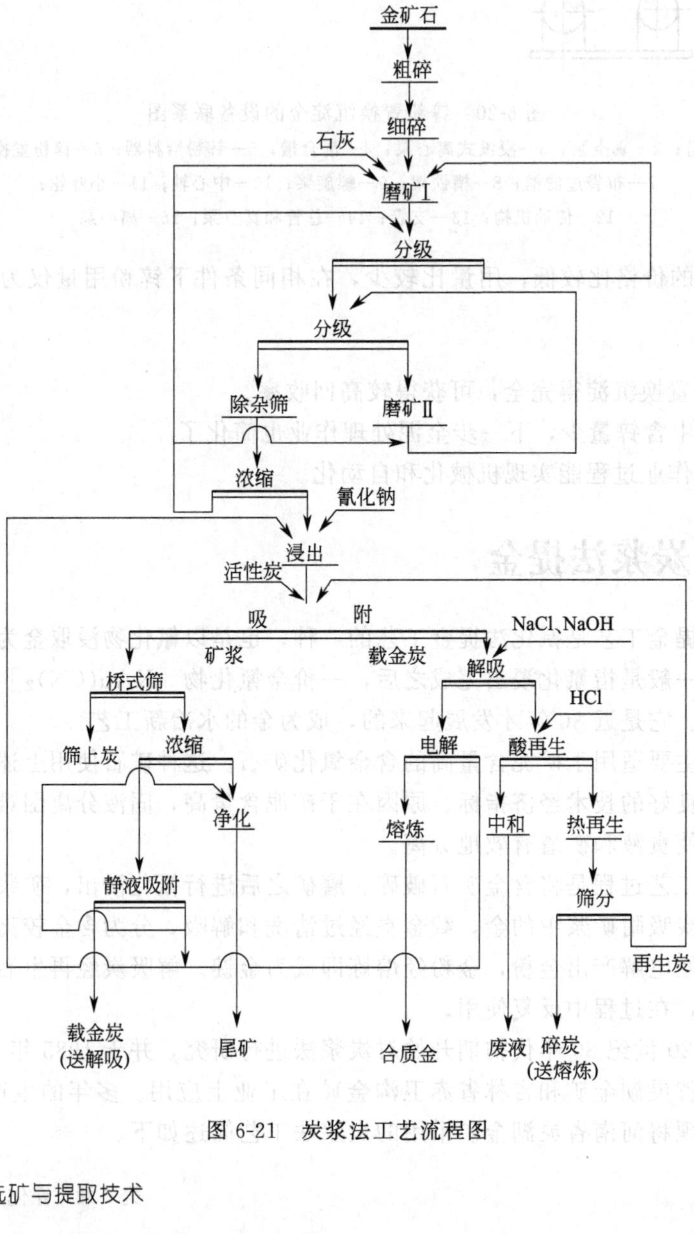

图6-21　炭浆法工艺流程图

和矿浆提升器，用它实现活性炭和矿浆的逆向流动，吸附矿浆中已溶解的金。桥式筛可以减少活性炭的磨损，因为活性炭保持其原始的棱角状态对吸附金有利。目前桥式筛的筛孔易被活性炭堵塞，要用压缩空气对其进行清扫。炭吸附工序的设备和操作的顺序是本工艺的关键。

活性炭的选择要遵循技术上适用、价格低廉和货源充足的原则。在国外多用椰壳炭。我国广东、广西、福建、海南等南方省区虽也产椰子，但椰壳除少部分作为工艺品的原料外，生产椰壳炭者不多，很难在炭浆法工艺大规模推广后做到货源有保证，大量从国外进口又会增加成本。经试验在现有的煤质炭、木质炭、果壳炭中，吸附金的效果以果壳炭为好。果壳炭中有椰壳炭、杏壳炭和其他果壳炭。从吸附容量和强度看，椰壳炭优于杏壳炭，杏壳炭又优于其他果壳炭；从吸附速率来看，杏壳炭优于椰壳炭。我国杏壳炭资源比较丰富，使用杏壳炭作为工业生产的吸附剂是有前途的。

下面将炭浆法的几个主要工序作业条件介绍如下。

(1) 浸出原料制备

通常是采用二段（或三段）一闭路碎矿，两段磨矿，制备成适于氰化浸出的矿浆。根据我国含金矿石的特性和生产实践，磨矿细度一般为80%～90%－0.074mm。磨好的矿浆一般经浸前浓缩机脱水，以提高浸出浓度。

(2) 预筛矿浆中的杂物

预筛的作用是除去矿浆中的杂物，避免以后与载金炭混在一起。一般采用28网目（0.6mm）的筛子，筛除木屑等杂物。木屑易使分离矿浆和载金炭的筛网填塞。另外，木屑会吸附金氰络合物，用一般方法很难把金从木屑上洗涤下来。

(3) 搅拌浸出与逆流炭吸附

浸出条件与常规氰化法相同，一般用5～8段浸出。浸出之后再加几个炭吸附槽进行4～6段逆流炭吸附。活性炭的添加量为每升矿浆15～40g，粒度6～16目。采用空气提升器或串炭泵定时进行逆流串炭。炭吸附的总时间一般为6～8h，金的吸附率在99%以上。炭载金量为3～7kg/t。

矿浆与活性炭的分离，国内炭浆厂一般采用桥式筛。桥式筛需要用低风压（3500Pa）搅拌矿浆，以防止筛网堵塞。

(4) 载金炭解吸

解吸通常可用以下四种方法。

① 常压解吸法。常压解吸法是在85℃情况下，用0.1% NaCN溶液和1% NaOH溶液从载金炭上解吸金。该法在大气压下进行，解吸时间为24～60h。该法简单，基建和生产费用低，适合小规模生产。

② 酒精解吸法。解吸液浓度：NaCN 0.1%、NaOH 1%，加入20%酒精溶液，温度为85℃，解吸时间为5～6h。低浓度苛性钠及短时间解吸是该法的突出优点，但增加了酒精的回收工序，且酒精挥发损失大，生产费用较高，且带来了防火

问题。

③ 加温加压解吸法。解吸液浓度：NaCN 0.1%、NaOH 1%，于160℃的温度和 3.5kgf[1]/cm^2 的压力下，解吸2～6h。

④ 高浓度苛性氰化钠解吸法。解吸液浓度：NaCN 4%、NaOH 2%，于温度90℃下浸泡4～8h。然后用5倍载金炭体积的热水加低浓度苛性氰化物热溶液洗涤5h，再用3倍载金炭体积的热水洗涤4h。灵湖和赤卫淘金矿均采用这种解吸方法。

(5) 电解或沉淀

① 电解。大多数电解槽用有机玻璃或塑料做成。以不锈钢间隔作阳极，以装有钢棉的框架作阴极，对含金溶液进行电解。因为钢棉为电沉积贵金属提供了较大的表面积，当阴极沉积了所要求的金量（钢棉含金40%左右）后，便从电解槽内取出，加熔炼剂熔炼产出高纯度的金锭。

② 锌粉置换沉淀。锌粉置换沉淀比电解更为复杂，因为锌粉置换须有专门的设备来进行澄清、脱氧、锌粉加入、金泥过滤和干燥。

(6) 炭再生

解吸后的活性炭先用稀硫酸（硝酸）酸洗，以除去碳酸钙等聚积物，经几次循环后，必须进行热力活化，以恢复炭的活性。热力活化是在回转窑里进行，在隔绝空气的条件下将炭加热到700℃左右，并保持30min，然后倒入水淬槽中冷却，再经16～20目筛子筛去细炭后，返回炭吸附回路。

炭浆法省去了逆流洗涤和贵液净化作业，取消了多段浓缩、过滤、置换设备，同时由于载金炭与浸渣的分离能用简单的机械筛分设备进行，既可冲洗也易于分离，排除了泥质矿物的干扰，因而炭浆法工艺对各类矿石有更广泛的适应性。对含泥多的矿石、低品位矿石及多金属副产金的回收有更广泛的适应性，能较大幅度地提高金的回收率。

6.5 炭浸法提金工艺

炭浸法和炭浆法一样是近几年发现的一种湿法冶金新工艺。炭浸法和炭浆法的原理相同，两种工艺相似而互为补充，互相渗透。国外的冶金学家认为两种工艺的差异在于：炭浆法是浸出和炭吸附两道工序分先后单独进行；而炭浸法则是浸出和炭吸附两道工序合二为一，同时进行。

矿石中含砷、锑、铜等杂质高和耗氧金矿石使用炭浸法较炭浆法更为优越。因为对于这种金矿，采用炭浆法不如采用炭浸法有利于金的回收。

炭浆法和炭浸法虽然浸出原理相同，浸出方法相似，但两工艺也存在明显的差别。炭浆法的氰化浸出和炭的吸附分别进行，所以需分别配置单独的浸出和吸附设

[1] 1kgf＝9.80665N。

备，而且氰化浸出时间比炭的吸附时间长得多，浸出和吸附的总时间长，基建和设备投资高，占用厂房面积大。炭浸工艺是边浸出边吸附，浸出作业和吸附作业合二为一，使矿浆液相中的金含量始终维持在最低的水平上，有利于加速金的氰化浸出过程。因此，炭浸工艺总的作业时间较短，生产周期较短，基建投资和厂房面积均较小，生产过程中滞留的金银量较小，有利于企业资金周转。

氰化浸出开始时金银的浸出速度高，以后浸出速度逐渐降低，浸出率随时间延长所增加的梯度递减。由于活性炭只能从矿浆中吸附已溶的金银，为了加速金银的氰化浸出，炭浸工艺的炭吸附前一般仍设有1～2槽为预浸槽，一般炭浸工艺由8～9个搅拌槽组成。开始的1～2槽为预浸槽，以后的7～8槽为浸出吸附槽。炭浸工艺与炭浆工艺相比，所用活性炭量较多，活性炭与矿浆接触时间较长，炭的磨损量较大，随炭的磨损而损失于尾矿中的金银量比炭浆工艺高。

6.6 堆浸法

堆浸法是处理低品位金矿石的一种有效方法。堆浸法也是氰化浸出法的一种。这种方法多用于处理氧化矿石，井巷开拓过程中采出的副产矿石或表外矿石，这些矿石均含有低品位的金，也用来处理含金的尾矿及有色冶炼厂和化工厂的含金烧渣等。

堆浸法实际上是把含金矿石堆放在不渗透的场地上用氰化溶液进行浸透浸出。把矿石中的金银溶解后，沿场地上预先设计好的沟槽流入贵液储池。这些含金银的贵液用活性炭进行炭吸附，然后进行解吸以回收金银。贵液至产出金锭的过程与氰化法相同。

6.6.1 浸出场地的选择和建造

不渗透的浸出场地的选择和建造至关重要。如果选址不当或建造质量欠佳，含金贵液流失，等于丢失了金银。

堆浸场地多就地选址，有时就选在矿山坑口附近或“废石”堆旁。建场地的材料也就地取材。用泥土、黏土、塑料薄膜或沥青，建造不透水的衬垫。要切实做到堆浸场地不透水，待处理的矿石就堆放在这一场地上。生产规模可以根据供矿情况、场地大小、堆浸后废石或尾矿运送和卸矿存放的方案而定。

堆浸场地都要多次重复使用，要使用人造薄膜铺垫。

作为一次使用的场地，可用天然黏土作衬垫，喷洒碳酸钠溶液，这可以提高黏土的不透水性。

6.6.2 堆浸工艺

有了场地后，把几百吨甚至上千吨的低品位金矿石堆成1.2～12m高的矿堆。含氰化钠的溶液用喷淋器均匀而全面地喷淋在矿堆上，矿堆顶面罩上一层网状系统，确保喷淋均匀。堆浸场地要稍微倾斜，周围设计有带塑料衬里的排水沟，使溶解金后的贵液流入储液池。

原矿或原料的粒度组成、最低浸出品位、浸出工艺条件通常要用试验决定。

堆浸的矿石如是多孔的氧化矿石，则不需要破碎。大于300mm的矿石则需要破碎。粉矿和细粒粉状含金物料还要经过制粒（球团）。块度太大，氰化物不能充分溶解矿石中的金；物料过细，透水透乏性不好，堆浸也无法进行。

堆浸溶液中氰化钠的浓度通常保持在0.01%～0.05%的范围内，同时调整pH为11，以使氰化物稳定。调节pH常用NaOH，尽管价格高些，但不能使用石灰，因为石灰容易产生结垢，使渗滤难于进行（若渗滤性能好，pH还是用石灰调节）。

氰化物溶液在压力作用下均匀地喷淋在整个矿堆上。可以采用连续喷淋或间断喷淋的方式，每日至少保持8～12h的喷淋时间，喷淋强度一般为6L/(m^3·h)左右。

在堆浸刚开始几天内，排出的液体中氰化物和石灰（CaO）的含量降低很快，但含金量比较高。为了保证必要的药剂浓度，需随时补加。另外，由于露天作业，水分蒸发快，也应随时补加一定量的清水。

浸出液一般在5～10天内含金品位较高，以后品位逐渐下降。当品位低于0.1g/m^3时，如继续延长堆浸时间，将在经济上不合算，此时可停止生产。

国内堆浸生产的典型工艺流程见图6-22，其主要生产步骤如下。

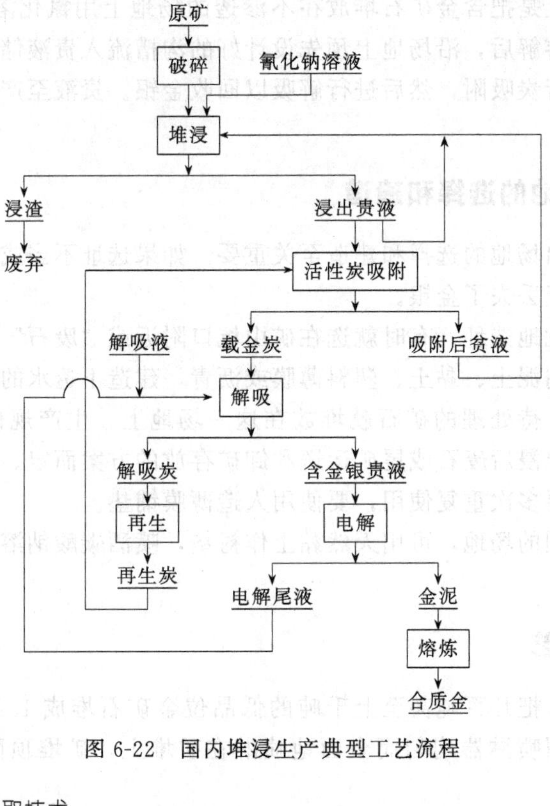

图6-22 国内堆浸生产典型工艺流程

① 堆浸场构筑。堆浸场一般选择在靠近采矿、运输方便的缓坡山地（自然坡度为10°～15°）先用推土机铲去杂草和浮土，然后夯实，修筑成坡度为5°左右的地基，两边高，中间稍低，便于浸出液集中流入储液槽。堆浸场上铺两层聚乙烯塑料薄膜再铺一层油毡，以使场地不渗漏。在堆浸场地四周修起高0.4m左右的土埂并做好排水沟，防止雨水流入场内。在堆矿石之前先人工堆砌约0.3m厚的大块贫矿石。

② 矿石筑堆。先将矿石破碎到－50mm，然后搬运到堆场分层堆筑，块矿和粉矿要分布均匀，避免粉矿集中，影响矿堆的渗透性，筑堆高度视规模大小一般为2.5～5m。

③ 矿堆的碱处理。堆浸的矿堆在未喷洒氰化物溶液前，先要用CaO溶液进行处理，使pH达到10左右为止。一般处理时间为5～10天。

④ 矿堆喷淋浸出。矿堆经碱处理完毕，即开始喷淋浸出液。浸出液由氰化钠与氧化钙混合组成。浸出液中一般氰化物浓度为0.03%～0.1%，浸出初期可控制在高限，浸出末期可控制在低限，浸出液的pH应控制在10～12之间。浸出液喷淋量，一般控制在0.05～0.1L/(min·t)之间，喷淋时间为45～60天。喷淋作业一般采取三班作业，每隔1小时喷淋1h，间歇喷淋，以便矿堆充氧。

⑤ 废矿堆的处理。矿石堆浸结束后，对废矿堆先进行水洗一次，洗水返回储液槽留作下次堆浸用水，然后用水二次洗矿并在矿堆表面加漂白粉处理。目的是消除剩余氰化物，以达到国家规定的排放标准，最后将废矿堆清除。

6.7 国内氰化提金生产实例

6.7.1 浮选-氰化提金：山东新城金矿选矿厂

(1) 矿石性质

新城金矿矿石性质见第4章4.3.2节中（2）浮选-氰化提金。

(2) 选矿

采用两段一闭路碎矿，一段闭路磨矿流程，磨矿细度为55%～60%－0.074mm。浮选采用一粗一扫两精流程，产出浮选精矿进氰化系统。选矿药耗：黄药130～150g/t，2号油40～50g/t，石灰调pH为7～8。

(3) 氰化生产实践

① 精矿再磨与浓缩：浮选精矿经ϕ125mm水力旋流器组分级，底流进ϕ1500mm×3000mm球磨机再磨，经旋流器溢流进ϕ12m浓缩机脱水脱药。旋流器溢流细度：95%－325目。

② 浸出与洗涤：采用两次浸出，两次洗涤流程。ϕ12m浓缩机的排矿，调浆至33%的浓度，进入串联的三台ϕ3000mm×3000mm机械搅拌浸出槽进行一次浸出。浸出时间为24h，然后用泵扬送到ϕ9m三层浓缩机进行一次洗涤，浓缩机溢流（贵

液）自流至 200m^3 储液池，其底流用泵扬至二次浸出的三台 ϕ3000mm×3000mm 机械搅拌浸出槽再浸 24h，然后又用泵扬送到二次洗涤的 ϕ9m 三层浓缩机进行二次洗涤，其溢流返至一次洗涤浓缩机，底流经 10m^2 过滤机过滤。

③ 贵液净化：贵液在储液池沉淀后，可使其固体悬浮物由 200～300mg/L 降至 65～80mg/L，再经管式过滤器过滤，溶液中的悬浮物可降至 1mg/L。

④ 脱氧：采用 ϕ1500mm×3600mm 脱氧塔一台，其真空系统由 ZBA-9 水泵和 ZSB-60 水力喷射泵组成，真空度可达（9.06～9.73）×10^{4}Pa。脱氧后贵液溶氧量可降至 1mg/L。

⑤ 置换：采用液压锁紧 BAY20/635-25 压滤机一台，在出金泥时为了降低金泥水分，需往压滤机内吹风而配一台Ⅳ-3/8 型压风机。挂浆配有 ϕ1500mm 贫液储槽、ϕ1500mm 搅拌槽及 2PNJ 砂泵组成的挂浆循环系统。

生产中挂锌粉初始层的过程称为挂浆。挂浆一般用贫液，锌粉与醋酸铅按 10∶1添加，锌粉初加量为 20kg。挂完浆即可进行置换，生产初期要每隔 30min 进行一次贫液含金品位快速分析，当品位降到 0.02g/m^3 时才可排放贫液。

在置换过程中，要保持 NaCN 浓度不低于 0.03%，CaO 浓度不低于 0.02%，否则置换指标会明显下降。生产初期没有贫液返回而用清水洗涤，从而稀释了溶液中的 NaCN 和 CaO 浓度。因此，必须往洗涤浓缩机或储液池内加入一定量的 NaCN 和保护碱。

置换时随着压滤机框内金泥的增加，阻力增大，表压由 3.92×10^{4}Pa 增加到（24.5～26.5）×10^{4}Pa，泵的流量下降到 6m^3/h，此时应将压滤机内金泥卸出。卸金泥之前，为了降低金泥水分，要往压滤机内吹风，风压（29.4～39.2）×10^{4}Pa，吹风 2～4h，金泥水分可降到 35%。

卸开压滤机将滤框内金泥清理后，要将滤框放置在水槽中，清除进液口中的金泥，把压紧面洗净擦干并涂上一层黄油，防止生锈而造成泄漏，一般 2h 可卸完金泥和装好新滤布。

⑥ 金泥粗炼和电解精炼：金泥于每月月末集中冶炼一次。金泥含水约 37%。用 30kW 电炉进行烘干，干燥时间为 24h。冶炼熔剂与金泥的配比为：硼砂 40%～45%、硝酸钾 30%～35%、石英 5%～15%。金泥与熔剂混匀后分批加入 ϕ1000mm×1500mm 炼金炉，炉温控制在 1200～1300℃。每次粗炼时间约 34h，最后得含银 44%、含金 40%左右的合质金。

粗炼金在中频电炉中进行熔炼，按 Ag∶Au＝7∶3 配银，铸好极板，等待下一步电解。

银电解是在 6 个 600mm×430mm×620mm 电解槽内进行，阴极采用铝板，尺寸为 420mm×420mm×3mm，阳极为合质金板，尺寸为 200mm×300mm×10mm。电解液为硝酸银溶液，电流密度 200～250A/m^2，槽电压 3～4.5V，电解时间为10～12 天 。电解后的金粉与银粉均用热蒸馏水洗 3～4 次，然后铸锭。电解银品位 99.9%，金品位为 95%～96%。冶炼中金的回收率在 99%以上。选矿生产工艺流程见图 6-23。

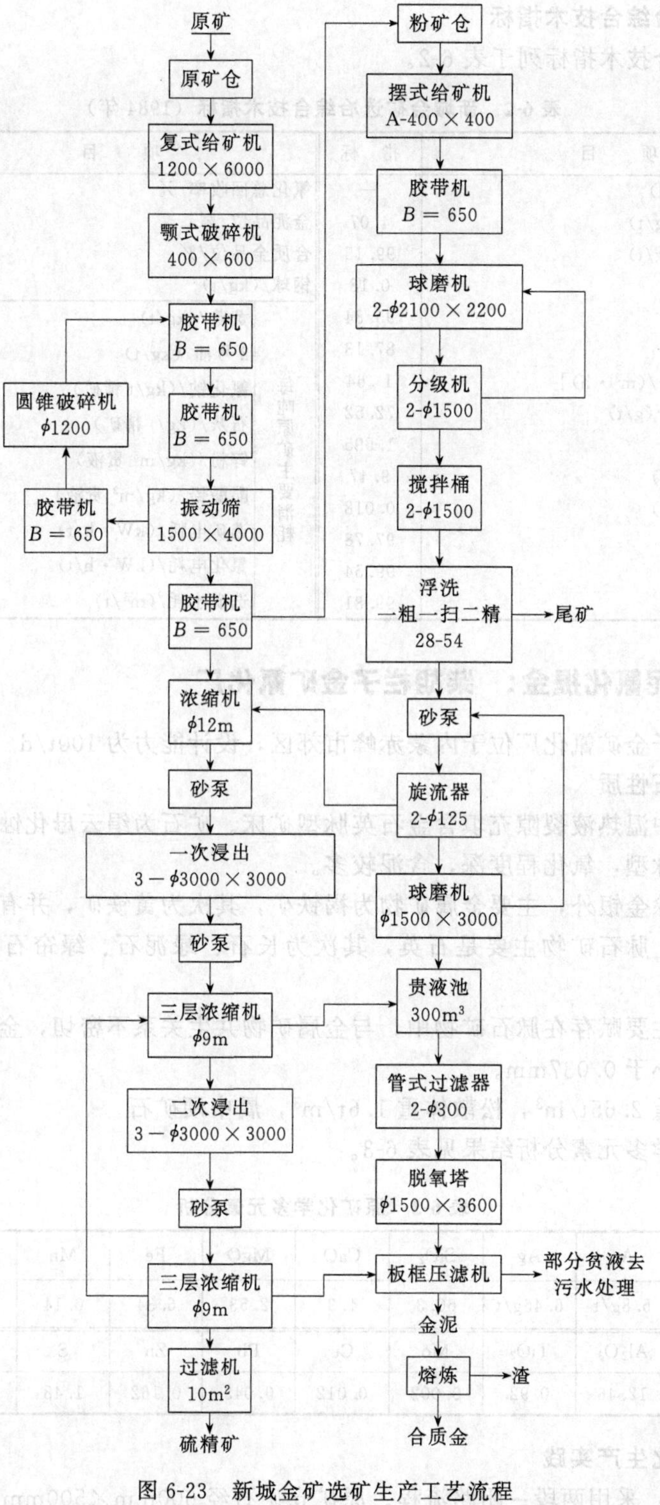

图 6-23　新城金矿选矿生产工艺流程

(4) 选冶综合技术指标

选冶综合技术指标列于表 6-2。

表 6-2 新城金矿选冶综合技术指标（1984 年）

项 目	指 标	项 目		指 标
处理矿石量/(t/d)	—	氰化总回收率/%		97.11
入选原矿品位/(g/t)	4.07	金泥品位/%		21.62
浮选精矿品位/(g/t)	99.15	合质金品位/%		42.91
尾矿品位/(g/t)	0.18	钢球/(kg/t)		2.27
选矿回收率/%	95.84	每吨原矿主要消耗	黄药/(kg/t)	0.085
球磨作业率/%	87.13		2 号油/(kg/t)	0.041
球磨利用系数/[t/(m^3·h)]	1.64		氰化钠/(kg/t 精矿)	5.39
氰化浸出原品位/(g/t)	72.52		石灰/(kg/t 精矿)	10.1
浸渣品位/(g/t)	1.595		锌粉/(kg/m^3 贵液)	0.049
贵液品位/(g/m^3)	9.47		醋酸铅/(kg/m^3 贵液)	0.003
贫液品位/(g/m^3)	0.018		选矿电耗/(kW·h/t)	33.2
浸出率/%	97.78		氰化电耗/(kW·h/t)	75.0
洗涤率/%	99.54		选矿水耗/(m^3/t)	2.85
置换率/%	99.81			

6.7.2 全泥氰化提金：柴胡栏子金矿氰化厂

柴胡栏子金矿氰化厂位于内蒙赤峰市郊区，设计能力为 100t/d。

(1) 矿石性质

该矿属中温热液裂隙充填含金石英脉型矿床。矿石为绢云母化蚀变岩及贫硫化物含金石英脉型，氧化程度深，含泥较多。

矿石中除金银外，主要金属矿物为褐铁矿，其次为黄铁矿，并有少量赤铁矿和微量黄铜矿。脉石矿物主要是石英，其次为长石、绿泥石、绿帘石、云母和方解石等。

自然金主要赋存在脉石矿物中，与金属矿物共生关系不密切，金的嵌布粒度较细，粒径均小于 0.037mm。

矿石体重 2.65t/m^3，松散体重 1.6t/m^3，属中硬矿石。

原矿化学多元素分析结果见表 6-3。

表 6-3 原矿化学多元素分析

元素或氧化物	Au	Ag	SiO_2	CaO	MgO	Fe	Mn	Cr	Sn
含量/%	5.8g/t	6.46g/t	60.3	1.3	2.53	6.34	0.14	0.014	0.16
元素或氧化物	Al_2O_3	TiO_2	Mo	Cu	Pb	Zn	S	C	
含量/%	12.46	0.92	0.002	0.012	0.043	0.162	1.48	0.64	

(2) 氰化生产实践

① 碎矿：采用两段一闭路流程。原矿仓矿石经 600mm×500mm 槽式给矿机给

入 250mm×400mm 颚式破碎机粗碎，粗、细碎排矿送到 900mm×1800mm 振动筛筛分，筛上产品返回 150mm×750mm 细碎型颚式破碎机细碎，筛下产品送到粉矿仓。碎矿最终产品粒度 0～18mm。

② 磨矿及浓缩：采用两段闭路磨矿流程，一段由 1500mm×3000mm 球磨机与 ϕ1200mm 高堰式单螺旋分级机组成闭路；二段由 1500mm×3000mm 球磨机与 ϕ150mm 旋流器组成闭路。旋流器溢流到一台 ϕ15m 浓缩机，浓缩机溢流返回磨矿系统，底流由泵扬送到浸出作业。磨矿细度为95％－0.074mm。

③ 浸出与洗涤：ϕ15m 浓缩机的底流调至 40％左右的浓度，由泵扬至八个串联的 ϕ3000mm×5000mm 轴流式机械搅拌浸出槽浸出，然后由泵送到 ϕ9m 三层浓缩机洗涤，浓缩机溢流（贵液）自流到 200m^3 储液池，底流进入污水处理系统。

浸出矿浆：CaO 浓度为 0.03％～0.05％，CN^- 浓度为 0.03％～0.05％，浸出时间为 32h，浸出率在 92％以上。

原设计采用并联的两台 ϕ9m 三层浓缩机进行三次逆流洗涤，洗涤率为93％左右；生产中改为两台浓缩机串联进行六次逆流洗涤，洗涤率提高到98％以上。

④ 锌粉置换：经储液池沉淀后的贵液，由 2100mm×2100mm 真空吸滤净化过滤，ϕ1500mm×3600mm 脱氧塔脱氧后，用泵扬至 BMS20-635/25 板框压滤机进行置换。金泥留在板框内，贫液全部返回洗涤作业。在正常情况下，贫液品位为0.015g/m^3。作业置换率在 99％以上。

⑤ 金泥熔炼：置换金泥含金为 6％～8％，经烘干加入适量熔剂混匀，装入石墨坩埚在 RJX-37-B 箱式电阻炉内熔炼 1.5h，产出合质金。炉渣经破碎磨矿和重选，回收单体金。为了实行金银分离，将合质金按一定比例掺入银粉熔化，水淬，然后用硝酸盐（或盐酸）使之转化为氯化银。再经熔炼得银锭。浸渣经洗净熔炼成金锭，其成色在 90％以上。

⑥ 含氰污水处理：采取碱氯法处理。三层浓缩机底流自流至三个串联的 ϕ2000mm×2000mm 搅拌槽，第一槽通入氯气和石灰，经搅拌 1h 后由泵扬送至尾矿库，矿浆中的 CN^- 浓度可达国家排放标准 0.5mg/L 以下。

全泥氰化的生产工艺流程见图 6-24。

(3) 综合技术经济指标

综合技术经济指标列于表 6-4。

6.7.3 氰化炭浆法提金：张家口金矿炭浆厂

张家口金矿炭浆厂位于河北省张家口市。矿山原设计规模为 500t/d，选矿采用二段一闭路碎矿，一段闭路磨矿，混汞浮选的工艺流程，由于矿石氧化率高，金的回收率只有 75％左右。1985 年由北京有色冶金设计研究总院与美国戴维麦基(DavegMckee) 公司联合设计炭浆厂，规模为 495t/d。1987 年正式投产，采用全泥氰化炭浆法流程，金的回收率提高到 90％以上。

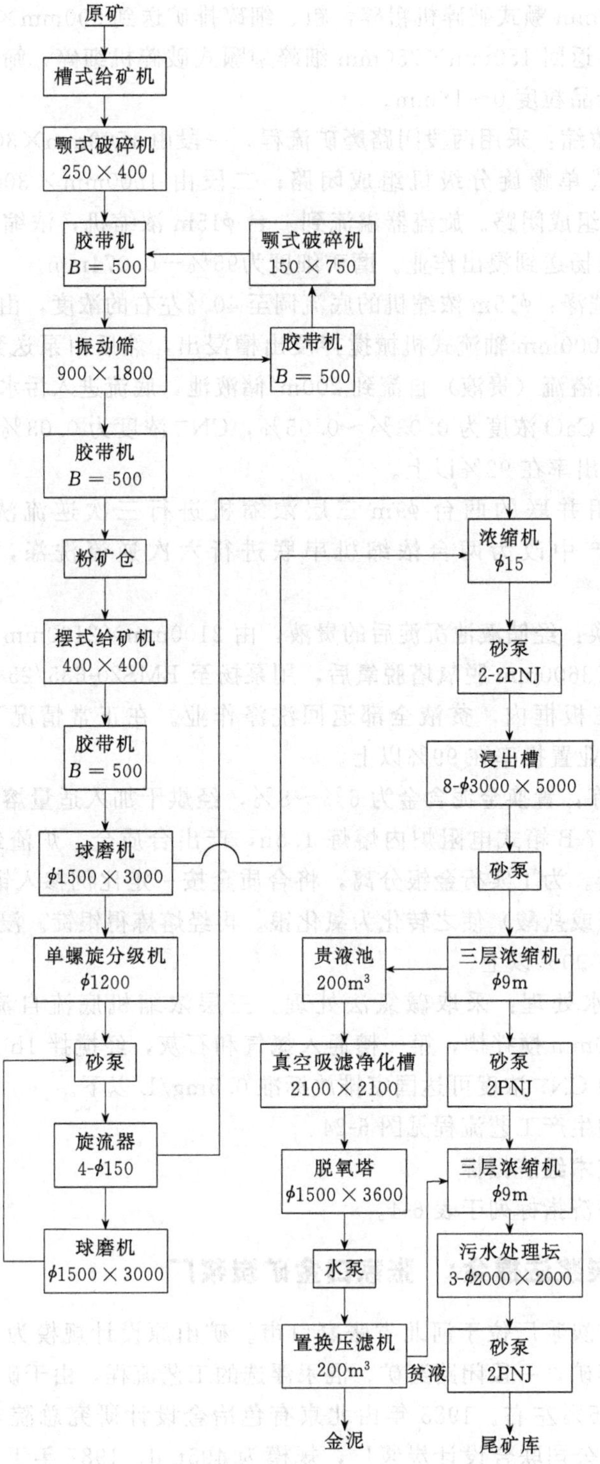

图 6-24 柴胡栏子金矿氰化生产工艺流程

表 6-4　柴胡栏子金矿综合技术指标（1987 年）

项　目	指　标		项　目	指　标
处理矿石量/(t/d)	—	每吨原矿主要消耗	钢球/(kg/t)	3.64
原矿品位/(g/t)	4.31		氰化钠/(kg/t)	0.88
贵液品位/(g/m³)	1.13		石灰/(kg/t)	12.6
贫液品位/(g/m³)	0.02		锌粉/(kg/t)	0.32
排液品位/(g/m³)	0.13		醋酸铅/(kg/m³)	0.03
浸渣品位/(g/t)	0.28		液氯/(kg/m³)	0.94
浸出率/%	93.49		絮凝剂/(kg/t)	0.07
洗涤率/%	98.38		水耗/(m³/t)	5
置换率/%	99.38		电耗/(kW·h/t)	63
氰化回收率/%	91.43			
冶炼回收率/%	98.50			
总回收率/%	90.05			

(1) 矿石性质

矿石属贫硫化物含金氧化矿，金属矿物氧化程度高，泥化较重，属难选易氰化矿石。金属矿物主要是褐铁矿和赤铁矿，其次是方铅矿、白铅矿、铅钒、磁铁矿，以及少量的黄铁矿、黄铜矿、自然金。

自然金分布极不均匀，粒度较细，均小于 0.053mm，形态比较复杂，包裹金占 24.95%，粒间金占 35.66%，与褐铁矿及脉石连生的金占 39.39%。

矿石密度 2.5t/m³，松散密度 1.48 t/m³，硬度中等，邦德功指数 13.2kW·h/t。矿石化学多元素分析见表 6-5。

表 6-5　矿石化学多元素分析

元素或氧化物	Au	Ag	Al_2O_3	CaO	Co	Cu	Fe	Zn
含量/%	3.5g/t	3.4g/t	5.59	1.68	0.002	0.02	3.32	0.0012
元素或氧化物	MgO	Mn	Mo	Pb	S	SiO_2	TiO_2	Zn
含量/%	0.75	0.042	0.003	0.32	0.102	82.8	0.25	0.005

(2) 炭浆厂工艺

炭浆厂由磨矿与浓缩、炭浸、载金炭解吸和电解及熔炼、炭酸洗与热力再生、污水处理等五部分组成。

① 磨矿与浓缩：矿石在原有选厂经两段一闭路碎矿和一段磨矿后，由溜槽流至炭浆厂，矿浆经过螺旋筛除去碎屑杂物后进入 6m³ 的砂泵池，由 4PNJ 泵扬至 ϕ350mm 旋流器分级。旋流器底流进 ϕ2100mm×3000mm 球磨机再磨。旋流器溢流浓度为 20%，细度为 90%～95%－200 目，再经 864mm×2438mm 直线筛除屑后进入 ϕ1000mm×1000mm 除气槽，以消除矿浆中的空气，然后进入 ϕ5182mm×2134mm 的高效浓缩机给矿管。为加速矿浆在浓缩机中的沉降，稀释后的絮凝剂经浓缩机的给矿管分几点加入。浓缩机底流浓度为 50%，由泵扬至缓冲槽。向槽内添加石灰乳，将 pH 调至 11，再将矿浆调至 40% 的浓度由泵送到炭浆回路的取

样机。

② 炭浸：从缓冲槽用泵扬送来的矿浆经取样机取样后，加入石灰乳氰化钠除垢剂，进入串联的九台 ϕ5150mm×5650mm 浸出炭吸附槽，前两槽为浸出槽，后七槽为炭吸附浸出槽，每个炭浸槽内装有桥筛和提炭泵。浸出矿浆浓度为 40%～45%，浸出时间为 24.6h。桥筛筛孔为 0.707mm（28 目），矿浆中炭浓度为 10g/L。在炭吸附浸出系统，新鲜炭加入最后一个槽，用提炭泵依次向前一槽串炭，从第一个槽提取载金炭，载金炭载金量为 6kg/t。为了不使矿浆堵塞桥筛筛孔，要用低压风（35kPa）定时吹洗桥筛，其定额为每米筛长 1.0m^3/min。最后一个炭浸槽的矿浆通过 711mm×1829mm 直线振动筛（孔径 0.68mm）回收细粒炭后，由泵扬送至污水处理系统。

炭浸槽和提炭泵是国外引进设备。炭浸槽的搅拌器有两个特殊设计的低剪切力的轴流式叶轮，每个叶轮有四个包胶的水翼式叶片，能减少炭的机械磨损；提炭泵是一种凹形叶轮式离心泵，虽然泵的效率低，但机械磨损所产生的炭损失量最少。

③ 载金炭解吸和电解及熔炼：从第一个槽提取的载金炭与矿浆，由提炭泵送到 406mm×1542mm（筛孔为 0.95mm）的炭分离筛冲洗，矿浆自流到炭浸槽，载金炭进入 ϕ1500mm × 1500mm 缓冲槽。炭解吸分批进行，每批 700kg，装入 ϕ700mm×4800mm 解吸柱。配制好的解吸液（1% NaCN、1% NaOH）储存在 ϕ1500mm×1600mm 储槽内，解吸液用泵扬送，经取样、热交换器、电加热器后，温度提升到 135℃。由解吸柱下部进入解吸柱，在 310kPa 压力下解吸，含金银贵液由解吸柱顶部流出，经取样、过滤、再通过热交换器使贵液冷却到 90℃，进入电解槽中电解。金银沉积在阴极钢棉上，贫液自流到解吸液储槽，然后再回到解吸回路。一个解吸循环需 20h。解吸完后，解吸柱中的炭用水冷却和冲洗，用水喷射泵送到解吸炭缓冲槽。载金阴极加入硝酸钠、硼砂、石英等熔剂，用中频电炉熔炼得成品金。整个解吸电解回路采用电子计算机进行程序控制。

④ 炭酸洗与热力再生：解吸炭缓冲槽中的炭自流到 ϕ1500mm×1500mm 酸洗槽，先用 5%硝酸溶液洗涤，以除掉碳酸钙及其他杂质，排除硝酸洗液，再用水洗，最后用 1%NaOH 溶液清洗。排除洗液后再装满水，用水喷射泵送到炭脱水筛。脱水后的炭进入缓冲槽，用螺旋给料机将炭连续加入到 ϕ460mm×5800mm 的回转窑再生，窑温为 750℃，供电功率为 81kW，炭在窑内停留 30min 后排到 ϕ750mm×750mm 淬水槽，然后由 400mm×800mm 双层炭分离筛筛分。合格炭进炭储仓，筛下部分经过滤回收细粒炭送熔炼。

炭酸洗循环也用电子计算机程序控制。

⑤ 污水处理：分三段处理。来自炭浸回路的矿浆经取样后进入九个串联的 ϕ2500mm×2500mm 机械搅拌槽，在前四槽内给入石灰乳，控制 pH 为 11。通入氯气，以除去矿浆中的氰化钠；在随后的两个槽中加入硫氢化钠，以除去余氯和重金属离子，在最后的两个槽中，加入活性炭或树脂，吸附重金属离子、铁氰络合物等。经过三段处理，矿浆中 CN^- 浓度可降至 0.05mg/L。生产中，第三段处理未

使用。

(3) 综合技术指标

张家口金矿综合技术指标见表 6-6。

表 6-6 张家口金矿综合技术指标（1987 年 4 月）

项目	指标		项目	指标
原矿品位/(g/t)	3.06	每吨原矿主要消耗	钢球/(kg/t)	5.47
尾渣品位/(g/t)	0.272		石灰/(kg/t)	20.39
尾液品位/(g/m^3)	0.009		液氯/(kg/t)	2.53
浸出率/%	91.09		氢氧化钠/(kg/t)	0.57
吸附率/%	99.56		氰化钠/(kg/t)	1.02
解析率/%	99.85		活性炭/(kg/t)	0.076
电解率/%	99.86		絮凝剂/(kg/t)	0.042
理论回收率/%	90.43		硝酸/(kg/t)	0.113
			水耗/(m^3/t)	4.13
			电耗/(kW·h/t)	36.86

第7章 提取金银的其他方法

7.1 硫脲法

7.1.1 硫脲法浸出金的基本原理

(1) 硫脲的性质

硫脲又称硫代尿素，分子式 SC（NH_2）$_2$，是一种有机化合物。相对分子质量 76.12，密度 1.405g/m^3，熔点 180～182℃。其晶体易溶于水，在 25℃时，在水中溶解度为 142g/L，水溶液呈中性、无腐蚀作用，溶解热 22.57kJ/mol，298K 硫脲的主要热力学数据见表 7-1。

表 7-1 硫脲的主要热力学数据（298K）

分子式	状态	$\Delta H_f^\ominus$/kJ	$S^\ominus$/(J/K)	$\Delta G_f^\ominus$/kJ
$CS(NH_2)_2$	晶体	−92.4	302.8	−36.66
$CS(NH_2)_2$	水溶液	−89.8	383.8	−38.20

硫脲的重要特性是在水溶液中与过渡金属离子生成稳定的络阳离子，反应通式：

$$Me^{n+} + x(Thio) \rightleftharpoons [Me(Thio)_x]^{n+}$$

式中 Thio——硫脲；

n——化合价；

x——配位数。

硫脲作为一种强配位体可以通过氮原子的非键电子对或硫原子与金属离子选择性地结合。Au（Ⅰ）硫脲络离子［$Au(Thio)_2^+$］的阳离子性质与对应的氰络阴离子［$Au(CN)_2^+$］完全不同。尽管前者比后者稳定性差，但除汞的硫脲络离子［$Hg(Thio)_4^{2+}$］较金稳定外，其他金属（Ag、Cu、Cd、Pb、Zn、Fe、Bi）的硫脲络合物都不如金稳定，故硫脲对金还是有一定的选择性的。当然，Cu^{2+}、Bi^{2+} 等也可与硫脲形成较稳定的络阳离子，原料中含有这些组分时，将增加硫脲的消耗，降低其溶金效率。

硫脲在碱性溶液中不稳定，易分解生成硫化物和氨基氰，氨基氰水解产出尿素，其反应式为：

$$SC(NH_2)_2+2NaOH \longrightarrow Na_2S+H_2N\cdot CN+2H_2O$$

$$H_2N\cdot CN+H_2O \longrightarrow CO(NH_2)_2$$

硫脲在酸性中具有还原性能，易氧化生成二硫化甲脒。二硫化甲脒进一步氧化，分解为氨基氰和元素硫，反应式为：

$$2SC(NH_2)_2 \rightleftharpoons (SCN_2H_3)_2+2H^++2e^-$$

$$(SCN_2H_3)_2 \longrightarrow SC(NH_2)_2+H_2N\cdot CN+S$$

可见，溶液中的硫脲随介质酸度增高而趋于稳定。当介质 $pH<1.78$ 时，高浓度的硫脲容易氧化。因此，溶解金时宜使用稀硫脲酸性溶液。pH 值高于 1.78时，由于硫脲水解，其消耗量增大，金溶解速率减慢。

由于 $(SCN_2H_3)_2/SC(NH_2)_2$ 的标准电位为+0.42V，SO_4^{2-}/H_2SO_4 电位为+0.17V，故使用硫酸介质作 pH 的调整剂，除可能达到所要求的 pH 值和防止硫脲被氧化外，设备防腐问题也简单些。

由于硫脲在酸性（或碱性）溶液中加热时会发生水解：

$$SC(NH_2)_2+2H_2O \xrightarrow{\triangle} CO_2+2NH_3+H_2S$$

故硫脲浸出金时的液温不宜过高，且配制矿浆时，应在向矿浆中加硫酸之后再加入硫脲，以免矿浆局部温度过高而造成硫脲的水解损失。

(2) 硫脲的浸出化学

硫脲溶解金银必须使其从零价态氧化成+1 价的氧化态，硫脲在酸性溶液中也可被氧化。为了使硫脲浸出过程顺利进行，必须引入适当的氧化剂，如氧气、二氧化锰、过氧化氢、高价铁盐等，使之产生 RSSR，并控制溶液的氧化还原电位。在有氧化剂（如过氧化氢、高铁离子等）存在时，硫脲可逐步氧化成多种产物，首先生成的是二硫甲脒，它可作为金银的选择性氧化剂。硫脲氧化成二硫甲脒（简写为RSSR）的反应是可逆的，溶液的电位过高时，RSSR 将被氧化成下一步产物。因此，应严格控制硫脲浸出液的电位，使硫脲损失降到最低限度。

硫脲浸出金的基本反应：

金的氧化 $$Au \longrightarrow Au^++e^- \quad E^\ominus=1.692V \tag{7-1}$$

金溶解于硫脲 $$Au+2(Thio) \longrightarrow Au(Thio)_2^++e^- \quad E^\ominus=0.38V \tag{7-2}$$

二硫甲脒的生成 $$2(Thio) \rightleftharpoons RSSR+2H^++2e^- \quad E^\ominus=0.42V \tag{7-3}$$

此反应速度很快，生成的 RSSR 是活性的氧化剂，并且在金的溶解过程中是必需的。用反应式(7-2) 减去式(7-3) 便得到如下反应：

$$Au+RSSR+2H^++e^- \longrightarrow Au(Thio)_2^+ \quad E^\ominus=-0.04V \tag{7-4}$$

在含 Fe^{3+} 溶液中，Fe^{3+} 可起氧化剂作用：

$$Fe^{3+}+e^- \longrightarrow Fe^{2+} \quad E^\ominus=0.77V \tag{7-5}$$

反应式(7-2) 与式(7-5) 相加得到：

$$Au+Fe^{3+}+2(Thio)\rightleftharpoons Au(Thio)_2^{+}+Fe^{2+} \quad E^{\ominus}=0.39V \tag{7-6}$$

外加氧化剂和生成二硫甲脒同样有利于金的溶解。

反应式(7-3)之后再继续发生氧化，则生成硫的更高氧化态产物，这类反应进行缓慢，但却是不可逆的，因而造成硫脲的损失。

实验证明，浸出时向矿浆中鼓入氧气可提供较稳定的氧化性气氛。而活性更强的氧化剂如过氧化氢会使硫脲消耗过多，这是因为RSSR不可逆地被氧化成下一步产物。查理研究了RSSR的生成反应：

$$2(Thio)+\frac{1}{2}O_2 = RSSR+H_2O$$

根据能斯特方程确定溶液的氧化还原电位，进而推算硫脲至RSSR的转化率为：

$$转化率\%=\frac{2(RSSR)}{(Thio)+2(RSSR)}$$

在不同的硫脲初始浓度下，理论转化率与溶液电位的关系，可绘出曲线。在给定的溶液电位下，较高的硫脲初始浓度对应较高的总转化率。转化率高于某一定值，将发生不可逆的二次氧化反应，进而得出硫脲分解极限，此极限对应于20%的硫脲转化率。低于此值，硫脲可以再生；高于此值，则硫脲分解。实际的浸出数据表明，有效的硫脲转率对应的溶液电位比图示的值略低，说明硫脲转化已很明显。因此操作时，使溶液电位降至140mV，以获得适当的转化率，能有效地进行浸出，而又不使硫脲过多分解。

7.1.2 硫脲法浸出金的应用实例

(1) 从含金的黄铜精矿中浸出金

据荷兰《湿法冶金学》报道，用于浸出的黄铜矿精矿中含有：金36～40g/t，银80～85g/t，铜21%，铁34%，硫36%。精矿磨至100%－320目，几乎所有的金都是单体形式。精矿浸出时添加0.25% H_2O_2 作氧化剂和2%的 SO_2 作抑制剂，矿浆液固比9∶1，在室温下用浓度15g/t、pH值约为1的酸性硫脲溶液浸出4h，金浸出率大95%以上，硫脲消耗量为23kg/t矿。精矿浸出前用硫酸预处理，清除部分贱金属，并在低液固比（1∶1.5）下连续浸出，可大幅度降低硫脲消耗量(70%～80%)，每吨精矿仅消耗5.7kg硫脲。

(2) 从含金碳泥质氧化矿中浸出金

某矿为含金碳泥质氧化矿属难处理矿石。矿石中自然金主要赋存于褐铁矿、黄铁矿、白铅矿、黄铜矿和石英中。经浮选产出的金精矿，于650℃焙烧后细磨，再加硫酸调浆控制矿浆pH 1.5～2后，加硫脲于6台串联的 ϕ1.2m×1.2m搅拌槽中浸出。并在用硫脲浸出的同时，使用铁板回收金。即向每立方米矿浆中插入3m² 左右的铁板置换回收已溶解的金。吸附金泥的铁板每2h左右用机械提出一次，经自动洗刮金泥后再插入矿浆中继续吸附金。洗刮下的金泥经过过滤后用火法焙铸成合质金锭。金浸出率95.57%，置换回收率98.99%，总回收率98.82%。它较氰化法处理这种矿石的成本低，硫脲与硫酸消耗分别为1.5～2kg/t矿石和70kg/t矿石。

7.2 硫代硫酸盐法

硫代硫酸盐提金法是研究比较多的、有希望工业应用的另一种非氰化提金方法。硫代硫酸盐提金法与硫脲法不同，提金溶液介质为氨性溶液，适合处理碱性组分多的金矿。尤其适于含有对氰化敏感的金属铜、锰、砷的金矿或金精矿。硫代硫酸盐浸出金速度快、选择性高、试剂无毒、价格低，对设备无腐蚀性。

硫代硫酸盐法提金在加热条件下进行，对温度影响敏感，浸出温度区间狭窄，工艺不容易控制。该法试剂用量比较大，必须加强试剂的再生利用。因此，研究适宜的硫代硫酸盐提金工艺，对促进硫代硫酸盐法在工业上的应用是很重要的。近几年来在国内，姜涛和他的同事对其浸出金理论进行研究；沈阳矿冶研究所、东北大学、北京有色金属研究总院和中南大学都先后在乳山金矿作过硫代硫酸盐提金法的工业试验。

7.2.1 硫代硫酸盐浸出金的基本原理

① 硫代硫酸盐的化学性质。硫代硫酸盐是含有 $S_2O_3^{2-}$ 基团的化合物，它可看作是硫酸盐中一个氧原子被硫原子取代的产物。

硫代硫酸盐与酸作用时形成的硫代硫酸立即分解为硫和亚硫酸，后者又立即分解为二氧化硫和水，反应式为：

$$S_2O_3^{2-}+2H^+ = H_2O+SO_2+S$$

因而，浸出过程需要在碱性条件下进行。

$S_2O_3^{2-}$ 中两个S原子的氧化值平均为+2，它具有温和的还原性，例如：

$$S_2O_3^{2-}+4Cl_2+5H_2O = 2SO_4^{2-}+8Cl^-+10H^+$$

$$2S_2O_3^{2-}+I_2 = S_4O_6^{2-}+2I^-$$

因此，浸出过程适当地控制氧化条件是必需的。

硫代硫酸盐另一重要性质是它能与许多金属（金、银、铜、铁、铂、钯、汞、镍、镉）离子形成络合物，如：

$$Au^++2S_2O_3^{2-} = Au(S_2O_3)_2^{3-}$$

$$Ag^++2S_2O_3^{2-} = Ag(S_2O_3)_2^{3-}$$

这是硫代硫酸盐法浸出金银的基础之一。最重要的硫代硫酸盐是硫代硫酸钠 $Na_2S_2O_3$（或 $Na_2S_3O_3 \cdot 5H_2O$）和硫代硫酸铵 $(NH_4)_2S_2O_3$，两者通常均为无色或白色粒状晶体。

在有氧存在时，金在硫代硫酸盐溶液中可能发生如下的反应：

$$4Au+8S_2O_3^{2-}+O_2+2H_2O = 4Au(S_2O_3)_2^{3-}+4OH^- \quad (7\text{-}7)$$

二价铜氨络离子在金溶解过程中可能有如下的作用过程：

$$Au+5S_2O_3^{2-}+Cu(NH_3)_4^{2+} = Au(S_2O_3)_2^{3-}+4NH_3+Cu(S_2O_3)_2^{5-} \quad (7\text{-}8)$$

$$Au+2S_2O_3^{2-}+Cu(NH_3)_4^{2+} = Au(S_2O_3)_2^{3-}+4NH_3+Cu(S_2O_3)_2^{+} \quad (7\text{-}9)$$

金与硫代硫酸根形成稳定的络合物。硫代硫酸盐在碱性介质中比较稳定，因为硫代硫酸盐的氧化产物连四硫酸盐，在碱性条件下约有 60% 转变成硫化硫酸盐：

$$2S_4O_6^{2-}+3OH^- = \frac{5}{2}S_2O_3^{2-}+S_3O_6^{2-}+\frac{3}{2}H_2O \quad (7\text{-}10)$$

但是，介质溶液的 pH 值不宜太高，pH 值太高促使 $S_2O_3^{2-}$ 发生歧化反应产出 S^{2-}：

$$3S_2O_3^{2-}+6OH^- = 4SO_3^{2-}+2S^{2-}+3H_2O \quad (7\text{-}11)$$

② 硫代硫酸盐浸出金的热力学原理。表 7-2 列出了与金银氨性硫代硫酸盐浸出有关物质的标准生成自由能，其数据来自 Latimer 和 Pourbaix 的数据。根据这些数据计算表明，式(7-7)、式(7-8) 和式(7-9) 的标准自由能变化均为负值，表明硫代硫酸盐法浸出金在热力学上是可行的。

表 7-3 为有关电极反应的标准电位，表 7-4 为体系中可能存在的络离子的稳定常数。由于 $S_2O_3^{2-}$ 与金离子形成稳定的络离子，使其标准电极电位显著下降。需要指出的是，文献中关于 $Au/(AuS_2O_3)_2^{3-}$ 电对的标准电极电位及 $Au(S_2O_3)_2^{3-}$ 的稳定常数很不一致。姜涛等对 $Au/(AuS_2O_3)_2^{3-}$ 的电极电位计算如下：

$$Au(S_2O_3)_2^{3-}+e^- = Au+2S_2O_3^{2-}$$

$$\Delta G^{\ominus}=2\Delta G^{\ominus}_{S_2O_3^{2-}}-\Delta G^{\ominus}_{Au(S_2O_3)_2^{3-}} = 12.12\text{kJ/mol}$$

又 $\Delta G^{\ominus}=-nF\varphi^{\ominus}$ 得：

$$\varphi^{\ominus}=\frac{-\Delta G^{\ominus}}{nF}=\frac{-2900}{1\times 23060}\approx -0.126(\text{V})$$

$Au(S_2O_3)_2^{3-}$ 的稳定常数：

$$Au+2S_2O_3^{2-} = Au(S_2O_3)_2^{3-} \quad (7\text{-}12)$$

$$\Delta G^{\ominus}=\Delta G^{\ominus}_{Au(S_2O_3)_2^{3-}}-2\Delta G^{\ominus}_{S_2O_3^{2-}}-\Delta G^{\ominus}_{Au^+}=-175.14\text{kJ/mol}$$

由 $\Delta G^{\ominus}=-RT\ln K=-RT\ln\beta_2$ 得：

$$\beta_2=\exp\left[\frac{-\Delta G^{\ominus}}{RT}\right]=\exp\left[\frac{+41900}{1.987\times 298}\right]=5.4\times 10^{30}$$

用同样方法计算得到的 $Au(NH_3)_2^{+}$ 的稳定常数为 3.4×10^{27}。

表 7-2　有关物质的标准生成自由能　　kJ/mol

化学式	状态	$\Delta G^{\ominus}$	化学式	状态	$\Delta G^{\ominus}$
Au	s	0.0	Ag	s	0.0
Au_2O_3	s	163.02	Ag_2O	s	−10.81
$Au(OH)_3$	s	−289.67	AgO	s	10.87
AuO_2	s	200.64	Ag_2O_3	s	86.94
H_3AuO_3	aq	−258.32	Ag^+	aq	77.04
$H_2AuO_3^-$	aq	−191.44	Ag^{2+}	aq	267.94
$HAuO_3^{2-}$	aq	−112.86	AgO^+	aq	225.30
AuO_3^{3-}	aq	−24.24	$Ag(S_2O_3)^-$	aq	−507.03
Au^+	aq	163.02	$Ag(S_2O_3)_2^{3-}$	aq	−1062.56
Au^{3+}	aq	433.05	$Ag(S_2O_3)_3^{5-}$	aq	−1599.27
$Au(S_2O_3)_3^{3-}$	aq	−1048.76	$Ag(NH_3)_2^+$	aq	−17.39
$Au(NH_3)_2^+$	aq	−40.96	AgOH	aq	−93.22
$Au(NH_3)_2^{3+}$	aq	−8.36	$Ag(OH)_2^-$	aq	−250.8
Cu	s	0.0	H_2O		−236.96
Cu_2O	s	−146.22	OH^-	aq	−157.17
CuO	s	−127.07	H^+	aq	0
Cu_2S	s	−86.11	S	s	0
CuS	s	−48.91	S^{2-}	aq	923.78
$CuSO_4$	s	−661.28	S_2^{2-}	aq	91.12
$CuSO_4\cdot 3H_2O$	s	−1878.07	S_3^{2-}	aq	88.20
$Cu(OH)_2$	s	−356.55	S_4^{2-}	aq	81.09
Cu^{2+}	aq	−64.91	SO_3^{2-}	aq	−485.30
CuO_2^{2-}	aq	−181.83	SO_4^{2-}	aq	−490.48
$HCuO_2^-$	aq	−256.73	$S_2O_3^{2-}$	aq	−518.32
$Cu(NH_3)^+$	aq	−11.70	$S_2O_4^{2-}$	aq	−599.41
$Cu(NH_3)_2^+$	aq	−65.21	$S_2O_5^{2-}$	aq	−790.02
$Cu(NH_3)^{2+}$	aq	−15.47	$S_2O_6^{2-}$	aq	−932.14
$Cu(NH_3)_4^{2+}$	aq	−170.54	$S_3O_6^{2-}$	aq	−957.22
$Cu(S_2O_3)_3^{5-}$	aq	−1623.51	$S_4O_6^{2-}$	aq	−1021.17
			NH_3	aq	−26.58

表 7-3　有关电极反应的标准电极点位

电极反应	电极点位/V
$Au^+ + e^- = Au$	1.69
	0.15
$Au(S_2O_3)_2^{3-} + e^- = Au + 2S_2O_3^{2-}$	−0.126(计算)
	−0.007
	−0.276
$Ag(S_2O_3)_2^{3-} + e^- = Ag + 2S_2O_3^{2-}$	0.01
$Ag(NH_3)_2^+ + e^- = Ag + 2NH_3$	0.373
$Cu(NH_3)_4^{2+} + e^- = Cu(NH_3)_2^+ + 2NH_3$	0.00
$Cu(NH_3)_4^{2+} + e^- = Cu + 4NH_3$	−0.06

续表

电极反应	电极点位/V
$Cu(NH_3)_2^+ + e^- \rightleftharpoons Cu + 2NH_3$	−0.12
$O_2 + 2H_2O + e^- \rightleftharpoons 4OH^-$	0.401
$2SO_3^{2-} + 3H_2O + 4e^- \rightleftharpoons S_2O_3^{2-} + 6OH^-$	−0.58
$2SO_4^{2-} + 5H_2O + 8e^- \rightleftharpoons S_2O_3^{2-} + 10OH^-$	−0.76
$SO_4^{2-} + H_2O + 2e^- \rightleftharpoons SO_3^{2-} + 2OH^-$	−0.93
$S_4O_6^{2-} + 2e^- \rightleftharpoons 2SO_3^{2-}$	−0.09

注：资料来自姜涛、许时、陈荩、吴振祥，黄金，N2，P31 (1992)。

表 7-4 有关络离子的稳定常数

化学式	β	化学式	β
$Au(S_2O_3)_2^{3-}$	1.0×10^{26}	$Ag(NH_3)^-$	2.3×10^{3}
	5.0×10^{28}	$Ag(NH_3)_2^-$	1.6×10^{9}
	5.4×10^{30}(计算)	$Cu(S_2O_3)^-$	1.9×10^{10}
$Au(NH_3)_2^-$	1.0×10^{26}	$Cu(S_2O_3)_2^{3-}$	1.7×10^{12}
	1.0×10^{27}	$Cu(S_2O_3)_3^{5-}$	6.9×10^{13}
	3.4×10^{27}(计算)	$Cu(S_2O_3)_2^{2-}$	2.0×10^{12}
$Ag(S_2O_3)^-$	6.6×10^{3}	$Cu(NH_3)_2^+$	7.2×10^{10}
$Ag(S_2O_3)_2^{3-}$	2.2×10^{13}	$Cu(NH_3)_4^{2+}$	4.8×10^{12}
$Ag(S_2O_3)_3^{5-}$	1.4×10^{14}		

注：资料来自姜涛、许时、陈荩、吴振祥，黄金，N2，P31 (1992)。

金能与硫代硫酸根离子生成稳定的络合物 $[Au(S_2O_3)_2]^{3-}$，其络合的趋势相当大，不稳定常数 K 不论是 10×10^{-26} 或 5.4×10^{-30}，都表明在酸性介质中既不氧化也不分解。

实验证明，欲使金顺利地溶解于硫代硫酸盐溶液中，必须保持溶液中有 NH_3、$Na_2S_2O_3$ 和 $Cu(NH_3)_4^{2+}$ 的适当浓度，这与动力学因素有关。

矿石中银常以 Ag_2S 与 AgCl 形式存在，它们也可在硫代硫酸盐溶液的作用下溶解：

$$Ag_2S + 4S_2O_3^{2-} + 4H_2O \xrightarrow{Cu(NH_3)_4^{2+}} 2Ag(S_2O_3)_2^{3-} + SO_4^{2-} + 8H^+$$

$$AgCl + 2S_2O_3^{2-} \rightleftharpoons Ag(S_2O_3)_2^{3-} + Cl^-$$

由上可见，无论金银在原矿中呈何形态，用硫代硫酸盐浸出后均以阴离子转入溶液。

7.2.2 硫代硫酸盐浸出金的应用实例

(1) 从含锰金矿中浸出金

美国亚利桑那州圣克鲁斯的 Oro Blanco 矿区，矿石含 Au 3g/t、Ag 113 g/t、MnO_2 7g/t。矿石中的金呈细粒状浸染在流纹岩和安山岩的角砾岩基质中，银大部分与 MnO_2 共生。矿石磨至−200 目占 80%，在液固比 1.5∶1 和 50℃温度条件下，用 1.48mol/L 的 $(NH_4)_2S_2O_3$、4.1mol/L 的 NH_3 和 0.09mol/L 的 Cu^{2+} 溶液搅拌浸出 1h，金浸出率 90%；搅拌浸出 3h，银浸出率 70%。

影响金银浸出的主要因素有温度、硫代硫酸盐浓度、铜离子浓度和氨浓度。

(2) 从铅锌硫化尾矿中浸出金

美国新墨西哥州 Pecos 矿山的铅锌硫化物浮选尾矿含 Au 1.75g/t、Ag 22.5 g/t、Pb 0.5%、Zn 0.07%、Fe 11.1%、Cu 0.40%、Mg 5.0%和 S 9.8%。在温度 50℃下，用 0.5 mol/L 的 $(NH_4)_2S_2O_3$ 溶液充气（流速 $2dm^3/min$）、机械搅拌浸出。经二段逆流浸出 1.5h，金属浸出率分别为 Au 99%，Ag 27%，Cu 36%，Pb 43%，Zn 1.4%，Fe 0.2%。含金浸出液用活性炭吸附，金几乎完全被吸附，银、铅和锌被部分吸附。

浮选尾矿为酸性，当尾矿加入时，浸出溶液 pH 下降。一旦浸出反应开始，由于反应产生 OH^-，结果 pH 曲线呈指数形式上升，金浸出率也相应升高。

氨性硫代硫酸盐浸出液含金、银和铜，可用 717 型阴树脂吸附金和银，载金树脂用 4mol/L 的 NH_4Cl 溶液淋洗，金、银淋洗率达 98%。

7.3 氯化法

7.3.1 氯化法浸金原理

氯化法通常又称为液氯化法或水氯化法。此法初期采用氯水或硫酸加漂白粉的溶液从矿石中成功地浸出金，并用硫酸亚铁从浸出液中沉淀出金。后经发展成为 19 世纪末的主要浸出金方法之一。一般说来，原料中凡是王水可溶的物质，液氯化法也可以溶解。采用液氯化法，金的浸出率比氰化法高，可达 90%～98%，氯的价格比氰化物低，氯的消耗量约为 0.7～2.5kg/t 精矿。液氯化法问世后，氰化法工艺在 19 世纪末也相继出现，并开始广泛应用于从矿石中直接浸出金，故几乎在同一时间液氯化法在各工厂停止采用。近些年来，由于一些湿法冶金方法污染环境，液氯化法又重新被用来提取金、银，今后它有可能再次成为金银重要的冶金方法之一。

氯是一种强氧化剂，能与大多数元素起反应。对金来说，它既是氧化剂又是络合剂。在 $Au\text{-}H_2O\text{-}Cl^-$ 体系的电位-pH 图中，如图 7-1 所示，金被氯化而发生氧化并与氯离子络合，故称水氯化浸出金，其化学反应为：

$$2Au + 3Cl_2 + 2HCl \longrightarrow 2HAuCl_4$$

这一反应是在溶液中氯浓度明显增高的低 pH 值条件下快速进行的。

用于液氯化法的浸出剂主要是（湿）氯和氯盐。由于氯的活性很高，不存在金粒表面被钝化的问题。因此，在给定的条件下，金的浸出速度很快，一般只需浸出 1～2h。这种方法更适于处理碳质金矿、经酸洗过的含金矿石、锑渣、含砷精矿或矿石等。

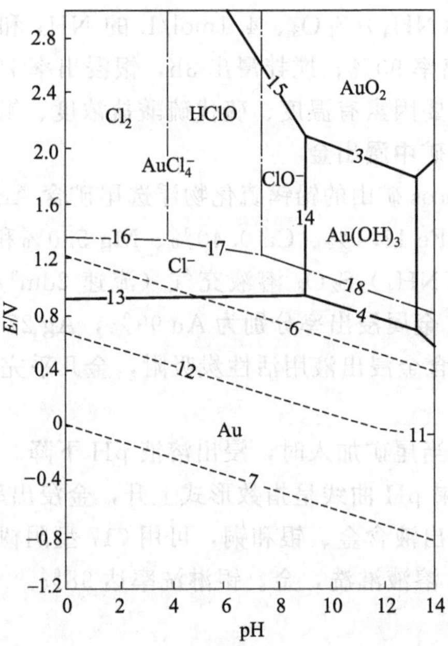

图 7-1　25℃时 Au-H$_2$O-Cl$^-$ 体系电位-pH 图（芬克尔斯坦，1972）

条件：$Au^{3+}=10^{-2}mol/L$；$Cl^-=2mol/L$；氯气压力=0.9807Pa；$HClO=ClO^-=6\times10^{-2}mol/L$；氧气压力=氢气压力=9.807Pa

卤水浸出金法与液氯化法一样，其实质都是在氧化剂（如 MnO_2、Fe^{3+}）作用下，使金氯化后与氯离子络合进入溶液。其优点是溶金速度快、回收率高、且在环保方面也比较有利。在作业过程中，应保持溶液中较高的氯浓度，以阻止金粒表面的钝化，为此通常向溶液中加盐酸。

7.3.2 水溶液氯化法浸出金的应用实例

(1) 氯化铁溶液浸出金

① 氯化铁溶液浸出金的可能性。桂林冶金地质学院分析 $FeCl_3$ 溶液浸出金的热力学。氯化铁浸出金是氧化还原反应过程。由于反应：

$$Fe^{3+}+e^- \longrightarrow Fe^{2+} \quad (7\text{-}13)$$

的标准还原电极电位 $E_1^{\ominus}=0.771V$。而

$$Au^{3+}+3e^- \longrightarrow Au \quad (7\text{-}14)$$

的 $E_2^{\ominus}=1.420V$。因此，用 Fe^{3+} 不能将 Au 氧化为 Au^{3+}。如果溶液中存在 Cl^-，Cl^- 可与 Au^{3+} 络合生成 $AuCl_4^-$。

$$Au+4Cl^- \longrightarrow AuCl_4^- +3e^- \quad (7\text{-}15)$$

$E_3^{\ominus}=0.994V$。因而在氯离子存在的条件下，Fe^{3+} 将 Au 氧化为 $AuCl_4^-$ 就较容易了。通过控制体系中参加反应有关物质的浓度，就能使氯化铁浸出金得以实现。浸出反应为：

$$Au+3Fe^{3+}+4Cl^{-} = AuCl_4^{-}+3Fe^{2+} \quad (7\text{-}16)$$

反应式(7-16）对应的原电池电动势为：

$$E=E^{\ominus}_{Fe^{3+}/Fe^{2+}}-E^{\ominus}_{AuCl_4^-/Au}-\frac{RT}{3F}\ln\frac{a_{AuCl_4^-}a^3_{Fe^{3+}}}{a^4_{Cl^-}a^3_{Fe^{3+}}}$$

要使反应式(7-16）从左向右自发进行，E 必须大于零。若取 $a_{AuCl_4^-}=10^{-2}$，$a_{Cl^-}=10$，不难算出，当 $a_{Fe^{3+}}/a_{Fe^{2+}}>10^{1.80}$时，$E$ 大于零。

在实际操作过程中这些条件是不难满足的。比如，在 298 K 下，当加入 $FeCl_3$ 使［Fe^{3+}］＝3mol/L，调节［Cl^-］＝10mol/L（$FeCl_3$ 电离 Cl^-，浓度不足部分加入 HCl 或 NaCl)。经计算式(7-16）达平衡时，溶液中 $AuCl_4^-$ 浓度可达 $10^{-2.28}$mol/L。在整个反应过程中$[Fe^{3+}]/[Fe^{2+}]>10^{2.80}$。这样的结果对于工业生产是有价值的。热力学分析表明，只要控制一定的热力学条件，保持足够的 Fe^{3+} 和 Cl^- 浓度，在常温（25℃）下，pH 为 1.0 时，即可用 $FeCl_3$ 溶液来浸出金。

计算表明，某些金属（Fe、Sn、Pb、Cu、Ag)、硫化物、砷化物均可与氯化铁反应，消耗 $FeCl_3$，同时生成的 S 附在矿粒表面，形成一层硫膜，阻碍浸出反应。再者，有机物质和黏土的存在对浸出也是不利的。

② 应用实例。湖南有色金属研究所对龙山砷锑金矿渣焙砂采用 $FeCl_3$ 浸出，金浸出率达 98%～99%。电沉率为 98%～99%，金总的回收率达 96.54%。与氰化法比较，浸出率高出 4%～6%，总回收率高出 5.34%，浸渣中的含金量也从 3～5g/t 降至 0.75～1.5g/t。

(2) 次氯酸盐浸出金矿石

次氯酸钠溶液浸出过程属氧化碱浸过程，也是碱法氯化过程。ClO^-/Cl^- 电极还原电位为 1.715V，比金（$E_{Au^+/Au}=1.58V$）和银（$E_{Ag^+/Ag}=0.80V$）等贵金属高，故可用于从矿石浸出金银。从图 7-1 电位-pH 图看出，在所有 pH 值范围内，HClO，ClO^- 的电位都高于 Au，都可用次氯酸钠溶液浸出金。

用次氯酸钠浸出碳质金矿时，必须预先通氧进行氧化，以消除某些还原性物质。矿浆液固比 7∶1，加碳酸钠调节 pH 为 8～13，在 49～98℃温度下通氧，氧化 4～6h，然后在 20～60℃温度下用次氯酸钠浸出数小时，用活性炭吸附回收溶出的金，金的浸出回收率达 90%以上。

在酸性条件下用次氯酸钙溶液浸出金，必须添加适量氯化络合剂，如食盐。含金泥制浆，并酸化至 pH 约为 2，然后用次氯酸钙浸出数小时，金浸出率超过 95%。溶液中的金用溶剂萃取法回收。

含磁铁矿、结合态氧化铜以及透辉石和云母等碱性脉石矿物的氨浸铜渣，不宜酸浸，因为试剂消耗量太大。在碱性条件下用次氯酸钠浸出，金浸出率达 92%。由于铜渣中含有残余氨，与银强烈络合生成银氨络离子进入溶液，银的浸出率达 76%。金溶解的热力学数据指出，体系 pH 大于 9.7 时，溶解金发生水解而析出 $Au(OH)_3$ 或 AuO_2。虽然矿浆中含氨对银浸出有利，但必须控制体系 pH 值不高于 9.7，保证获得高金浸出率。NaClO 和 Cl^- 既是浸出剂，又是氧化剂和络合剂。

因此，应维持一定的氯离子浓度，使反应物生成络合阴离子，从而提高金的溶解度，消除钝化，加速溶解反应。

次氯酸钠受热容易分解：

$$3NaClO \xlongequal{\quad} 2NaCl + NaClO_3$$

所以，浸出温度不宜过高，以 45～50℃为宜。

国内某地难选氧化铜氨浸渣含金 8.37g/t、银 21g/t。用 8.4g/L 的 NaClO 和 8%的 NaCl 混合溶液浸出，浸出矿浆液固比 3∶1，体系 pH 为 9.7，浸出温度 53℃，浸出矿浆时间 7.5h，浸渣含 Au 0.27g/t、Ag5g/t，金、银浸出率分别达 96.7%和 76.2%。部分浸出溶液补加适量浸出剂可返回浸出氨浸铜渣，适用于多段逆流浸出。

最近，美国还报道了氯化物氧气加压浸出硫化物、氧化物和金属废料的工艺。研制的工艺包括用 Cl_2-O_2、HCl-O_2、$FeCl_2$-O_2、$CaCl_2$-O_2、H_2SO_4-$CaCl_2$-O_2，在温度 95～102℃，压力 207～345kPa 条件下进行浸出，从复杂的硫化物精矿、废金属、熔炉废料和金属氧化物等物料中提取 Cu、Pb、Zn、Ni、Co、Hg、Au、Ag 和其他金属。美国矿务局还强调空气可以用作 O_2 的来源，随后的金属回收方法决定了是 Cl_2、HCl、$FeCl_2$ 还是 $CaCl_2$ 适宜于返回到反应器再用。含砷金矿，金的回收率在 99%，作为不溶成分留在浸出渣中的元素有 Al、As、Fe、S、Sb 和 Si。

氯化物-氧气浸出是一个从各种各样的复杂物料中浸出金属的最有效和环保上许可的方法。因为不产生有毒的气体、液体或固体废物。此技术已在工厂得到验证，是很有前景的方法。

7.4 多硫化合物法

7.4.1 多硫化物法浸出金

多硫化物浸出金的热力学早在 1962 年就由苏联学者卡可夫斯基报道过，近年来南非对这种浸出金方法研究较多，处理对象是 As-Sb-Au 硫化精矿（含 As 达 4.5%），金的回收率可达 80%～99%。该法的优点是选择性高，无污染，并且适用于处理低品位矿。穆尔奇森格拉夫洛特厂曾建成日处理 5t 的试验车间，获得的指标与小型试验一致，只是后来工厂倒闭，这项工作才未能继续下去。

多硫化物法浸出金最常用的是多硫化铵溶液，其中约含 8% NH_3、22% S、30%$(NH_4)_2S_2$，该溶液为红色澄清液体，有硫化氢味，遇酸分解析出硫。多硫化物法主要是针对难处理的含砷金矿提出的，因为传统的氰化法处理这种矿石既不经济又不安全。对含砷或锑达 4.5%的金矿，在 25℃常压下用含 40%多硫化铵的水溶液浸出，金以 NH_4AuS 形式与锑［呈 $(NH_4)_3SbS_4$］一道被选择性浸出，砷留于渣中。实验结果表明，对特定的矿石，该法可提取 80%以上的金，浸出液中溶解的金可用活性炭吸附，也可用蒸气加热的方法从溶液中沉淀金，此时产生 Sb_2S_3 和硫，放出 NH_3、H_2S 及升华硫。视浸出液成分而定，脱金后液可使多硫化铵再生返回用于浸出。

多硫化铵法浸出金不足之处是要求药剂浓度相当高，消耗量也很大，而金的浸出率小型试验有的只有80%，而且在实际生产上，这一指标恐怕也难保证。

据王永录报道，用多硫化物法已进行过日处理5t精矿的扩大试验。

7.4.2 硫化铵、硫化钠浸出金

湿法冶金处理硫化物矿的优点之一是可得到元素硫。显然，作为多硫化铵浸出法的一个变种，用 $(NH_4)_2S$ 浸出含金硫化物矿的湿法浸出渣是同时回收元素硫和金的一举两得的方法。碱金属硫化物和硫化铵一样能离解出 S^{2-} 离子，在浸出金和元素硫方面，与多硫化铵具有同功之力。中南工业大学研究了用硫化铵法处理含金湿法炼铅渣和硫化钠处理砷锑金硫化物矿浸渣。

(1) 热力学分析

在众多的文献中报道的多硫化物浸出金反应为：

$$2Au+2HS^-+\frac{1}{2}O_2 \longrightarrow 2AuS^-+H_2O \quad \Delta G^{\ominus}_{298}=-173.25kJ$$

$$2Au+2S^{2-}+2H^++\frac{1}{2}O_2 \longrightarrow 2AuS^-+H_2O \quad \Delta G^{\ominus}_{298}=-345.63kJ$$

由于实验已证明多硫化物体系中金比较容易溶解，所以可以认为还有下列反应发生：

$$2Au+2S_2^{2-}+2H^++\frac{1}{2}O_2 \longrightarrow 2AuS^-+H_2O+2S^0 \quad \Delta G^{\ominus}_{298}=-326.87kJ$$

$$2Au+2S_3^{2-}+2H^++\frac{1}{2}O_2 \longrightarrow 2AuS^-+H_2O+4S^0 \quad \Delta G^{\ominus}_{298}=-311.74kJ$$

$$2Au+2S_4^{2-}+2H^++\frac{1}{2}O_2 \longrightarrow 2AuS^-+H_2O+6S^0 \quad \Delta G^{\ominus}_{298}=-300.42kJ$$

$$2Au+2S_5^{2-}+2H^++\frac{1}{2}O_2 \longrightarrow 2AuS^-+H_2O+8S^0 \quad \Delta G^{\ominus}_{298}=-296.78kJ$$

$$2Au+4HS^-+2H^++\frac{1}{2}O_2 \longrightarrow 2Au(HS)_2^-+H_2O \quad \Delta G^{\ominus}_{298}=-193.5kJ$$

上述反应的 $\Delta G^{\ominus}_{298}$ 表明，在有氧存在下，金在热力学上很容易溶解在多硫化物溶液中。已发现的多硫螯合离子（物）有 $[Pt^{IV}(S_5)_3]^{2-}$、$[Pt^{II}(S_5)_2]^{2-}$、TiS_5、MoS_5 等，Au和Pt的电子亲合力很相近，同时在碱性条件下，多硫化物体系中的主要多硫离子是 S_4^{2-} 和 S_5^{2-}，它们与金形成螯合离子时，其螯环是稳定的五元环和六元环，所以在该体系中，金很可能还发生下面的反应：

$$Au+S_4^{2-} \longrightarrow [AuS_4]^-+e^-$$

$$Au+S_5^{2-} \longrightarrow [AuS_5]^-+e^-$$

(2) 含金铅渣和锑渣的成分

试验所用的含金湿法炼铅渣和湿法炼锑渣的主要化学成分见表 7-5。锑渣（Ⅰ）还有部分黄铁矿和毒砂在除砷过程中尚未分解。

表 7-5 含金试样的主要化学成分

试样名称	Au/(g/t)	Ag/(g/t)	S/%	Fe/%	Cu/%	Pb/%	Zn/%	As/%	Sb/%
湿法炼铅渣	17.4	—	51.07	16.61	1.19	1.96	7.96	—	—
湿法炼锑渣(Ⅰ)	142.58	13.84	8.33	2.00	0.0017	0.021	0.0014	2.58	0.001
湿法炼锑渣(Ⅱ)	152.17	<1	7.66	0.06	0.0012	0.020	0.0012	0.054	0.001

(3) 硫化铵浸出湿法炼铅渣的金

在试验时，用硫化铵做浸出剂，为防止 H_2S 和 NH_3 的逸出，浸出系统需密封。

试验在考察温度、浸出时间及 $(NH_4)_2S$ 的加入量对金浸出率的影响时，观察到金的浸出率随着温度的增高而提高，但超过 70℃时有元素硫析出，所以为同时获得 S^0 的金高回收率，温度不宜高于 70℃。浸出时间超过 6h，金浸出率不但不增加反而有下降，这可能是氨的挥发损失造成的。硫化铵用量增加，金的浸出率显著增加。通过温度 50℃、浸出时间 6h 的条件实验，观察浸出液的组成，发现多硫化铵添加与否，对金的浸出率影响不大，这是因为渣中元素硫生成的多硫根已能满足浸出要求的缘故。氨水的添加能明显提高金的浸出率，这可能是加入氨水增加了溶液的 pH 值，抑制了多硫根的加质子反应，从而增加溶液游离的多硫根所致。渣中元素硫的浸出率大于 98%，金的浸出率约 95%。

(4) 硫化钠浸出湿法炼锑渣中的金

试验在固定温度 90℃、液固比 7∶1、时间 6h 考察锑渣（Ⅰ）硫化钠浓度在 116g/L 以下时，金的浸出率随硫化钠浓度的增高而提高，继续提高硫化钠浓度，金浸出率基本不变。在加硫量 S∶Na_2S（分子比）3∶1 时，观察 NaOH 浓度对金浸出率的影响：NaOH 浓度小于 0.25mol/L，加入 NaOH 可使金的浸出率得到改善，但继续加入也无助于浸出金，只有 NaOH 浓度大于 0.5mol/L 时，硫才能完全溶解。在这样的条件下，硫化钠对锑渣（Ⅰ）金浸出率为 90%，而对没有黄铁矿与毒砂的锑渣（Ⅱ），金的浸出率可达 97.47%。

由此可见，多硫化铵和多硫化钠用作浸出金试剂均可得到较高的金浸出率。利用它们与渣中硫能形成多硫化物的特性，既可回收金又可回收硫。

(5) 含金硫化物矿浸出金实例

山东招远金矿精矿主要组成：Au 92.8g/t、Ag 36.0g/t，S 31.4%，Cu 0.018%；广东河台金矿精矿主要组成：Au 54.6g/t，Ag 28.0g/t，S 18.5%，Cu 4.4%。

在浸出试验中观察到多硫化物的浓度是影响浸出金的关键因素，$\sum S_x^{2-}$ 浓度以 2mol/L 左右为宜。采用多硫化物浸出广东河台硫化金精矿，可得 80%以上金的浸出率，而浸出山东招远金精矿浸出率为90%以上。当升高浸出温度及提高多硫化物体系中S^0/S^{2-}比例，均对金的浸出有利。但浸出过程温度不宜过高，过高会使多硫化物的挥发量增加，同时容易引起多硫化物氧化，使$\sum S_x^{2-}$浓度下降，对金的浸出反而不利，因此浸出温度一般为60℃左右。而多硫化物浸出硫化物矿时S^0/S^{2-}比例为1.0左右。

对于多硫化物浸出体系而言，主要受化学反应的控制，溶液中传质在金浸出过程中为次要因素。多硫化铵体系中加入CuS将显著降低金的浸出率，而加入FeS对金的浸出无明显影响。

7.5 溴化法

7.5.1 概述

早在1881年Shaff就发表了有关用溴提金工艺的专利（美国专利No.267723），但直到1982年由于环保和矿石性质变化等原因，这种几乎被忘却或被忽视了100多年的工艺才开始被重新进行认真的研究。某些含溴的浸出剂，也开始在市场上占有一席之地。

(1) 工艺方法研究现状

众所周知，溴与氯都是卤族元素，它们有着比较相似的化学性质。最近几年，加拿大和澳大利亚等国相继发表文章，宣称要以生物浸出D法和K法等溴化浸出法与氰化浸出法相抗衡，强调这些方法具有不污染环境的优点。

在生物浸出D法中，采用了一种称之为Bio-D的浸出剂（Bio-D-Leachent），它乃是一种由溴化钠与氧化剂配制的浸出剂，可用来浸出贵金属。研究结果表明，这种试剂属卤化物类，对密度较大的金属亲合力大于对密度较小的金属，可用于弱酸性至中性溶液中，其稀溶液无毒，试剂易再生，并具有生物降解作用，是传统氰化物浸出剂的良好替代物。多数矿石浸出2.5h就可达到90%的浸出率。但因在反应过程中会有相当多的溴蒸气由溶液中逸出，这样不仅增加了试剂消耗，而且还会造成严重的腐蚀和健康问题，故目前仍处于实验室与半工业试验阶段，若能用于工业生产，将会使金银提取工艺产生重大变化。

K浸出法（K-Process）是由澳大利亚Kalias公司发明的，故又称Kalias法（或K过程），实质上是利用一种溴化物作浸出剂的新工艺。工艺过程中所用的试剂是一项专利，据估计可能包括氯气和溴盐。可在中性条件下从矿石中浸出金，但目前仍处于开发试验阶段，工业上推广使用尚有一定困难。

另据有关资料介绍，在1985年的一项德国专利中透露，由溴-氯化钠（或氢氧化钠等）组成的溶剂溶解金的能力约为王水的5倍。

另据美国亚利桑那州的Bahamian精炼公司，于1987年开发了一种浸出金银矿石的新方法，用以替代氰化法。使用的浸出剂实质上就是溴化钠和卤素。据称它除了具有浸出速度快的优点外，还能在较低的温度下浸出。

(2) 溴化法浸出金的优点

虽然溴化浸出法与氯化浸出法很相似，但它们之间也存在着一些重要的差别。元素形式的溴是一种稠密的发烟的红色液体，而元素氯则是一种气体，并且需要大量设备来运输、储存和转换成液体。溴的一个很大优点可归结为，浸出速度快、无毒、对 pH 变化的适应性强、环保设施费用低。这是 A. Dadgar 等人在比较了用溴化法和氰化法浸出经焙烧过的难浸出金矿石之后得出的结论。

实验室实验结果表明，溴化法和氰化法两者的试剂费用差不多，但溴化法却存在着试剂消耗偏高。因溴的蒸气压高而造成很强的腐蚀性，以及有原子吸收与电感耦合等离子发射光谱分析时会产生干扰等缺点，故长期以来溴化法也一直未能在工业上推广使用。只是到了近年来由于环保方面的原因，各国对使用氰化物的限制越来越严格，而且前几年的金价也持续上涨，加之某些矿石又不适用氰化法处理，因而又开始重视溴化法浸出金工艺的研究。特别是近年来溴化物试剂的成本下降，并且还可通过一定的方法使其再生。最近又发明了一些蒸气压低很多的溴化物（如液体溴载体 Geobrom3400 等）作为金的浸出剂，这都极大地促使人们重视溴化法浸出金工艺的研究，因而也就大大加快了溴化法浸出金工艺的工业化进程。

研究表明，在采用溴化法浸出金时，溴可以由外部加入到浸出溶液中，或者也可在现场产生。现场产生溴的一种方法，是往酸化后的溶液中加入溴化钠。并且发现这样产生的溴，其反应活性比从外部加入的溴更强。

在解决从难浸矿石中回收金方面，溴化法比氰化法也有优越之处，并能同样取得良好的效果。实验表明，在用氰化法处理时，很多情况下都是先用加压氧化法对矿石进行氰化浸出。而采用溴化法处理时，因为溴能在酸性介质中溶解金，所以在加压氧化后可将溴直接加入矿浆中，最后再用活性炭或树脂回收金，这样也省去了预先中和处理工序。

本章将对溴化法浸出金的原理、应用实例及未来分别叙述。

7.5.2 溴化法浸出金的热力学原理

金在溴-溴化物溶液中是电化学过程：

阴极过程　$Br_2 + 2e^- \longrightarrow 2Br^-$　$E^{\ominus} = 1.065$

阳极过程　$Au + 4Br^- \longrightarrow AuBr_4^- + 3e^-$　$E^{\ominus} = -0.87$

总过程　$2Au + 3Br_2 + 2Br \longrightarrow 2AuBr_4^-$

可见，随着 Br^- 浓度的增加，$AuBr_4^-$ 稳定性增大。在室温下，最佳溶金区域在 pH4～6，电位 0.7～0.9V（以甘汞电极为准）。

在 20℃、100g 水中能溶解 3.5g 溴。液溴是一红棕色液体。相对密度 3.14，沸点 58.7℃。如果溶液 pH 高时会发生下列反应而消耗溴：

$$2OH^- + Br_2 \longrightarrow BrO^- + Br^- + H_2O$$

$$3BrO^- \longrightarrow 2Br^- + BrO_3^-$$

溴在溴化物溶液中生成 Br_3^-。因此在溴化物溶液中溴有较大的溶解度，Br_3^- 有较强的氧化能力有利于金的溶解。

7.5.3 用 Geobrom 3400 从难浸矿石中浸出金

Geobrom 3400 系美国印第安那州 Great Lakes 化学公司生产的一种溴试剂的注册商标（该公司是世界最大的溴和溴化物产品生产厂家，还生产很多其他代号的 Geobrom 系列的试剂），是一种蒸气压较低的并已取得专利权的液体溴载体。用于从难浸金矿中浸出金时能获得很好的技术经济指标。有人曾用 Geobrom 3400 作金的浸出剂，对两种难处理金精矿进行了浸出试验。因精矿含碳、硫较高（10%～13% C、12%～15% S)，在浸出前需先将试样脱水，并在 110℃干燥，后在 650～750℃下焙烧。经冷却后再磨至−0.104＋0.074mm。精矿Ⅰ、Ⅱ的含金量分别为 242g/t 和 419g/t，经预处理后得到的焙砂Ⅰ、Ⅱ中的含金量分别为 298g/t 与 541g/t。浸出试验结果表明，Geobrom 3400 的浓度为 4g/L、NaBr 为 0～8g/L 时，金浸出率达到最大值（94%左右）。在做浸出时间（2～24 h）试验时，也发现 2h 后可浸出金 98%（即溶解）。因此，所有的浸出试验时间都选为 6h。由探索试验确定的最佳条件（Geobrom 3400 为 4g/L，pH 5.0～6.0，浸出时间 6h）作了验证实验。结果是，对焙砂Ⅰ：样品含金 298～312g/t，浸出残渣含金 18.5～20.3g/t，金的浸出率 94.2%～94.5%；对焙砂Ⅱ相应的指标为焙砂 541～555g/t，残渣含金 22.3～24.0g/t，金的浸出率 96%～96.3%。

另外还对溴载体的循环与回收进行了试验。计算得出，用于从精矿中浸出金的 Geobrom 3400（价格为 1.34 美元/kg）的平均消耗量为 8.5kg/t 焙砂。故溴化法的试剂费用为 11.4 美元/t 焙砂。由实验室回收试验可算出活性炭对金的负载容量为 25kg/t。用 Geobrom 3400 在室温下能使金从负载炭上面迅速解吸，接着用锌或联氨沉淀。因此，溴化法回收金消耗的炭量比氰化法低得多。同时还省去了氰化法回收金所需的热交换、电解槽和电极，估计能使成本大幅度降低。

A. Dadgar 等人最近又详细研究了用 Geobrom 3400 从黑砂精矿中浸出金，以及溴的电化学再生问题。他们采用很富的（6.2kg/t）黑砂精矿浸出金，再用离子交换和溶剂萃取法回收溶液中的金。试验结果表明，用 Geobrom 3400 从黑砂精矿中浸出金时，金的浸出速度特别快，大约 90% 的金是在开头 2h 内浸出出来的，在 4h 以后就达到最高（94%～96%）浸出率。然而，浸渣分析表明，在第一次浸出后仍有相当一部分金留在残渣中。为达到最高的金浸出率，必须用新鲜的 Geobrom 3400 溶液再浸出两次。用离子交换和溶剂萃取法处理时，金的负载和回收率几乎都达到 100%。初步的经济核算表明，处理 1t 精矿约需消耗 130kg 的 Geobrom 3400。所以，为从黑砂精矿中提取 31.1g 金，所需的浸出剂费用仅为 1.00 美元。在对溴采用电化学方法再生时，还可大幅度地降低成本。

7.5.4 溴化法浸出金的未来

由于溴溶金反应速度快，无毒物排出，它将在次生金资源（如废镀金物件）回收金上得到应用。从经济上的可行性，它也可能代替氰化物从氧化矿中浸出金。Dadgar已指出溴化法比氰化法还要经济些。龚乾、胡洁雪、曹昌琳用Br_2-NaBr溶液处理紫木凼氧化矿，渣含金降到0.2g/t以下，处理费用与氰化法差不多。我国有大量含碳微细金矿，目前尚无法处理，如丫它金矿、紫木凼原生金矿。有些虽可用选矿-焙烧-氰化工艺回收，但过程长、工艺复杂。如果用溴溶液浸出金，金的浸出率高，溴消耗量虽然高些，但它把选矿、焙烧、浸出三道工序合为一道工序，在常温常压下即可操作，过程简化，有利环保，因而还是可以考虑的。对于不含砷的含碳微细金矿，溴化法将可能是最佳的处理方案。

溴化法的缺点是气态溴对人有毒害（溴的致死浓度，对人暴露0.17h浓度为$534mg/m^3$，0.5h为$308mg/m^3$）。溴溶液对设备有腐蚀作用。国外趋于应用能释放溴的载体化合物，我国也应当合成同样功能的类似化合物。但在未得到这类化合物之前，可直接应用Br_2-Br^-溶液。为了减少气态溴的危害，可以在工艺条件及设备上想办法，如溴化物浓度可高一点，增大溴在溶液中的溶解度，使Br_2与Br^-结合成Br_3^-。液固比大一些，溴浓度低些。浸出反应器可用摆动式或滚动式密闭圆筒形反应器。反应器可用陶瓷罐或塑料衬里或搪瓷玻璃，避免金属部件与溴溶液接触。

溴化法浸出金在研究、推广应用中肯定会碰到一些问题，这些问题有待于在实践中去认识和解决。

7.6 石硫合剂法

7.6.1 概述

石硫合剂法浸出金，是我国首创的新型无氰浸金技术。石硫合剂是利用廉价易得的石灰和硫黄合制而成的制剂，无毒，有利于环境保护。

目前，石硫合剂（lime sulfur solution，英文缩写为LSS）法的浸金工艺还刚刚起步，其浸金机理的理论研究还很少。但从石硫合剂的主要成分分析可知，它们是多硫化钙（Ca_2S_x）和硫代硫酸钙（CaS_2O_3）。因此，石硫合剂法的浸金过程是多硫化物浸出金和硫代硫酸盐浸出金两者的联合作用，因而使用石硫合剂法具有优越的浸出金性能，更适于处理含碳、砷、锑、铜、铅的难处理金矿。但是，该方法在技术上还不成熟，对各种难处理金矿的浸出工艺，还有待进一步研究。

7.6.2 石硫合剂法浸金的一般原理

(1) 石硫合剂的性质

不同比例的石灰和硫黄在溶液中反应，生成不同的多硫化物和硫代硫酸盐。

$$3Ca(OH)_2 + 12S \xrightarrow{\triangle} 2CaS_5 + CaS_2O_3 + 3H_2O$$

$$3Ca(OH)_2 + 10S \xrightarrow{\triangle} 2CaS_4 + CaS_2O_3 + 3H_2O$$

$$3Ca(OH)_2 + 8S \xrightarrow{\triangle} 2CaS_3 + CaS_2O_3 + 3H_2O$$

$$3Ca(OH)_2 + 6S \xrightarrow{\triangle} 2CaS_2 + CaS_2O_3 + 3H_2O$$

$$3Ca(OH)_2 + 4S \xrightarrow{\triangle} 2CaS + CaS_2O_3 + 3H_2O$$

制成的石硫合剂为橙红色液体，具有硫化氢气味。石硫合剂农药中多硫化钙（CaS_4、CaS_5）约 10%～30%，硫代硫酸钙（CaS_2O_3）约 5%。它们遇酸则分解，析出硫沉淀并放出 H_2S 和 SO_2。

$$S \cdot S_x^{2-} + 2H^+ \longrightarrow xS\downarrow + H_2S\uparrow$$

$$S_2O_3^{2-} + 2H^+ \longrightarrow S\downarrow + SO_2\uparrow + H_2O$$

石硫合剂不宜暴露在空气中，空气中的二氧化碳可使其迅速分解：

$$S \cdot S_x^{2-} + CO_2 + H_2O \longrightarrow CO_3^{2-} + H_2S\uparrow + xS\downarrow$$

$$S_2O_3^{2-} + CO_2 + H_2O \longrightarrow HCO_3^- + HSO_3^- + S\downarrow$$

空气中的氧也可使其缓慢氧化：

$$2S \cdot S_x^{2-} + 3O_2 \longrightarrow 2S_2O_3^{2-} + 2(x-2)S\downarrow$$

$$2S_2O_3^{2-} + O_2 \longrightarrow 2SO_4^{2-} + 2S\downarrow$$

在热水中单质硫或多硫化物进行水解，生成硫化氢和 $S_2O_3^{2-}$，反应在碱性介质中迅速发生。

$$4S + 3H_2O \xrightarrow{\triangle} S_2O_3^{2-} + 2H_2S + 2H^+$$

除上述反应外，石硫合剂溶液中可能还发生以下反应：

$$2S + O_2 + 2OH^- \longrightarrow S_2O_3^{2-} + H_2O$$

$$4S + 3H_2O \longrightarrow S_2O_3^{2-} + 2HS^- + 4H^+$$

$$HS^- + OH^- \longrightarrow S^{2-} + H_2O$$

$$S^{2-} + xS \longrightarrow S \cdot S_x^{2-}$$

$$S_2O_3^{2-} + H_2O \longrightarrow HSO_3^- + S + OH^-$$

$$3S_2O_3^{2-} + 6OH^- \longrightarrow 4SO_3^{2-} + 2S^{2-} + 3H_2O$$

$$4S + 6OH^- \longrightarrow S_2O_3^{2-} + 3H_2O + 2S^{2-}$$

$$3S + 6OH^- \longrightarrow SO_3^{2-} + 3H_2O + 2S^{2-}$$

$$S + SO_3^{2-} \longrightarrow S_2O_3^{2-}$$

$$S \cdot S_x^{2-} + xSO_3^{2-} \longrightarrow xS^{2-} + S_2O_3^{2-}$$

$$6S + 6H_2O + O_2 \xrightarrow{\triangle} 2SO_4^{2-} + 4HS^- + 8H^+$$

由此可见，石硫合剂溶液是一种相当复杂的溶液，其中不但含有单质硫，还含有各种价态的硫化物，它们之间不断发生各种反应，为进一步剖析和认识溶剂带来困难。石硫合剂能与许多金属离子发生反应是不言而喻的。

(2) 石硫合剂法浸金的一般化学原理

石硫合剂中含有 S_x^{2-} 、$S_2O_3^{2-}$ 、S_3^{2-} 、S^{2-} 等离子，它们与金均可形成稳定的络合物。多硫离子如同过氧离子（O_2^{2-}），具有氧化性，可将 Au（0）氧化成 Au（Ⅰ），生成的 Au（Ⅰ）可与溶液中各种配位离子形成稳定的络合物，由于 Au（Ⅰ）浓度不断降低，就促使 Au（0）不断溶解。浸出金的关键不但要有氧化剂使 Au(0) 氧化，更重要的是被氧化了的 Au（Ⅰ）与溶液中的配位离子生成稳定的络合物。氰化物和硫脲（Thio）是最著名的浸出金溶剂，在氧化剂存在下它们与 Au（Ⅰ）均能形成稳定的络合物。$S_2O_3^{2-}$ 、SO_3^{2-} 、S^{2-} 与 Au（Ⅰ）形成的络合物，其稳定性均高于硫脲与 Au（Ⅰ）的络合物，接近氰化物与金的络合物，其顺序如表 7-6 所示。

表 7-6　金的各种络合物的稳定性顺序

配体	Thio	$S_2O_3^{2-}$	SO_3^{2-}	S^{2-}	CN^-
$\lg\beta$	25.3	29.3	30.0	39.8	41.0

这就是石硫合剂浸出金的主要原理和依据。

20 世纪 50 年代起，苏联学者分别研究了用硫代硫酸盐和多硫化物提金的热力学和动力学，认为这两种试剂均可浸出金。以后许多学者分别用这两种试剂从矿物原料中进行浸出金试验和研究，发表了许多理论性和应用性论文及专刊。这些工作对石硫合剂浸出金的研究均有重要的启迪和借鉴作用。

在多硫化物提金体系中，主要有多硫离子 S_4^{2-} 和 S_5^{2-} 存在，它们与金作用可形成稳定的五元环和六元环螯合物，其反应可能为：

$$Au+S_4^{2-} \longrightarrow [AuS_4]^- + e^- \qquad Au+S_5^{2-} \longrightarrow [AuS_5]^- + e^-$$

在多硫化物体系中，硫原子间通过共用电子对相互连接形成多硫离子，在溶金过程中它具有氧化和配合的双重作用。

$$6Au+2S^{2-}+S_4^{2-} \longrightarrow 6AuS^-$$

$$8Au+3S^{2-}+S_5^{2-} \longrightarrow 8AuS^-$$

$$6Au+2HS^-+2OH^-+S_4^{2-} \longrightarrow 6AuS^-+2H_2O$$

$$8Au+3HS^-+3OH^-+S_5^{2-} \longrightarrow 8AuS^-+3H_2O$$

在硫代硫酸盐溶液中的溶金体系，有氧化剂存在，$S_2O_3^{2-}$ 为金的配位体，反应为：

$$2Au+4S_2O_3^{2-}+\frac{1}{2}O_2+H_2O \longrightarrow 2[Au(S_2O_3)_2]^{3-}+2OH^-$$

在有 $Cu(NH_3)_4^{2+}$ 存在，反应进行迅速：

$$Au+2S_2O_3^{2-}+Cu(NH_3)_4^{2+} \longrightarrow [Au(S_2O_3)_2]^{3-}+Cu(NH_3)_2^{+}+2NH_3$$

许多研究表明，用单一的多硫化物或硫代硫酸盐从矿石中浸出金，均获得良好的效果。将二者合一用来提金，也一定可取得好的效果。石硫合剂是以多硫化物和硫代硫酸盐为主的混合溶液，浸金实践表明，石硫合剂是一种优良的浸金溶剂。

7.6.3 石硫合剂法浸出金的试验研究情况

浸出金用的石硫合剂，配比（质量比）为石灰：水：硫黄：氧化剂：还原剂=1：(10～50)：(2～3)：(0.1～0.25)：(0.1～0.2)，按此配比将所用药剂混合后，加热搅拌 30～60min，过滤后得红棕色清液即为浸出金溶剂。使用时，根据浸出金对象的情况，将配好的溶剂稀释至选定浓度，再加稳定剂、介质调节剂、催化剂等，即可从矿石中进行提金。从 1990 年至今，杨丙雨、兰新哲、张箭等先后对国内不同省区的含金氧化矿、硫化物矿、原矿、金精矿、易处理矿和难处理矿进行了试验研究，认为用石硫合剂法对高硫、高铅、高铜等多金属矿的处理均优于经典的氰化法，其适应性也比氰化法强。试验研究情况见表 7-7。

表 7-7 石硫合剂法从矿石中浸出金情况综合

矿物种类	含金量/(g/t)	主要元素含量/%					浸出率/%
		Cu	Pb	Fe	S	As	
含砷氧化原矿	3.08	0.01	0.01	21.05	1.50	1.50	98.78
多金属硫化物矿	59.99	3.90	11.00	32.00	32.02	—	96.00
镍精矿氯化渣	1100	—	—	0.29	61.50	—	99.00
多金属硫化物矿	48.00	2.31	3.60	25.68	32.02	—	95.00
高铅铜砷精矿	300.10	1.74	37.10	11.20	23.61	4.0	99.00
高砷硫化物矿	44.69	0.01	0.03	19.12	15.29	5.89	97.26
含砷精矿	54.00	—	—	—	—	3.50	96.00
含砷原矿	7.10	0.41	1.26	3.61	2.94	0.51	92.60
顽金矿	3.07	0.06	0.02	5.08	1.37	0.12	89.00

注：数据来自杨丙雨、兰新哲、张箭，新的提金溶剂——石硫合剂，金银工业，增刊，1997 年。

7.7 细菌浸出法

7.7.1 概述

细菌浸出是近 30 年发展起来的一项新技术，是利用微生物及其代谢产物氧化溶浸矿石中目的组分的一种新工艺。细菌浸出铜和铀的工艺早已用于工业生产，细菌浸出用于金的提取尚处于试验研究阶段，尚未大规模用于工业生产。细菌浸出在提金方面的应用大致有三：

① 细菌浸出预处理难处理的含砷硫金矿石及其精矿，使载金矿物分解以释放包裹的金，然后进行氰化提金；

② 细菌浸出法直接浸金，然后从浸液中提取已溶金；

③ 用微生物吸附溶液中的已溶金，然后从富集金的微生物中提取金。

7.7.2 难处理含金物料的细菌氧化氰化浸出

难处理含金硫化矿中的金常呈微粒或次显微粒状态被黄铁矿、砷黄铁矿等包裹，即使细磨也难使金粒暴露。此类含金矿石或浮选精矿除采用焙烧、热压氧浸、化学氧化法进行预处理，使黄铁矿和砷黄铁矿分解而释放金粒外，还可采用氧化硫硫杆菌及氧化铁硫杆菌等浸矿细菌分解黄铁矿和砷黄铁矿。细菌的浸矿作用有直接作用和间接催化作用两种。其过程可表示为：

$$2FeS_2+7O_2+2H_2O \xlongequal{} 2FeSO_4+2H_2SO_4$$

$$4FeSO_4+2H_2SO_4+O_2 \longrightarrow 2Fe_2(SO_4)_3+2H_2O$$

$$FeS_2+7Fe_2(SO_4)_3+8H_2O \xlongequal{} 15FeSO_4+8H_2SO_4$$

$$2S^0+3O_2+2H_2O \longrightarrow 2H_2SO_4$$

$$2FeAsS+3H_2O+6\frac{1}{2}O_2 \longrightarrow 2H_3AsO_4+2FeSO_4$$

$$2FeAsS+13Fe_2(SO_4)_3+15H_2O+\frac{1}{2}O_2 \xlongequal{} 2H_2AsO_4+28FeSO_4+13H_2SO_4$$

难处理含金物料经细菌氧化浸出后，可用氰化法或硫脲法浸出金银。细菌浸出载金矿物的浸出速度较慢，但近几十年来这种预浸技术发展较快，对某些类型的含金难处理矿石有较大的应用前景。如美国 Eguity silver 矿产出的含金银的浮选砷硫化矿精矿，用常规方法处理的指标相当低。浮选精矿直接氰化时，金银的浸出率只有 10%～20%。焙烧后氰化可获得较高的浸出率，但焙烧会污染环境，能耗也比较高。在系列试验研究的基础上，于 1985 年建成连续细菌浸出半工业试验厂，用氧化铁硫杆菌和硫化杆菌预先浸出浮选精矿，然后再氰化，金银的浸出率均很高。南非和前苏联采用细菌预浸然后氰化的工艺处理砷黄铁矿、方铅矿、黄铁矿含金精矿。采用氧化硫硫杆菌，金的浸出率比直接氰化提高三倍。采用氧化铁硫杆菌处理砷黄铁矿精矿，精矿粒度小于 200 目，pH 值为 1.7，细菌浸出时间为 7 周，然后进行氰化，金的浸出率比焙烧氰化工艺提高 8.6%。

细菌预氧化浸出难处理含金硫化矿的主要影响因素为含金物料的粒度、温度、酸度、氧的浓度及碳、氮、磷等的浓度等。试验表明，流化裂片菌属比硫杆菌属耐高温。前者可在 50～80℃条件下浸出，后者的适宜温度为 25～30℃。

由于银是活性杀菌剂，有自然银或银离子存在的条件下，会降低金的回收率。但不溶的银化合物（如辉银矿）对金的回收率没有影响。

我国曾对某浮选高砷金精矿进行细菌预氧化浸出试验，该精矿主要金属矿物为砷黄铁矿和黄铁矿，含金 48.3g/t、铁 28.8%、砷 12.31%、硫 24.09%、SiO_2 13.13%。采用广东云浮茶洞毒砂矿酸性水中筛选的氧化铁硫杆菌，用改进的列仁培养基培养，硫酸亚铁浓度为 40g/L，在溶液 pH 值为 2.0，亚铁被氧化 80%以后用于浸矿。矿浆液固比为 9∶1，浸出六天，溶液 pH 值降至 1.3～1.4，矿渣重降至 60%，砷含量降至 1%。脱砷率达 94%，氰化时金的浸出率可达 95%。脱砷率比氰化时金浸出率的关系列于表 7-8 中。该浮选高砷金精矿的焙烧-氰化试验表明，当砷降至 0.19%～0.21%、硫小于 0.7%时，氰化时金的浸出率为 91.5%。细菌氧化法的脱砷率虽比焙烧法低，但氰化时金的浸出率却比焙烧法高（表 7-8）。

表 7-8 脱砷率与氰化时金浸出率的关系

脱砷率/%	0	33.1	75.2	81.2	94.9
氰化时金浸出率/%	8.9	62.7	79.1	82.3	95.3

7.7.3 细菌浸金

伦格维茨于 1900 年第一次发现金同腐烂的植物相搅混时金可被溶解。他认为金的溶解与植物氧化生成硝酸和硫酸有关，后来有关国家对细菌浸金进行了大量的研究工作，取得了一定的成绩。

细菌浸金的机理与氰化物浸金的机理相同，均由于溶液中存在与金离子成络能力大的络合剂或与微生物生成络合物。目前认为是利用细菌作用产生的氨基酸与金络合使金转入溶液中。如用氢氧化铵处理营养酵母的水解产物，酵母水解产生 5g/L 氨基酸、0.5～0.8g/L 核酸、1～2g/L 类脂物和 20～30g/L 氢氧化钠，对含金 30g/t 的砷黄铁矿精矿强化磨矿后进行细菌浸出，吸附浸出 50h，金的回收率达 80%。

马尔琴考察科特迪瓦的含金露天矿场时，发现脉金可被矿井水迁移和再沉淀，认为活的细菌在通常条件下可起这种作用。

从土壤和天然水样中分离的能溶解金的所有微生物均无毒。从金矿矿井水中分离的细菌在自然条件下与金属进行长期接触，其对金的溶解作用最强。采用专门的培养基对分离出来的细菌进行繁殖的试验表明，青胡桃汤、蛋白胨、干鱼粉和桉树叶汤为助长繁殖能力最强的培养基。使用这些培养基时还常加入不同比例的各种盐类，使其具有不同的浓度。

对分离出的微生物系的详细研究表明，微生物本身不是溶金物质，溶金物质为因微生物作用被分离并进入周围介质中的微生物生机活动（新陈代谢）的产物。刚从细菌分离时，这些产物的溶金作用最强。采用含有活细菌的培养基处理时，金的回收率比只有新陈代谢分离产物时高些。细菌浸金的主要影响因素之一是培养基的成分。对每种纯细菌而言，应选择好的微生物新陈代谢条件，以促进溶解金的物质的生长繁殖。新细菌的新陈代谢作用比老细菌或放置几天的细菌强些。此外，积聚在培养基中的伤亡物也会影响细菌的新陈代谢。因此，可将微生物保存在温度为 4℃的油中（可放置 4 年）。

介质的起始 pH 值为 6.8 或 8.0 时，金的浸出率最高。金溶解过程中，细菌可碱化介质，介质 pH 值将分别上升至 7.7 或 8.6。当消毒（无菌）空气流通过微生物群落，将像机械搅拌一样会降低金的浸出率。

工业试验表明，细菌从矿石中溶解金的过程可分为下列几个阶段：第一阶段为潜伏阶段，若使用最好的微生物群落，此阶段达三个星期。若培养基不太适于增强细菌的溶金能力，此阶段可长达五个星期。第二阶段为溶解阶段。此时金的溶解非均匀地增长，有时会反复析出金的沉淀物。在2.5～3个月期间，金的溶解量最大。第三阶段为溶解度阶段，此时金的溶解度实际上没有变化，但在0.5～1年期间，已溶金浓度相当高（约10mg/L）。第四阶段为最终阶段，此阶段金的溶解度明显下降。因此，细菌浸出75～90天时，金的浸出率（溶解度）最高。

近年来，国外研制出一种称为生物·D的生物降解贵金属浸出剂，对多数矿石的浸出时间为2.5h，金银的浸出率达90%。该试剂可用于酸、碱溶液中，无毒，自生能力85%～90%。目前虽成本较高，若将环保及排废等设备费用计算在内，将比氰化法便宜。

为了使细菌浸金工艺能用于工业生产，目前许多国家正在进行深入的试验研究。其发展趋势是对细菌进行驯化筛选，强化浸出，提高金的浸出率；其次是培植新的浸矿细菊，特别是嗜热细菌，使元素硫、砷、铁及辉钼矿、黄铜矿等能在低pH值（2～3）、温度为60～70℃的条件下氧化的菌种。

7.7.4 细菌沉金

可用在固体酶解物上繁殖的微生物吸附金。酶解物从矿浆中脱出被吸附的金后，微生物可以烧掉。前苏联的研究表明，用真菌米曲霉的菌丝体可从溶液中吸附金。但从氰化液中吸附金没有得到应用。然而，可通过物质培养的方法生成真菌生物体，再加至含金溶液中。但是，溶液中的金会抑制米曲霉，络合剂（如硫脲）的使用或对溶液中的金没有抑制作用的特殊真菌的使用基本上能解决此问题。

第8章 难浸金矿石的预处理

8.1 难浸金矿石的基本特性

难浸金矿石是指那些用基本重选或经细磨后、未经某种形式预处理，而在常规浸出条件下，不能取得满意金回收率的矿石。从定量来说，当直接用常规氰化浸出时，金回收率低于80%的矿石即为难浸金矿石。

8.1.1 金矿石难浸的原因

金矿石难浸的原因多种多样，有物理、化学和矿物学方面的原因。概括起来，难浸的原因有以下几种情况。

(1) 物理性包裹

矿石中金呈细粒或次显微粒状被包裹或浸染于硫化物矿物（如黄铁矿、砷黄铁矿、磁黄铁矿）、硅酸盐矿物（如石英）中；或存在于硫化物矿物的晶格结构中。这种被包裹的金用细磨方法也很难解离，导致金不能与氰化物接触。

(2) 耗氧耗氰矿物的副作用

矿石中常存在砷、铜、锑、铁、锰、铅、锌、镍、钴等金属硫化物和氧化物，它们在碱性氰化物溶液中有较高的溶解度，大量消耗溶液中的氰化物和溶解的氧，并形成各种氰络合物和SCN^-，从而影响了金的氧化与浸出。矿石中最重要的耗氧矿物是磁黄铁矿、白铁矿、砷黄铁矿；最重要的耗氰化物矿物是砷黄铁矿、黄铜矿、斑铜矿、辉锑矿和方铅矿。

(3) 金粒表面被钝化

在矿石氰化过程中，金粒表面与氰化矿浆接触，金粒表面可能生成如硫化物膜、过氧化物膜（如过氧化钙膜）、氧化物膜、不溶性氰化物膜等，使金表面钝化，显著降低金粒表面的氧化和浸出速度。当金矿石中有硫化物存在时，金的溶解就会受到不同形式的影响。一种解释认为是由于矿物溶解产生可溶性硫化物（S^{2-}或HS^-）能与金反应并形成硫化物膜，钝化了金粒表面；另一种理论认为是由于硫化物表面形成一个动态还原电偶，它会导致在金颗粒上氧化形成致密的含氰络合物薄膜，而使金钝化。

(4) 碳质物等的“劫金”效应

矿石中常存在碳质物（如活性炭、石墨、腐殖酸）、黏土等易吸附金的矿物。这些矿物在氰化浸出过程中，可抢先吸附金氰络合物，即“劫金”效应，使金损失于氰化尾矿中，严重影响金的回收。

(5) 呈难溶解的金化合物存在

某些矿石中金呈碲化物（如碲金矿、碲银金矿、碲锑金矿、碲铜金矿）、固熔体银金矿以及其他合金形式存在，它们在氰化物溶液中作用很慢。此外，方金锑矿、黑铋金矿及金与腐殖酸形成的络合物，在氰化物溶液中也很难溶解。

8.1.2 金矿石的难浸性分类

根据上述金矿石难浸的原因，表 8-1 列出了普通难浸性金矿石种类、它们所引起的冶金问题和使金能够回收的合适预处理工艺。

表 8-1 金矿石的难浸性

矿石种类	冶金问题	预处理工艺
磁黄铁矿	降低回收率和药耗高	预氧化
白铁矿、黄铁矿、砷黄铁矿	金粒过细，磨矿不能解离	加压氧化、焙烧、微生物浸出
碳质矿石	劫金特性（金被矿石中的碳结合或吸附）	炭浸、钝化、氯化、焙烧
碲化物	金以碲化物形式存在	焙烧
包裹体	细粒金包裹于基质（石英、黄铁矿）中	细磨

J. P. Vanghan 和 S. R. 拉伯迪等人以常规氰化浸出时金的浸出率为依据，按矿石的难易浸出程度，将矿石分为四类，见表 8-2。

表 8-2 金矿石可浸性分类

金回收率	<50%	50%～80%	80%～90%	90%～100%
可浸性	极难浸矿石	难浸矿石	中等难浸矿石	易浸矿石

他们认为，易浸矿石用常规氰化法经 20～30h 浸出，能得到 90%以上的金回收率；难浸矿石即用常规氰化法金回收率低于 80%的矿石。其中，对于那些要消耗相当高的氰化物和氧，才能得到较为满意金回收率的矿石称为中等难浸矿石；而那些仅依靠提高药用量也无法得到较高金回收率的矿石被划为难浸或极难浸矿石。

8.1.3 难浸金矿石类型

表 8-3 为根据金矿石难浸性划分的难浸金矿石类型及其适用的预处理方案。

表 8-3 难浸金矿石类型

矿石类型	难浸原因	适用的预处理方案
碳质矿型	自然界存在的碳质成分(碳)的"劫金"	除去碳、碳的物理或化学钝化法、采用炭浸法、氧化焙烧、微生物氧化、加压氧化等
磁黄铁矿型	硫化物中的亚显微金包裹体,试剂和氧的需要量高	加碱预充气氧化
黄铁矿/砷黄铁矿/雄黄/雌黄/硫砷锑矿型	硫化物中的亚显微金	用加压氧化、焙烧、硝酸氧化和微生物氧化法破坏硫化物
硫盐型	金与硫盐(如硫锑银矿)共生	氯化法、氧化法
碲化物型	金-碲矿物	氯化法、氧化法
包裹体型	在石英或硅酸盐中的微细粒金	细磨
硫化铅型	银与铅、锑、铋、银的硫化物矿物(如硫锑铅)共生	氯化法和强化氰化法提高银回收率,如不成功的话,应试验加压氧化、微生物 氧化和焙烧,浮选预处理可能有所帮助
硫砷铜矿型	银与富锑和贫锑的硫砷铜矿类矿物共生	氯化法和强化氰化法提高银回收率,如不成功的话,应试验加压氧化、微生物 氧化和焙烧,浮选预处理可能有所帮助
难浸硅质矿型	金与石英、玉髓或非晶质石英的亚微粒级共生	无经济上可行的方法

(1) 碳质金矿石

金银矿石中存在着能"劫金"的有机碳质物,导致氰化物溶液中金被活性吸附,使矿石难于氰化浸出。一般采用焙烧和氯化的预处理方法以破坏全部或部分碳。钝化主要包括用物理方法除碳、用煤油、类似的抑制剂以及竞争吸附来消除碳的活性。

(2) 黄铁矿/砷黄铁矿/雄黄/雌黄/硫砷锑金矿石

含金的硫化物构成了目前遇到的大部分难浸金矿石。硫化铁矿石中包括各种形式的黄铁矿和砷黄铁矿。金与硫化物在亚微粒度下紧密共生,需要用焙烧、加压氧化、微生物氧化和氯化法氧化硫化物。各种煤球状黄铁矿比粗粒晶体的黄铁矿和砷黄铁矿类型矿石更适合于用低温氧化法,如氯化法或加碱预氧化法处理。而粗晶粒黄铁矿和砷黄铁矿则要求更强的处理方法,如焙烧、微生物氧化和加压氧化等。其他含砷矿物的行为与任何预处理条件下的砷黄铁矿的行为相似。

(3) 磁黄铁矿型金矿石

在高温下,用碱性空气氧化法可以相当容易地完成磁黄铁矿的碱性预氧化,从而使金易于氰化浸出。

(4) 碲化物和硫盐型金矿石

为解离碲化物和硫盐使金易于回收,一般采用次氯酸盐氯化法、焙烧法和加压氧化法。加压氧化的处理条件一般不像立方晶体黄铁矿、砷黄铁矿和其他含砷硫化物所采用的条件那么严格。

(5) 难浸硅质金矿石

金与石英、玉髓或非晶质石英的亚微粒级共生。金以极细粒度被包裹，不利于用经济的方法回收金。

(6) 硫化铅和硫砷铜矿型金银矿石

在这种类型矿石中，银与铅-锑硫化物和含锑的硫砷铜类矿物共生。如果银是主要经济金属的话，可以试用中等预处理方法，如矿石或精矿的氯化、苏打浸出和强化氰化浸出。如果这些方法无效的话，可用氰化法回收银，将需要更复杂的预处理方法，如焙烧、加压氧化和微生物氧化法。对于金-银矿石而言，当金是主要经济金属时，它的回收率将支配预处理方法。在这种情况下，最佳金回收率可能使银的回收率较低。

8.1.4 难浸金矿石的预处理方法

目前国内外对难浸金矿石进行预处理的方法有焙烧氧化、加压氧化、微生物氧化、化学氧化及其他预处理方法。预处理的目的：一是使包裹金矿物的硫化物氧化，并形成多孔状物料，这样氰化物溶液就有机会与金粒接触；二是除去砷、锑、有机碳等妨碍氰化浸出的有害杂质或改变其理化性能；三是使难浸的碲化金等矿物变为易浸。

8.2 加压氧化预处理

加压氧化又称热压氧化，是目前处理难浸金矿石的一种新发展起来的工艺。它既可用于处理原矿，也可用于处理精矿，在国外已得到广泛应用。

该法是在较高的温度和压力下，加入酸或碱分解硫化物，使金暴露出来，进而达到提高金氰化回收率的目的。

根据物料性质不同，可采用酸性或碱性加压氧化。当原料为酸性或弱碱性物料时，采用酸性加压氧化，一般操作条件是：温度为170～250℃，压力为1500～3200kPa。当原料为强碱性物料时（含 $CO_3^{2-}>10\%$、$S<2\%$），采用碱性加压氧化。如美国Mercur金矿在220℃、3200kPa条件下碱法加压氧化原矿，金浸出率达81%～96%。

加压氧化工艺的优点是：对环境污染小、金回收率高；对有害金属锑、铅等敏感性低、反应速度快、适应性强。其缺点是：设备材料要求高、投资费用大、操作技术要求高、工艺成本较高、对含有机碳较高的物料效果不好。

根据上述特点，加压氧化工艺较适合规模大或品位高的大型金矿，即用规模效益来弥补较高的投资和成本费用。

难浸金矿石的加压氧化预处理方案如图8-1所示。在加压氧化之后，通常采用氰化-炭浆或炭浸法提取金。

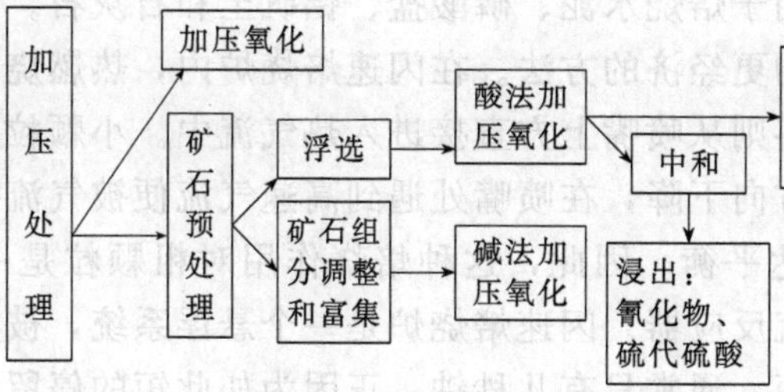

图 8-1 难浸金矿石的加压氧化预处理方案

8.3 焙烧氧化预处理

焙烧氧化是基于黄铁矿、砷黄铁矿、有机碳等载金矿物在高温条件下氧化或焙烧后可生成多孔状的焙砂。

焙烧有多种方式，难浸金矿石或精矿的焙烧热处理方案如图 8-2 所示。

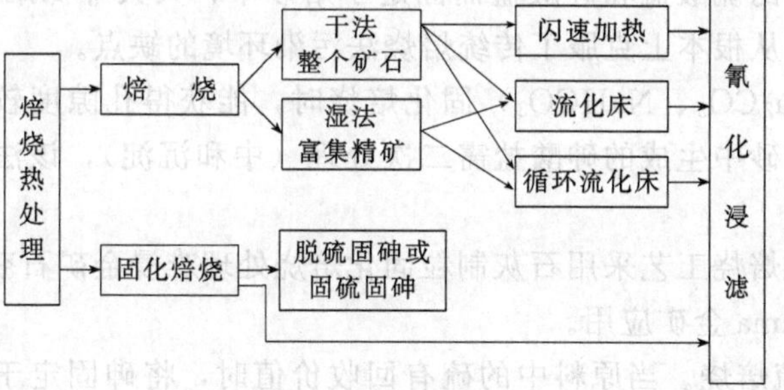

图 8-2 难浸金矿石的焙烧热处理方案

(1) 传统氧化焙烧法

传统氧化焙烧是一种古老而又可靠的氧化方法，具有工艺成熟、操作简便、基建投资和生产费用不高等许多优点，因此国内外应用比较普遍，但焙烧法所造成的环境污染已越来越引起人们的关注。

根据原料中砷含量的高低，可采用一段或两段焙烧。当原料中砷含量较低时，采用一段氧化焙烧，焙烧温度一般为 650～750℃；当原料中砷含量较高时，采用两段焙烧，第一段在较低温度下（450～550℃）弱氧化性气氛中或中性气氛中焙烧脱砷，第二段在较高温度下（650～750℃）强氧化性气氛中氧化硫和碳。

(2) 富氧焙烧法

富氧焙烧是在焙烧过程中通入氧气进行焙烧的一种方法。同空气焙烧法相比，富氧焙烧的显著特点是将烟气体积降低到最小，从而减少了烟气对环境的污染，也减少了烟气处理系统和冷却系统，还能为硫酸厂产出高浓度的 SO_2 烟气；由于氧化较充分，能产出高质量的焙砂，并缩短焙烧时间，金浸出率有显著提高。

(3) 闪速焙烧法

闪速焙烧工艺早已用于焙烧水泥、磷酸盐、铝矾土和石灰石。对于金矿，它可作为大吨位原矿石焙烧的更经济的方法。在闪速焙烧炉内，热燃烧空气通过一个喷嘴从炉底进入炉内，原料则从喷嘴上方直接进入热气流中。小颗粒立即被气流夹带并反应。大颗粒向喷嘴方向下降，在喷嘴处遇到高速气流便被气流夹带。随着向炉内方向喷射床变稀薄便达平衡。因此，这种焙烧作用对粗颗粒是一种回混式反应器，对细颗粒则是单向流反应器。闪速焙烧炉是一个悬浮系统，被处理物料由气流承载，因此停留时间很短，通常只有几秒钟。正因为如此短的停留时间，就减少了金包裹在三氧化二铁(Fe_2O_3)中的可能性。

闪速焙烧工艺优点是：模块式设备设计，能够方便地利用回收热能，以适应放热反应或吸热反应型矿石及各种干燥设备和不同的反应气氛（氧化气氛、还原气氛或氧化与还原气氛），单条生产线处理能力大，单位处理量的设备规格大大缩小，因此降低了基建投资，生产压差低，降低了电能消耗。

(4) 固化焙烧法

固化焙烧是利用原料中的碳酸盐或添加适量的钙盐、钠盐，使硫、砷在焙烧过程中生成不挥发的硫酸盐和砷酸盐而固定于焙砂中，大大降低烟气中的 As_2O_3 和 SO_2 浓度，从而从根本上克服了传统焙烧法污染环境的缺点。

加钠盐（Na_2CO_3、$NaHCO_3$）固化焙烧时，能获得孔隙度较高的焙砂，但固定剂成本高，焙砂中生成的砷酸盐需二次处理（中和沉淀），该法目前尚处于试验研究阶段。

加钙盐固化焙烧工艺采用石灰制粒固化焙烧处理难浸金矿石获得成功，已在美国 Crotez 和 Syama 金矿应用。

① 固砷脱硫焙烧。当原料中的硫有回收价值时，将砷固定于焙砂中，硫挥发制酸。

② 固砷固硫焙烧。当原料中砷、硫无回收价值时，将砷、硫全部固定于焙砂中。

近年来，由于循环沸腾炉、密闭收尘系统、固化焙烧和富氧焙烧联合使用的成功，由于闪速焙烧取代常规回转窑或流化床工艺的应用，使得焙烧法又获得新生。目前，美国和加拿大已有 5 家大型金矿采用焙烧的工厂相继投产。

8.4 微生物氧化法

微生物氧化法也是处理难浸金矿石的成功方法，它正在走向成熟。国外已建立了 10 余家微生物氧化提金厂，日处理量已由数十吨发展到上千吨。

微生物氧化是利用氧化亚铁硫杆菌、耐热细菌和硫化裂片菌等，在酸性条件下将包裹金的黄铁矿、砷黄铁矿等有害成分氧化成硫酸盐、碱式硫酸盐或砷酸盐，达到暴露金的目的。

微生物氧化作用有直接和间接两种方式，前者是在微生物的新陈代谢作用下，将不溶性的硫化物直接氧化成可溶性硫酸盐，后者则是利用细菌新陈代谢产物 Fe^{3+} 使硫化物氧化。

微生物氧化的特点是在黄铁矿、砷黄铁矿共存的金精矿中优先氧化并溶解砷黄铁矿。另外，是细菌沿金及硫化物矿物晶界及晶体缺陷部位进行化学腐蚀，并优先腐蚀金聚集区，这种选择性腐蚀的结果导致矿石形成多孔状，为氰化浸出创造了有利条件。此外，氧化过程常会钝化碳，使碳失去或降低“劫金”能力。

微生物氧化法的优点是投资少、生产成本低、工艺方法简单、操作方便、无环境污染，微生物氧化法也可用于堆浸，大大提高堆浸工艺的金回收率；其缺点是氧化周期长，细菌对氧化环境（如酸度、温度、杂质含量）要求严格。

该工艺的一般操作条件为：氧化时间 4～6 天，液固比 4∶1，pH 2.0～2.2，温度 40～50℃。目前工业应用的细菌是氧化亚铁硫杆菌，这是一种亲酸的化学自养菌，以含硫、铁等元素的无机盐为养料。有关嗜热或嗜高温细菌的开发与应用研究也取得一定进展，微生物氧化技术将会显示出更大的生命力。

当用常规的氰化-炭浆或炭浸工艺无法处理硫化物金矿时，可采用微生物氧化法对矿石进行预处理。微生物氧化法也可用来处理含碳的内质竞争型难浸金矿石，以及作为堆浸手段从黄铁矿中有效地分离铜。然而应用于黄金工业，这种方法还需要进一步发展成熟，并且还需要一个酸法回收金的系统。

微生物氧化法预处理方案见图 8-3。

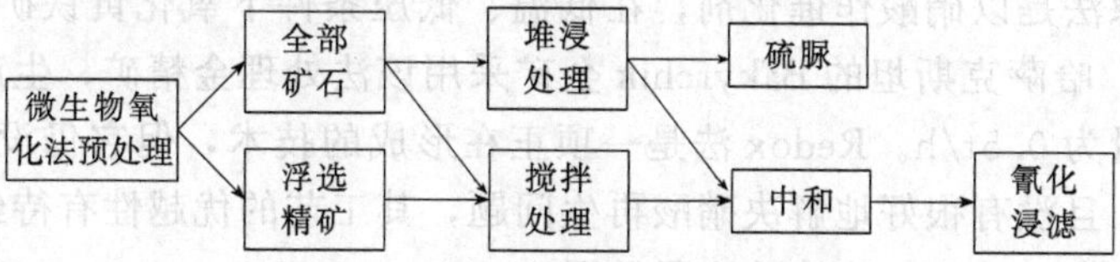

图 8-3　微生物氧化法预处理方案

8.5 微波辐射预处理

通过微波辐射预处理难浸金矿石的新工艺，是超高频电磁波在矿冶领域内开拓性的研究工作，现尚处于试验阶段。

我国贵州、四川一些金矿山，对浮选精矿经微波辐射预处理后，均达到了较好的脱碳率和脱硫率，金的氰化浸出率大幅度提高（>86%），显示出微波辐射预处理工艺是可行的。

但直接微波辐射预处理过程中有 SO_2 和 As_2O_3 等毒气产生，因此将精矿与固化剂 $Ca(OH)_2$ 混匀后进行微波辐射预处理，既可节省能源，又可固化砷、硫，并有利于金浸出率的提高。

8.6 难浸金矿石的化学氧化法

难浸金矿石的化学氧化法又称水溶液氧化法，是近年来发展起来的一种有效地预处理难浸金矿石的方法。该法主要用于含碳质矿石和非典型黄铁矿矿石的处理。

化学氧化法是在常压下通过添加化学试剂来进行氧化的，所用氧化剂有臭氧、过氧化物、高锰酸钾、二氧化锰、氯气、高氯酸盐、次氯酸盐、硝酸、过一硫酸（即 Caro 酸）等。

目前所研究的化学氧化工艺多种多样，其中有氯化法、硝化/氧化法、氧化还原法（Redox 法）、Artech/Cashman 法、活化氧化法、Caro 酸法、HMC 管式反应法和矿浆电化学法等，这些方法都是使用酸性介质以破坏硫化物矿物的基质结构而解离出金。这些方法不用中和氰化浸液，而可以在酸性条件下使用硫脲、氯、溴作为浸出剂进行浸出。不过，浸出渣在排放前还是要进行中和。

当前工业上已成功应用的有氯化法和氧化还原法（Redox 法）。

(1) 氯化法

氯化法是碳质难浸金矿石的有效预处理方法，它通过氯气将碳和有机化合物氧化成 CO 和 CO_2。美国 20 世纪 70 年代用该法处理卡林型碳质金矿石。为了减少 Cl_2 用量，后来又发展成二次氯化法和闪速氯化法。闪速氯化法用来处理难处理的含金硫化物矿石和碳质金矿石，氯气的利用率高于 90%，金浸出率由直接浸出的 33%提高到 84%。

(2) 氧化还原法（Reodx 法）

氧化还原法是以硝酸作催化剂，在低温、低压条件下氧化黄铁矿和砷黄铁矿。1994 年 7 月，哈萨克斯坦的 Bakyrchik 金矿采用该法处理金精矿，生产出了第一批黄金，处理量为 0.5t/h。Redox 法是一项正在形成的技术，但它仍没有超出加温、加压的范畴，且没有很好地解决硝酸再生问题，其工艺的优越性有待经过一段工业生产实践来证实。Redox 法简单流程见图 8-4。

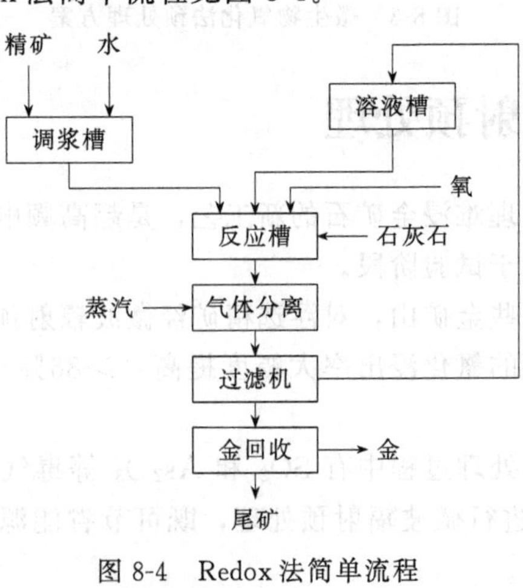

图 8-4 Redox 法简单流程

第9章 金银的提纯与精炼

金银冶炼包括粗炼和精炼。粗炼是将含金（银）量比较高的物料，通过湿法冶炼或火法冶炼，使物料中的金（银）变成粗金（银）锭；精炼是将粗金（银）锭中的杂质分离出来，最终获得高纯度的黄金（白银）产品。

9.1 金银粗炼提纯

9.1.1 炼金原料

根据矿石性质不同，各选金厂有不同的工艺流程。选矿产品供给炼金的主要原料有氰化金泥、重砂、汞膏、钢绵或炭纤维阴极电积金、焚烧后的载金炭灰、硫酸烧渣金泥、硫脲金泥、含金废料等，其组成是不同的。

(1) 氰化金泥

在氰化法提金中，用锌粉或锌丝从含金的贵液中置换得到的一种富含金银的近似黑色的泥状沉淀物叫氰化金泥。

由于矿石性质和含杂的不同，金泥成分变化也很大，所含贱金属主要是锌、铅、铜，大致组分为：金 10%～50%、银 1%～5%、锌 10%～50%、铅 5%～30%、铜 2%～15%、二氧化硅 2%～20%、硫化物 1%～6%、钙 1%～5%、铁 0.4%～3%、有机物 1%～10%、水 25%～40%。金泥的成分对炼金工艺的选择起着决定性的作用。金泥中锌主要来自置换过程中的过量加入的锌粉或锌丝；铅主要来自置换时加入的铅盐（如醋酸铅、硝酸铅等）；铜主要来自矿石，一部分被氰化物溶解的铜又被锌置换后而留在金泥中；铁、硫、二氧化硅等主要来自矿石，这些成分含量多少取决于置换前贵液净化的程度。

(2) 重砂

重砂也称毛金，是用重选法获得的富含金的物料。重砂中金颗粒比较大，经人工淘洗后，含金可达 50%以上，主要杂质为铁、石英和硫化物矿物。冶炼前在 850℃左右的温度下焙烧脱硫。

(3) 汞膏

汞膏也称汞齐，是用混汞法提金过程中得到的一种金与汞的合金。进入炼金前的汞膏已挤去多余的汞。汞膏中主要含有金与汞，有时还夹有一些矿砂。汞膏含金一般为30%～40%。汞膏经蒸馏处理即得海绵金（蒸馏渣），含金为60%～80%，有的高达90%，并含银、汞、铜、铁等金属及二氧化硅。

(4) 钢绵或碳纤维阴极电积金

它是用堆浸炭吸附法、炭浆法、树脂矿浆法提金中解吸贵液电积的阴极产物，含有钢绵残留物、铜、锌等杂质，一般经电积产出的载金钢绵中，金与钢绵的重量比从1.3∶1到9.3∶1，有的甚至高达20∶1。

(5) 载金炭灰

在含有溶解金的低品位废液矿浆、含有可溶性金的废渣（如土氰化渣）、采用氰化物作抑制剂的含金多金属分离的浮选矿浆中，因含金品位低，所用活性炭成本较高，所以采用焦炭吸附金，然后将吸附金的焦炭焚烧，得到的炭灰称为载金炭灰。

(6) 硫酸烧渣金泥

它是由化工厂的含金硫酸烧渣，经再磨、焙烧、氰化后，用锌置换得到的产物。由于烧渣的金品位低（0.4～10g/t），浸出率不高，其金泥品位低。

(7) 硫脲金泥

硫脲金泥是用硫脲铁浸出（IITL）从金精矿中提取的。特点是金泥量大，含铁、铜、铅等杂质多，并夹杂着矿泥，金品位很低，难于直接造渣熔炼。

还有各种含金废旧物料，都是炼金的原料。

9.1.2 金泥的火法工艺

金泥的火法工艺主要包括酸溶、焙烧和熔炼三步。

(1) 酸溶

酸溶是指以稀硫酸（10%～15% H_2SO_4）溶液为溶剂，洗涤、溶解金泥，使金泥中可溶于稀硫酸的成分溶解而从金泥中分离出来。

(2) 焙烧或烘干

焙烧的目的是为了除去酸溶金泥滤饼中的水分，使金泥中的贱金属及其硫化物氧化成氧化物或硫酸盐，为下一步熔炼创造条件。

(3) 熔炼

由金的性质可知，金的化合物非常不稳定，容易分解出金属金。金在任何温度下都不直接被氧所氧化，也不溶于酸。因此，在干燥后的金泥中，金仍然是单体的金属而不是任何化合物。只要温度超过金的熔点1064℃（银的熔点960.5℃），金即熔化。但是，金在熔融的铅、锌、铜等金属中的溶解度很大。如果金泥中含有较多的上述金属，则金会和它们生成合金。所以在熔炼金泥时必须加入一些熔剂，以除去金、银之外的金属和非金属杂质。

熔炼的目的是利用金相对密度（19.26）较大与渣相对密度较小的差别和金不溶于渣的性质，把金与金泥中的杂质分开。

金泥中的大部分杂质以氧化物状态存在，这些氧化物有酸性的、碱性的和两性的。当配入一些熔剂熔炼时，这些杂质互相作用或与熔剂作用，生成炉渣而浮在金属金上面。将熔融物倾注到锥形模中，待冷却凝固后将渣层敲去，将金银合金再熔炼铸成金锭。炉渣中通常含有不少金银，需要另作处理。因此，选择良好的炉渣成分和性质特别重要。

炉渣的成分及性质对熔炼效果有决定性的影响。易熔炉渣不但可以消耗较少的燃料，而且可以在较短的时间内熔化并获得必要的过热，创造良好的金银与渣的分离条件。反之，如果炉渣是难熔的，则不但会使用于熔化炉料的燃料消耗增加，并且使作业时间延长，渣与金银分离不好，从而使金银的回收率下降。因此，炼金的方法要根据矿石的性质和当地的具体条件来决定。应尽量提高金银的回收率，降低燃料和熔剂的消耗。

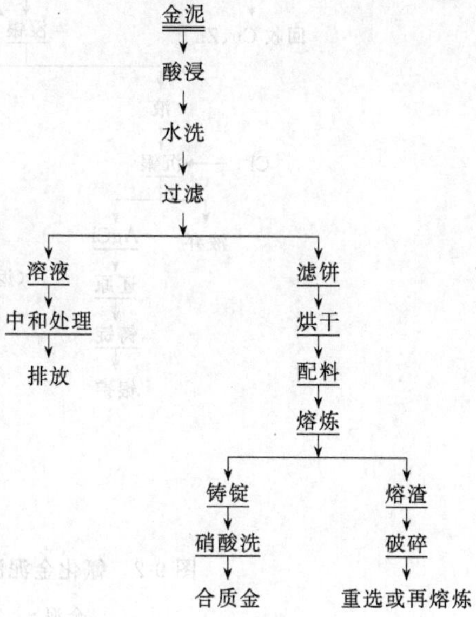

图 9-1　金泥冶炼工艺流程

(4) 金泥火法工艺流程

金泥火法及金泥经过预处理的冶炼工艺流程见图 9-1。

经过上述火法冶金处理得到的合质金锭，平均含 80%～90%的金，还含有少量的银，需进一步精炼处理。

9.1.3　金泥的湿法处理

用火法冶金处理金泥，排出含铅和 SO_2 烟气，劳动条件差。火法冶金设备的处理能力偏大，设备利用率低。同时，不能直接产出纯的金银产品。因此，有较多的工厂采用湿法处理。

(1) 氰化金泥湿法处理工艺流程

尽管各厂原料和选择浸出试剂不同，其氰化金泥湿法处理工艺流程见图 9-2 和图 9-3。

湿法处理工艺生产规模可大可小，生产周期短，无铅害，金银直收率和总收率较接近，一般情况下金银回收率可以达到 99%，这是工艺的优点。其最大缺点是工艺连续性强，生产管理要求高，过滤洗涤较麻烦，需要有配套设备。

(2) 控电氯化处理金泥

1950 年卡古利（Kalguili）矿业公司用液氯法处理金泥，然后用亚硫酸钠还原，

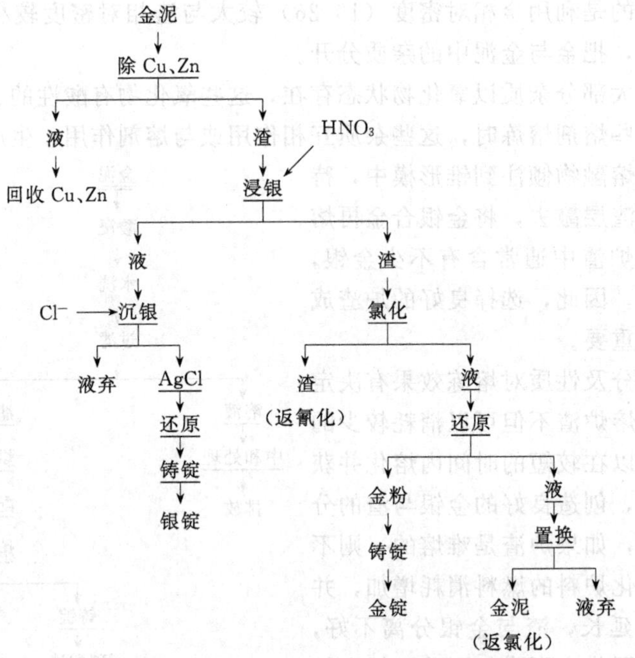

图 9-2 氰化金泥湿法处理工艺流程之一

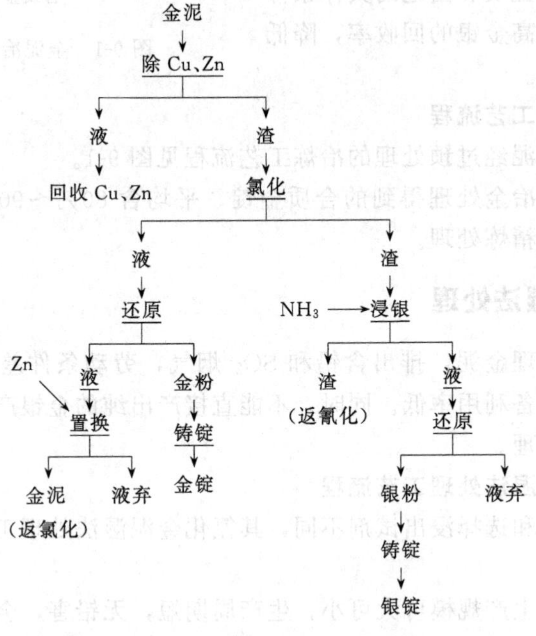

图 9-3 氰化金泥湿法处理工艺流程之二

生产出含金 99.8%的产品。后来南非也进行过试验，用 SO_2 还原，得到含金 99.99%的金。

1984 年我国用控制电位氯化法处理金泥试验成功，其流程见图 9-4。

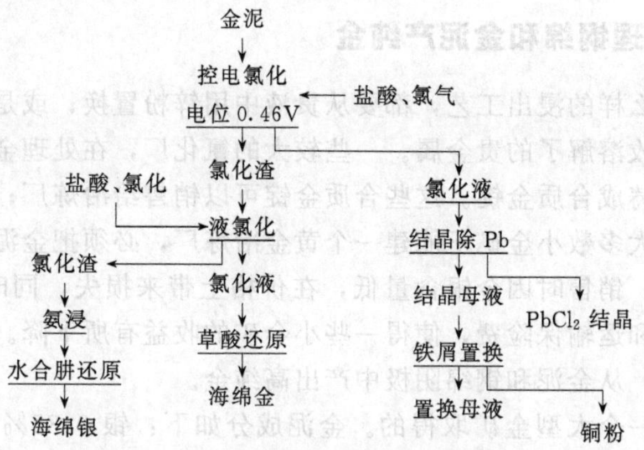

图 9-4　控电氯化处理金泥流程

(3) 湿法-火法联合流程

山东某黄金冶炼厂是一座生产规模为 50t/d 的浮选金精矿氰化厂，其工艺流程为原矿脱药→氰化浸出→锌粉置换→金泥冶炼。金泥冶炼原采用火法造渣硝酸溶浸提金工艺流程。冶炼厂投产后，因浮选厂矿石性质发生变化，矿石含铜增加，致使金精矿含铜达 2.20%，因而金泥成分发生较大变化，含铜高达 49.21%，而金品位只有 3.5%。经过一系列的探索，找到一种适合于处理该厂金泥的流程，即湿法-火法联合处理流程，使金的回收率由原来的 96.78%提高到 99.80%。其工艺为：①硫酸除锌；②硝酸除铜；③火法造渣；④硝酸分金；⑤熔炼、铸锭；⑥氯化钠沉淀高温熔融回收银；⑦铁屑置换回收铜。该厂还对火法、湿法、湿法-火法三种工艺进行比较，并在实际生产中证实湿法-火法联合流程的优越性。

9.1.4 硫脲金泥的处理

用硫脲浸出金-铁板置换的金泥，其含金品位较低，含有大量的铜、铁、硫等杂质。因此，必须经过除杂处理方可熔炼成合质金。

硫脲金泥的化学组成见表 9-1。其冶炼流程见图 9-5。

表 9-1　硫脲金泥的化学组成

成分	Au	Ag	Cu	Fe	S	CaO	MgO	SiO_2	Al_2O_3
含量/%	4.0	1.61	14.14	15.66	21.06	0.71	2.02	18.84	2.95

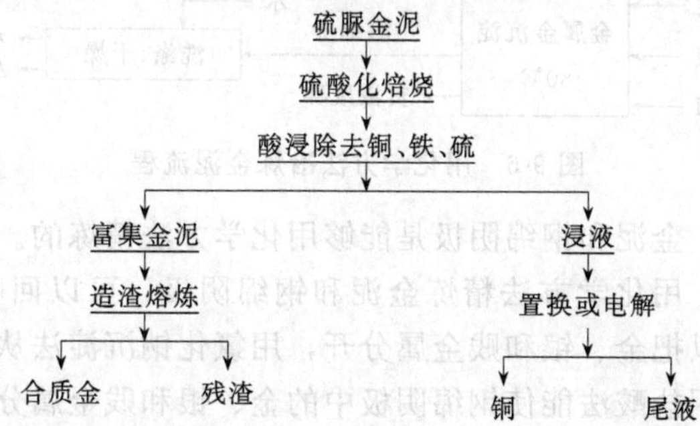

图 9-5　硫脲金泥冶炼工艺流程

9.1.5 湿法处理钢绵和金泥产纯金

不管采用什么样的浸出工艺，都要从贵液中用锌粉置换；或是炭吸附、炭解吸和电积法等来回收溶解了的贵金属。一些较大的氰化厂，在处理金泥或钢绵阴极时都采用火法冶炼铸成合质金锭。这些合质金锭可以销售给冶炼厂；或就地炼成纯的金锭和银锭。而大多数小金矿不能建一个黄金冶炼厂，必须把金泥和钢绵阴极销售给某一个冶炼厂。销售时因金银含量低，在价格上带来损失，同时还要花化验费、包装费、运输费和运输保险费，使得一些小金矿的收益有所下降。在美国有人研究用湿法冶金方法，从金泥和钢绵阴极中产出高纯金。

该法是美国一个大型金矿取得的。金泥成分如下：银 0.35%、金 14.4%、一氧化碳 10.2%、一氧化碳及其他 16.45%、铜 0.9%、汞 0.6%、铅 2.1%、硫 4.6%、二氧化硅 25.7%、锌 9.4%、其他氧化物 15.3%。湿金泥在室温空气干燥 120h，干金泥磨到 100%—100 目。贵金属的阴极钢绵是美国矿务局在内华达州雷诺中间试验厂采用炭解吸电积的方法得到的。阴极用烘箱干燥、称重。把不同地区来的阴极切成很多碎块，人工混合成原矿样。用常规火试金法分析样品，钢绵阴极含量，金为 20.65%、银为 4.84%、铜为 0.14%。

经过试验推荐的工艺流程见图 9-6 和图 9-7。

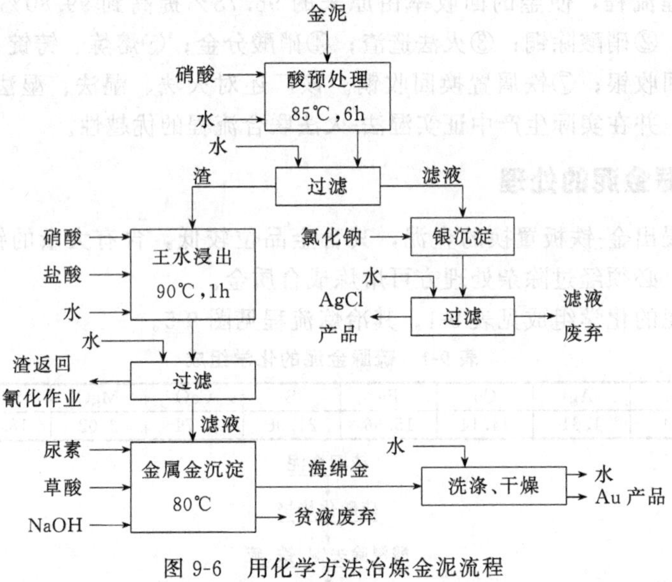

图 9-6 用化学方法冶炼金泥流程

试验结果表明，金泥和钢绵阴极是能够用化学方法精炼的。并且可以产出纯金属金和氯化银沉淀。用化学方法精炼金泥和钢绵阴极，可以回收 99.9%的金。金泥用硝酸预处理可以把金、银和贱金属分开，用氯化钠沉淀法从硝酸浸液中将银以氯化银形式回收；用盐酸法能使钢绵阴极中的金、银和贱金属分离，银以氯化银沉淀形式回收，有时还会有少量的金。

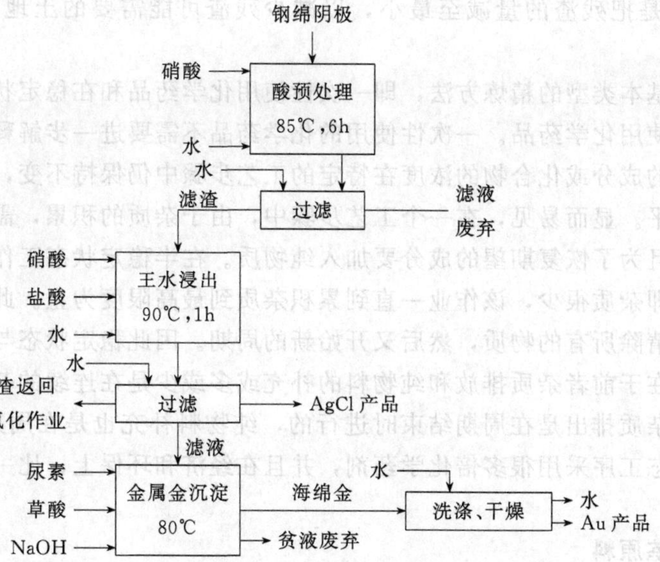

图 9-7 用化学方法处理钢绵阴极工艺流程

用王水可以从硝酸和盐酸预先浸出的残渣中溶解金。用草酸和 SO_2 能从王水浸出溶液中沉淀出金属金。用草酸还原产出的金，其成色达 998～999。用 SO_2 还原产出的金，其成色达 970～988，用硝酸热浸可以把金的成色提高到 998。用火法精炼时，金的成色为 999.9。

9.2 金银的精炼

9.2.1 概述

(1) 精炼系统

精炼是一个包括许多工艺过程或工艺步骤的系统。这些工艺步骤有三个作用：第一个作用是富集、分离和提纯有经济价值的金属。在贵金属精炼中，有经济价值的金属是金、银和铂族金属。可以互换熔炼和精炼这两个词，在技术上，它们所指的是操作的不同。在精炼中原料是金属；在熔炼中，原料是某些像硫化物或氧化物之类的混合物。第二个作用是分离和回收杂质和副产品。进入精炼厂的任何金属只要是有经济价值的，都必须小心来处理。精炼系统设计了很多工序，以除去要回收的或以副产品形式销售的特殊杂质。对精炼系统而言，处理这些非贵金属的工艺比处理有价的贵金属的工艺步骤对总成本产生的影响更大。第三个作用是残渣的安全处理。在未经加工的原料中，不属上述的前两类的任何物质仍然必须用许可的满意的方法来回收和处理。在预精炼过程中，在精炼阶段或在粗炼阶段之后，在废水处理的辅助操作中，可以除去杂质。精炼工艺的趋向是把残渣的量减至最小，以减少残渣可能需要的土地填埋和对环境的危害。

有两种基本类型的精炼方法，即一次性使用化学药品和在稳定状态或在半稳定状态下重复使用化学药品。一次性使用的化学药品不需要进一步解释。在稳定状态工作，特殊的成分或化合物的浓度在特定的工艺步骤中仍保持不变，应将浓度保持在预定的水平。显而易见，在一个工艺步骤中，由于杂质的积累，需用其他步骤除去它们。并且为了恢复期望的成分要加入纯物质。在半稳定状态工作，该作业开始非常干净，即杂质很少，该作业一直到累积杂质到最高限度为止。此时，这个工序停止作业，清除所有的物质，然后又开始新的周期。因此稳定状态与半稳定状态之间的差别，在于前者杂质排放和纯物料的补充或多或少是在连续的基础上；而对后一种情况，杂质排出是在周期结束时进行的，纯物料补充也是在周期开始时进行。很多稳定状态工序采用很多倍化学药剂，并且在经济和环保上，比一次性作业效率更有效。

(2) 精炼原料

精炼的原料来自两种资源类型：原生资源和再生资源。按定义，原生资源来自地球，原生金是一种用采矿技术直接从地下提取的。再生资源包括非采矿资源的精炼原料。精炼厂的原料是各种各样的。在熔炼处理过的金-锌渣、汞膏蒸馏后的海绵金、砂矿及矿石选别所得的重砂以及从硫脲再生液制得的钢绵阴极粗金当中，大部分金呈合金形式。上述物料的化学成分相当复杂。除金和银之外，还含有杂质铜、铅、汞、砷、锑、锡、铋及其他元素。金银合金是在精炼粗铅和处理铜电解阳极泥时制取的。这些合金一般含金和银总量为97%～99%。除上述形式的原料外，送往精炼厂的还有各种合金、生活及工业废料、钱币等。在个别原料中，铂系金属数量也很可观。送往精炼厂的某些产物成分见表 9-2。在我国一些厂由氰化金泥获得的粗金，含金量可达 15%～37%，最高也不超过 50%；汞膏蒸馏后炼出的粗金含金在 50%～70%；重砂炼得的粗金含金量可达 80%～92%。因为粗金中含杂质较多，因此需要进一步精炼。

表 9-2 精炼厂原料成分

物料	含量(成色)/‰			
	Au	Ag	Pt	Pd
处理金-锌渣的合金	700～900	50～250	—	—
汞膏蒸馏后的海绵金	700～900	50～250	—	—
重砂	750～950	10～250	—	—
硫脲再生液的阴极粗金	750～950	50～150	—	—
炼铅厂合金	1～35	450～995	0.01	0～0.1
铜电解阳极泥合金	10～100	850～950	0～1.5	0～3
废料、钱币	0.1～1	500～850	—	—

(3) 精炼方法

金银的精炼方法有火法、化学法、溶剂萃取法和电解法。目前主要采用电解法，其特点是操作简便、原材料消耗少、效率高、产品纯度高且稳定、劳动条件好，且能综合回收铂族金属。溶剂萃取法提纯是在适应于电子工业对纯度要求越来越高而发展起来的，在贵金属领域已引起普遍重视。化学法是采用化学工艺提纯，主要用于某些特殊原料和特定的流程中。火法为古老的金银提纯方法，目前使用的不多。

9.2.2 金的化学法精炼

金的化学法提纯主要采用硫酸浸煮法、硝酸分银法、王水分金法和草酸还原法。

(1) 硫酸浸煮法

该法主要用于金含量小于33%、铅含量小于0.25%的金银合金。浸煮前先将合金熔化并水淬成粒或铸（碾压）成薄片，置于铸铁锅内，分次加入浓硫酸，在100～180℃下搅拌浸煮4～6h以上，银及铜等转入浸液中。浸煮料浆冷却后倾入衬铅槽中，加2～3倍水稀释后过滤。滤渣用热水洗涤，然后加入新的浓硫酸浸煮，经反复浸煮洗涤3～4次。最后产出的金粉经洗涤、烘干，金含量可达95%以上。浸液和洗液先用铜置换回收银（钯与银一起回收），过滤后滤液再用铁置换回收铜。余液经蒸发浓缩以回收粗硫酸再用。浸煮作业须在通风条件下进行。该法浓硫酸的耗量很大，约为合质金质量的3～5倍。

(2) 硝酸分银法

该法适用于金含量小于33%的金银合金。分银前先将合金淬成粒或压成片，分银作业在带搅拌器的耐酸搪瓷反应罐或耐酸瓷槽中进行。加入碎合金后，先用水润湿，再分次加入1∶1稀硝酸，加酸不宜过速，以免引起溶液外溢。如溶液外溢，可加少量冷水冷却。反应在自热条件下进行，加完全部酸后，若反应很缓慢则可加热以促进溶解。当液面出现硝酸银结晶时，可加适量热水稀释溶液，使浸出作业继续进行。一般条件，逐步加完硝酸后，反应逐渐缓和时，抽出部分硝酸银溶液，重新加入新硝酸经反复浸出2～3次，残渣洗涤烘干后，在坩埚内加硝石熔炼造渣，可得纯度达99%以上的金锭。分银作业放出的大量含氮气体须经液化烟气接受器和洗涤器吸收后才能排空。浸液经铜置换以回收银，浸出时进入浸液的铂族金属（铂、钯）也一起进入海绵银中。

(3) 王水分金法

该法适用含银小于8%的粗金，一般使用浓王水。1份工业硝酸加3～4份工业盐酸配制王水。在耐烧玻璃或耐热瓷缸中进行，先加盐酸，在搅拌下缓慢加入硝酸。反应强烈，放出许多气泡并生成部分氧化氮气体，溶液颜色逐渐变为橘红色。操作时先将粗金淬成粒或压成片，置于溶解皿中。每份金分次加入3～4份王水，在自热和后期加热下搅动，金进入溶液，银留在渣中。应将溶解皿置于盘或大容器中，以免溶解皿破裂而造成损失。溶解后过滤，用亚铁（二氧化硫或草酸）还原金。金粉仔细洗净后，用硝酸处理以除去杂质。洗净烘干铸锭，可产出纯度达99.9%以上的金锭。分金作业应反复进行多次（2～3 次），产出的氯化银用铁屑或锌粉还原回收。回收金后的残液含少量金，可加入过量的亚铁充分搅拌后静置12h，过滤回收得粗金。余液含残余金和铂族金属，加入锌块或锌粉置换至溶液澄清，过滤洗净，烘干得铂精矿，进而分离铂族金属。

(4) 草酸还原法

草酸还原法的原料为粗金锭或粗金粉、含金 80%左右即可。溶解粗金可用王水或水溶液氯化法。王水溶解酸耗大、劳动条件差，工业上应用较少。水溶液氯化法溶金相对比较简单、经济、适应性强、劳动条件较好，工业已应用。水溶液氯化是在常压下于盐酸溶液中通入氯气使金溶解，金呈金氯酸（$HAuCl_4$）转入溶液中。提高溶液酸度可提高氯化效率，适当加入硝酸可提高反应速度，加入适量硫酸可对铅、铁、镍的溶解起一定的抑制作用。加入适量氯化钠可提高氯化效率，但会增加氯化银的溶解度和降低氯气的溶解度，从而会降低氯化速度。溶液酸度一般在1～3mol/L 盐酸范围内。

氯化反应为放热反应，开始通氯气时的温度不宜过高，以 50～60℃为宜，氯化过程温度以 80℃为宜，液固比以（4～5）：1 为宜，氯化 4～6h，反应基本完成。水溶液氯化，根据处理量可在搪瓷釜内或三口烧瓶中进行，设备应密封，尾气用1%～20%苛性钠溶液吸收后才能排空。

水溶液氯化法溶金可用氯酸钠代替氯气，此时金呈金氯酸钠形态转入溶液中。

从金氯酸（钠）溶液中还原金的还原剂为草酸、抗坏血酸、甲醛、氢醌、二氧化硫、亚硫酸钠、硫酸亚铁、氯化亚铁等，其中草酸还原的选择性高、速度快、应用较广。其还原反应为：

$$2HAuCl_4+3H_2C_2O_4 = 2Au+8HCl+6CO_2$$

操作时先将王水或水溶液氯化溶金溶液加热至 70℃左右，用 20%苛性钠溶液将溶液 pH 调至 1～1.5。在搅拌条件下，一次性加入理论量 1.5 倍的固体草酸，反应开始激烈进行。反应平稳后，再加入适量苛性钠溶液，反应又加快。直至加入苛性钠溶液无明显反应时，再补加适量草酸使金还原完全。还原过程中始终控制溶液pH 为 1.5。反应终了静置一定时间，过滤得海绵金。用 1：1 稀硝酸和去离子水洗涤海绵金，以除去金粉表面的草酸和贱金属杂质。烘干、铸锭，金含量大于 99.9%。

还原金后溶液用锌粉置换，以回收残存的金。置换所得金精矿用盐酸浸煮，以除去过量锌粉，浸渣返水溶液氯化溶金作业。

(5) 自动催化还原精炼新方法

不采用电解的方法使金沉积下来，一般使用自动催化还原法。1981 年美国专利发明了一种能自动催化还原得到化学沉积金的新方法。呈 $KAu(CN)_2$ 形式的可溶金盐溶液，含有周期表中少量的ⅢA、ⅣA、ⅤA 族金属，尤其含有这几族内的铅、镓、铟、铊、锗、锡、铅、铋等金属。所有这些金属呈可溶性盐，其浓度在

0.05～100mg/L之间。把这样的呈可溶性盐的金属加入到沉积槽中，槽内放置由黄铜制成的网络，含有可溶性金盐0.1～20g/L，最好为1～10g/L，通过加入足够的碱金属氰化物使沉积槽达到稳定（氰化物浓度为0.1～50g/L），还原剂氢硼化物或二甲氨基甲硼烷（DMAB），缓冲剂磷酸盐或硫代硫酸盐，使作为稳定剂的氢氧化钾、氢氧化钠或氰酸钾、氰酸钠，在强碱介质中保持着 BH_4^- 和 $BHOH_3^-$ 之间的化学平衡，其反应为：

$$BHOH_3^- + 3Au(CN)_2^- + H_2O = BO_2^- + 3H_2 + 3Au + 6CN$$

调整pH≥10，同时加入络合剂次氮基三醋酸（NTA）或1,2-二氨基环己烷四醋酸（DCTA）等络合ⅢA、ⅣA、ⅤA族的金属，并加入乙二胺或乙酰丙酮等稳定剂，以便稳定已络合后的金属盐。升高温度至70～90℃，缓慢搅拌，在不同的时间内即可沉积出不同量的金，此金质量为"分析纯"质量。

9.2.3 银的化学提纯

(1) 氨浸-水合肼还原提纯

金银提取过程中，常遇到纯度不同的氯化银中间产品。如水溶液氯化法处理铜阳极泥或氰化锌置换金泥分金后的氯化浸渣、王水分金后的浸渣、食盐沉淀法或盐酸酸化沉淀法处理各种硝酸银溶液的沉淀物、次氯酸钠处理废氰化银电镀液的沉淀物等，其中银均呈氯化银沉淀物的形态存在。氨水浸出-水合肼还原工艺既可用于银的提取，也可用于银的化学提纯。

氯化银极易溶于氨水，呈银氨络阳离子形态转入溶液中。浸出氯化银沉淀物时，在室温下，用含氨12.5%左右的工业氨水在搅拌下浸出2h，浸出液固比据氯化银沉淀物含银量而异，一般控制浸液中的含银量不大于40g/L，银浸出率可达99%以上。氨浸作业须在密闭设备中进行。

水合肼为强还原剂，其 $E^{\ominus}_{N_2H_4 \cdot H_2O/N_2} = -1.16V$，而 $E^{\ominus}_{[Ag(NH_3)_2]^+/Ag} = +0.377V$。因此，水合肼很易将银还原。还原反应为：

$$4Ag(NH_3)_2Cl + N_2H_4 \cdot H_2O + 3H_2O = 4Ag + 4NH_4Cl + 4NH_4OH + N_2$$

还原时将溶液加热至50℃，在搅拌条件下缓缓加入水合肼，水合肼用量为理论量的2～3倍，还原30min，银的还原率可达99%以上。

若氯化银沉淀物中含铜、镍、镉等金属杂质，氯化银氨浸时它们会生成相应的氨络合物进入浸出液中，直接用水合肼还原，得到的银产品纯度较低。此时可在氨浸液中加入适量盐酸，使银呈氯化银沉淀而与贱金属杂质分离。纯的氯化银沉淀物经氨浸-水合肼还原，可获得银含量达99.9%以上的海绵银。

(2) 氨-水合肼还原提纯

氨-水合肼还原提纯是将氨浸-水合肼还原提纯的浸出和还原两个作业合并为一个作业。简化了工艺过程。其综合反应为：

$$4AgCl + N_2H_4 \cdot H_2O + 4NH_4OH = 4Ag + N_2 + 4NH_4Cl + 5H_2O$$

这两种方法效果相同。但氨-水合肼还原法的氨耗量比氨浸-水合肼还原法的降低50%。氨-水合肼还原法只适于处理纯的氯化银沉淀物。

(3) 从硝酸银溶液中水合肼还原提纯

在室温下，用水合肼可从硝酸银溶液中还原沉淀高纯度的银粉。其反应为：

$$AgNO_3+N_2H_4\cdot H_2O = Ag+NH_4NO_3+\frac{1}{2}N_2+H_2O$$

或 $$4AgNO_3+N_2H_4\cdot H_2O = 4Ag+4HNO_3+N_2+H_2O$$

因硝酸消耗大量的水合肼，操作时应先向硝酸银溶液中加入适量氨水，将pH调至10左右，再加水合肼，可加速还原反应的进行。其反应为：

$$AgNO_3+2NH_4OH = Ag(NH_3)_2NO_3+2H_2O$$

$$2Ag(NH_3)_2NO_3+2N_2H_4\cdot H_2O = 2Ag+N_2+2NH_4NO_3+4NH_3+2H_2O$$

该提纯方法可从含银-钨、银-石墨、银-氧化镉、银-氧化铜等含银废料中制取纯银粉，其粒度小于160目、纯度为99.95%，可满足粉末冶金制造电触头的要求。从含银废料制取纯银粉的工艺流程见图9-8。用1∶1硝酸浸出含银废料，银浸出率可达98%～99%。硝酸银浸出液用水合肼还原、过滤。银粉经水洗、1∶1盐酸煮洗、水洗、干燥、筛分，可得到上述规格的纯银粉，银的提取率可达99%。

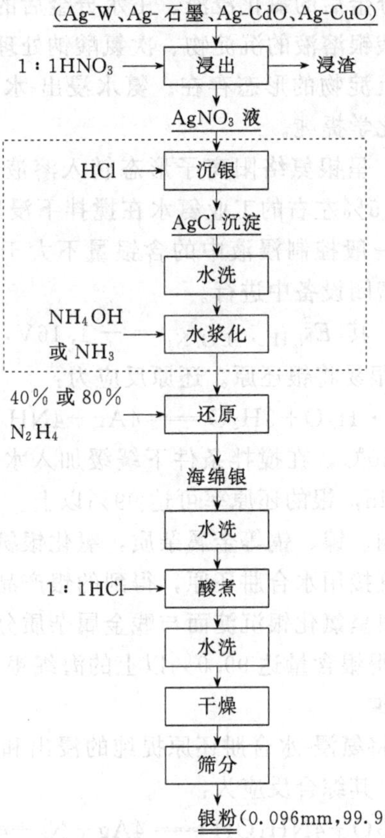

图9-8 水合肼还原法从含银废料制取纯银粉流程

若硝酸银浸出液中含有贱金属杂质，可加入适量盐酸沉银，以制取纯氯化银沉淀物，再用氨-水合肼还原，同样可制取上述规格的纯银粉。

水合肼还原后溶液中含有一定量的氨与水合肼，可将其加热至沸，蒸出的氨气用水吸收，所得氨水可返回使用。蒸氨后溶液中加入适量的高锰酸钾将肼氧化后即可外排，不会污染环境。

9.2.4 金的电解提纯

(1) 极板

金电解提纯是将金含量为90%以上的粗金，通过电解产出电解纯金，并从阳极泥中回收银（包括少量金及可能存在的铱、锇）以及从废电解液和洗液中回收金和铂族金属。粗金原料主要为矿山产合质金、冶炼副产金及含金废料、废屑、废液及金首饰等。电解前先将粗金熔铸成粗金阳极板。当原料为合质金及含银高的原料时，应在熔铸前用电解法或其他方法分银。一般采用石墨坩埚在烧柴油的地炉中熔铸，地炉和坩埚容积决定于生产规模，一般用60～100号坩埚，100号坩埚每埚可熔粗金75～100kg。熔炼时加少量硼砂和硝石及适量洁净的碎玻璃，在1200～1300℃下熔化造渣1～2h。熔化造渣后用铁质工具清除液面浮渣，取出坩埚，将金液浇铸于预热的模内。因金阳极小，浇铸速度宜快。各厂金阳极板规格不一，某厂为160mm×90mm×10mm，每块重3～3.5kg，含金90%以上。阳极冷却后，撬开模子，趁热将板置于5%左右的稀盐酸溶液中浸泡20～30min以除去表面杂质，洗净晾干送金电解提纯。

金始极片均采用电解法制取，俗称电解造片。造片在与电解金相同或同一电解槽中进行。电解条件为：电流密度210～250A/m²，槽压0.35～0.4V，并重叠5～7V的交流电（直交流比为1∶3），液温35～50℃，同极距80～300mm，电解液为氯化金溶液，槽内装入粗金阳极板和纯银阴极（种板）。先将种板擦抹干净，烘热至30～40℃，打上一层极薄而均匀的石蜡，种板边缘2～3mm处一般经沾蜡处理或用其他材料沾边或夹边，以利于始极片的剥离。通电4～5h可使种板两面析出厚为0.1～0.15mm，重约0.1kg的金片。种板出槽后再加入另一批种板继续造片。取出的种板用水洗净晾干后，剥下始极片，先在稀氨水中浸煮3～4h后用水洗净，再在稀硝酸中用蒸气浸煮4h左右，用水刷洗净晾干并拍平，供金电解提纯用。

(2) 电解液

金电解提纯采用氯化金溶液作电解液，可用电解法及王水法造液，常用电解法。电解造液均采用隔膜电解法。电解造液的工艺条件与金电解提纯基本相同。纯金阴极板小且装在涂釉的耐酸素瓷隔膜坩埚中（图9-9），使用25%～30%盐酸，电流密度为1000～1500A/m²，槽压不大于4V条件下，可制得含金380～450g/L的浓溶液。

王水造液是用王水溶解还原金粉而制得。1份金粉加1份王水，金粉全部溶解

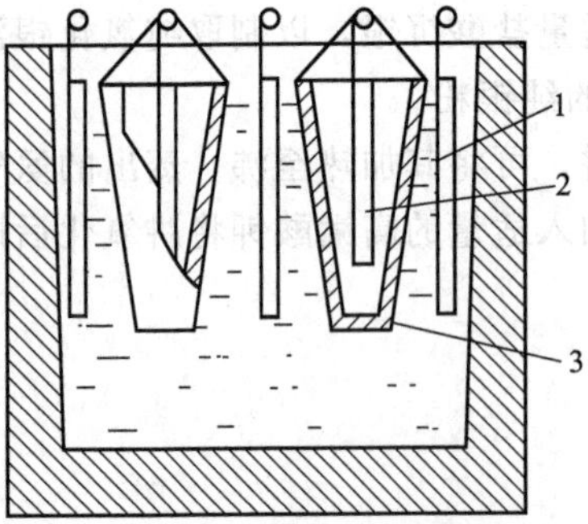

图 9-9 金的隔膜造液
1—阳极；2—阴极；3—隔膜坩埚

后继续加热去硝，过滤除去杂质后备用。此法造液速度快，但溶液中的硝酸不可能全部排除，硝酸根的存在使得电解时会出现阴极金反溶现象。

(3) 各杂质组分的行为

金电解可在氯化金或氰化金溶液中进行。为安全起见，国内外几乎全采用氯化金电解法。它是在大电流密度和高浓度氯化金溶液中进行电解，电解时金阳极板不断溶解，阴极不断析出电解纯金，其电化系统可表示为：

$$Au(阴极) | HAuCl_4、HCl、H_2O、杂质 | Au、杂质(阳极)$$

在盐酸介质中电解金杂质的行为与电位有关，电性比金负的杂质有银、铜、铅、镍、铂、钯、铱、锇等。银氰化溶解后与氯根生成氯化银壳覆于阳极表面。含银5%以上时可使阳极钝化放出氯气，妨碍阳极溶解，为了使阳极表面的氯化银脱落，向电解槽供直流电的同时重叠供比直流电强度大的交流电，直交流重叠在一起，组成一种与横坐标不对称的脉动电流。金的阴极析出取决于直流电强度，交流电的作用是在脉动电流最大值的瞬间使电流密度达最大值，甚至阳极上开始分解析出氧气。经如此断续而均匀的震荡，进行阳极的自净化，使覆盖于阳极上的氯化银壳疏松、脱落。采用交直流重叠电流电解可以提高液温和降低阳极泥中的金含量。直流电与交流电的比例常为1∶(1.5～2)，随电流密度的增大，须相应提高电解液的温度和酸度。

电解时，铜、铅、镍等贱金属进入溶液，阳极板中铜、铅杂质含量高对金电解不利。铜含量较高将迅速降低电解液中的金浓度，甚至在阴极上析铜。因阳极中的金、铜、铅溶解时阴极上只析金，阳极上每溶解1g铜，阴极上则析出2.5g金。为了保证电解金的质量，可采用每电解两个阴极周期更换全部电解液的办法。含铅量较高时会生成大量氯化铅，使电解液饱和而引起阳极钝化，因此，电解过程中须定时加入适量硫酸，使铅沉入阳极泥中。

金电解过程中，阳极中的铱、锇（包括锇化铱）、钌、铑不溶解而进入阳极泥中。纯铂和钯的离子化倾向小，应不溶解。但在粗金中，铂、钯一般与金结合成合金，有一部分与金一起进入溶液，在阴极不析出，只有当液中铂、钯积累至浓度过大（Pt50～60g/L、Pd15g/L以上）时，才与金一起在阴极析出。

金电解提纯的条件为：电解液含金60～120g/L、盐酸100～130g/L，液温65～70℃，阴极允许最大电流密度1000～3000A/m^2，槽电压0.6～1V。阳极杂质含量高时，阴板电流密度可降至500A/m^2。

阴极析出的电金的致密性随电解液中金浓度的提高而增大，故金电解均采用高浓度金的电解液。通常当电解液金含量大于30g/L，电流密度为1000～1500A/m^{2}时，析出的金能很好地附着在始极片上。

(4) 金电解设备与操作

金电解在耐酸瓷槽或塑料槽中进行，也可采用玻璃钢槽，导电棒和导电排常用纯银制成，阳极板的吊钩为纯金。电解液不循环，只用小空气泵（或真空泵）进行吹风搅拌。由于高温高酸条件下可采用高电流密度，一般在高酸高温下电解。除通过电流升温外，还可在电解槽下通过水浴、砂浴或空气浴升温。

粗金阳极板常含银4%～8%，正常电解时，生成的氯化银覆盖在阳极表面，影响阳极正常溶解和使电解液浑浊，甚至引起短路。因此，每8h应刮除阳极板上的阳极泥1～2次。刮阳极泥时先用导电棒使该电解槽短路，轻轻提起阳极板以免扰动阳极泥引起浑浊或漂浮，刮净阳极泥并用水冲洗后再放回槽内继续电解。每8h检查1～2次阴极的析出情况，此时不必短路，一块一块提起阴极板检查和除去阴极上的尖粒，以免引起短路。

一个阴极周期后，电金出槽不用短路。取出一块电金则加入一块始极片，直至取完全部电金和加完新始极片为止。取出的电金用少量水洗净表面电解液，剪去耳子（返回铸阳极），用稀氨水浸煮4h，刷洗净。再用稀硝酸煮8h，刷洗净晾干后，送熔铸金锭。

电解过程中有时会因酸度低或杂质析出使阴极发黑；或因电解液相对密度过大和液温过低而产生极化，在阴极上析出金和铜的绿色絮状物。严重时，绿色结晶布满整个阴极。此时应根据情况向电解液补加盐酸，部分或全部更换电解液；同时取出阴极，刷洗净绿色絮状结晶物后放入电解槽中电解。当电压或电流过高时，阴极也会变黑。

(5) 阳极泥和废电解液的处理

金电解阳极泥含90%以上的氯化银，1%～10%的金，常将其返回熔铸金银合金阳极板供电解银，也可在地炉中熔化后用倾析法分金。氯化银渣加入碳酸钠和碳进行还原熔炼，铸成粗银阳极板送银电解，金返回铸金阳极。当金阳极泥中含锇、铱矿时，可用筛分法分出锇化铱后再回收金银。

更换电解液时，将废电解液抽出，清出阳极泥，洗净电解槽后再加新电解液。废电解液和洗液全部过滤，洗净烘干阳极泥。废电解液和洗液一般先用二氧化硫或亚铁还原金，再用锌置换回收铂族金属至溶液澄清为止。过滤，滤液弃去，用1∶1稀盐酸浸出滤渣以除铁、锌，送精制铂族金属。废电解液中铂、钯含量很高时，可先用氯化亚铁还原金，再分离铂、钯，也可用氯化铵使铂呈氯铂酸铵沉淀后，用氨水中和至pH为8～10以水解贱金属，再用盐酸酸化至pH为1，钯呈二氯二氨络亚钯沉淀析出。余液用铁或锌置换，以回收残余的贵金属后弃去。

9.2.5 银的电解提纯

(1) 极板

电解提纯银的原料为各种不纯的金属银铸成粗银阳极板，要求阳极板铜含量小于5%，金银总量达95%以上，其金含量不超过1/3。若含金过高，须配入粗银，以免阳极钝化。粗银阳极板须装入隔膜袋中，以免阳极泥和残极落入槽底污染电解银粉。银电解阴极最好为纯银板，但也可采用不锈钢板或铝板。电解银呈粒状在阴极析出易于刮下，刮下的银粒直接沉入槽底，阴极可长期使用。

(2) 电解液

银电解时目前均采用硝酸银电解液。其电化系统可表示为：

$$Ag(阴极) \mid AgNO_3、HNO_3、H_2O,杂质 \mid Ag,杂质(阳极)$$

配制电解液一般均采用含银99.86%～99.88%的电解银粉。在耐酸瓷缸中用水润湿银粉后，分次加入硝酸和水，在自热条件下溶解，再用水稀释至所需浓度或直接将浓溶液按计算量补加于电解槽中。有的也采用含银较低的银粉或粗银合金金板及各种不纯银原料制取硝酸银电解液。

(3) 电解过程中各杂质组分的行为

各杂质组分的行为与电位、浓度及是否水解有关，银电解时可将其分为下列几类：

① 电位比银负的锌、铁、镍、锡、铅、砷。其中锌、铁、镍、砷含量甚微，影响不大。此类杂质电解时全部进入电解液中，并逐渐积累造成污染，且消耗硝酸，但一般不影响电银质量。锡呈锡酸进入阳极泥中，铅部分进入溶液；部分生成 PbO_2 进入阳极泥中。少数 PbO_2 黏附于阳极板表面，较难脱落，当 PbO_2 较多时会影响阳极溶解。

② 电性比银正的金和铂族金属。此类金属一般不溶解而进入阳极泥中。当含量高时，会滞留于阳极表面甚至引起阳极钝化。电解过程中实际上有部分铂、钯进入电解液中，因部分铂、钯在阳极被氧化为氧化物而溶于硝酸，尤其硝酸浓度高、液温高和电流密度大时，进入电解液中的铂、钯量会增大。溶液中钯的浓度增至15～50g/L时，钯与银一起在阴极析出（钯与银的电位相近）。

③ 不发生电化学反应的化合物。通常为 Ag_2Se、Ag_2Te、Cu_2Se、Cu_2Te 等，随阳极溶解脱落进入阳极泥中。但金属硒会溶于弱酸性溶液，并与银一起在阴极析出。在高酸度（1.5%左右）溶液中，阳极中的金属硒不进入溶液。

④ 电位与银接近的铜、铋、锑。此类金属对银电解的危害最大。阳极中的铜含量较高，常达2%以上，电解时进入溶液，使电解液呈蓝色，在正常条件下不在阴极析出。但当出现浓差极化，银离子浓度急剧下降，电解液搅拌不良，银、铜含量比超过2∶1时，铜将在阴极上部析出。尤其阳极含铜高时，阳极溶解1g铜，阴极相应析出3.4g银，易使电解液银浓度急剧下降，增加阴极析铜的危险性。因此，电解含铜高的阳极时，应定期抽出部分含铜高的电解液，补入部分浓度高的硝酸银溶液。但电解液中保持一定浓度的铜，可提高电解液相对密度，可降低银离子的沉降速度而有利于电解过程的进行。铋部分生成碱式盐 $Bi(OH)_2NO_3$ 进入阳极泥中，部分进入溶液，积累至一定浓度后会在阴极析出，影响电银质量。在低酸条件下电解时，硝酸铋水解呈碱式盐沉淀会影响电银粉的质量。

(4) 设备与操作

银电解广泛采用妙比乌斯直立电极电解槽（图 9-10）。多为钢筋水泥槽，内衬软塑料，槽形近正方形。集液槽和高位槽为钢板槽，内衬软塑料。电解液循环为下进上出，使用小型立式不锈钢泵抽送电解液。电解槽串联组合，阳极板钻孔用银钩悬挂装在两层布袋中，阴极纯银板用吊耳挂于紫铜棒下。电解过程中，阴极电银沉积速度快，除用玻璃棒搅拌外，每班还应用塑料刮刀将阴极电银结晶刮落 2～3 次，以防短路。电解 20h 以后，阳极不断溶解而缩小，同极距增大，电流密度逐渐增高，引起槽压脉动上升。当槽压升至 3.5V 时，阳极板基本溶完，此时可出槽。取出的电银置于滤缸中用热水洗至无绿色或微绿色后送烘干铸锭。隔膜袋中的残极（残极率为 4%～6%）和一次黑金粉洗净烘干进熔铸二次阳极板，二次黑金粉洗净烘干熔铸粗金阳极板。

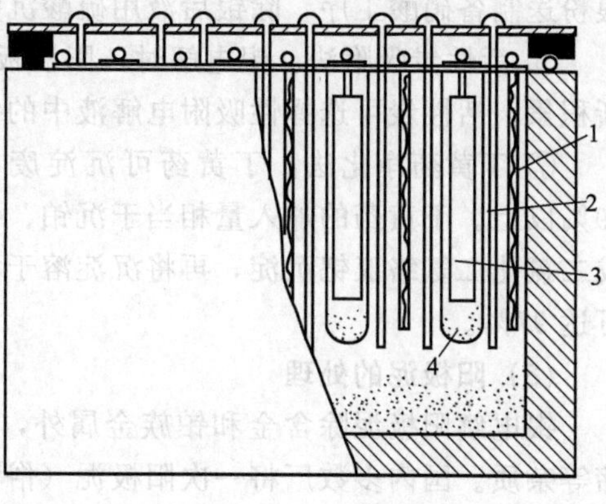

图 9-10 妙比乌斯银电解槽

1—阴极；2—搅拌棒；3—阳极；4—隔膜袋

银电解的工艺参数各厂基本相似。如某厂银电解电流密度 250～300A/m^2，槽电压 1.5～3.5V，液温自热 35～50℃，电解液含银 80～100g/L，硝酸 2～5g/L，铜小于 50g/L，电解液循环速度 0.8～1L/min，玻璃棒搅拌速度往复 20～22 次/min。阴极为 0.7m×0.35m×3mm 纯银板，阳极含金银大于 97%，其中金含量小于 33%。阳极周期 34～38h，同极距 135～140mm，电解银粉含银 99.86%～99.88%。

(5) 电解废液和洗液的处理

① 硫酸净化法：适用于被铅、铋、锑污染的电解液。往电解液中加入按含铅量计算所需的硫酸（不可过量），搅拌静置，铅呈硫酸铅析出，铋水解为碱式盐沉淀，锑水解呈氢氧化物浮于液面。过滤后，滤液可返回使用。

② 铜置换法：将废电解液和洗液置于槽中，挂入铜残极，蒸气加热至 80℃，银被还原呈粒状沉淀。置换至检不出氯化银沉淀为止，可产出含银 80%以上的粗银粉，送熔铸阳极板。置换后溶液用碳酸钠中和至 pH 为 7～8，产出碱式碳酸铜，送铜冶炼，残液弃去。

③ 食盐沉淀法：往废电解液和洗液中加入食盐水，银呈氯化银沉淀，加热凝聚，过滤后，滤液用铁置换铜，但铜的置换率较低。

④ 加热分解法：将废电解液和洗液置于不锈钢罐中，加热浓缩结晶至糊状并冒气泡后，严格控制在 220～250℃恒温，硝酸铜分解为氧化铜（硝酸钯也分解），但硝酸银不分解。当渣完全变黑和不再放出氧化氮黄烟时，分解过程结束。渣加适量水置于 100℃下溶解硝酸银结晶，反复水浸两次。第一次得含银 300～400g/L 的浸液，第二次浸液含银 150g/L 左右，均返回作电解液用。浸渣含铜约 60%、银

1%～10%、钯0.2%，返回铜冶炼或送去分离钯和银。

⑤ 置换-电解法：适用于含铜高的废电解液。用铜片置换沉银，过滤洗涤后，银粉送制备硝酸工序，除银后液用硫酸沉铅，滤液送电解提铜。

⑥ 活性炭吸附法：银电解时，阳极板中40%～50%的铂、钯进入溶液，并不断积累，活性炭可选择性吸附电解液中的铂、钯，然后用硝酸解吸回收。

⑦ 丁黄药净化法：丁黄药可沉淀废电解渡中的铂、钯，铂、钯的沉淀率达99%以上。丁黄药的加入量相当于沉铂、钯的理论量。黄原酸钯沉淀酸溶后使其生成二氯化二氨络亚钯沉淀，再将沉淀溶于氨水后用水合肼还原，过程中钯的回收率可达97%。

(6) 阳极泥的处理

银电解阳极泥除含金和铂族金属外，还含有较多的银、铜、锡、铋、铅、硒、碲等杂质。国内多数厂将一次阳极泥（俗称一次黑金粉）洗净烘干后配入适量杂银熔铸成含金小于33%的二次合金板，再经第二次电解产出二次阳极泥（俗称二次黑金粉），熔铸成粗金阳极板，送金电解提纯。

有的厂用硝酸浸出银电解阳极泥，不溶渣铸成粗金阳极板送金电解提纯。浸液含银140g/L，含钯2g/L，先加盐酸沉银。残液加热蒸发浓缩，再加硝酸氧化后用氯化铵沉钯。钯盐加水溶解，用氨水中和至pH为10以除去杂质，再用盐酸酸化至pH为1，使钯呈$Pd(NH_3)_2Cl_2$沉淀。洗净烘干后经煅烧并在氢气流中还原，可产出纯度达99.9%的海绵钯。

用化学法处理银电解阳极泥时，多数先用硝酸浸出2～3次，以浸出银和重有色金属。不溶渣用王水处理，用亚铁还原金，金粉洗净后用稀硝酸处理2～3次以除去杂质，可得含金99.9%以上的化学纯金。还原金后的溶液用锌置换回收铂精矿，送分离提纯。

有的厂用浓硫酸浸煮银电解阳极泥，经几次浸煮和浸出，不溶渣洗净烘干后送炼金，浸液和洗液加水稀释后用铜置换银，残液送制取硫酸铜。

9.2.6 金的萃取提纯

溶剂萃取法具有速率快、效率高、容量大、选择性高、过程为全液过程、易分离、易自动化、试剂易再生回收、操作安全方便等特点，广泛用于化学工业、分析化学和冶金工业，也可用于金的提取和提纯。

近20多年来，萃取技术在我国贵金属提取领域的应用得到迅速发展，对金的萃取剂进行了大量的试验研究 。二丁基卡必醇、二异辛基硫醚、仲辛醇、乙醚、甲基异丁基酮、磷酸三丁酯、二仲辛基乙酰胺N_{503}、石油亚砜、石油硫醚等是金的良好萃取剂。

适于萃取分离或提纯的金原料较广，如金精矿或原矿的浸出液、氰化金泥、铜阳极泥、铂族金属精矿及各种含金的边角废料等，其中金含量波动范围大，从百分之几至百分之几十。将其溶解后，金均呈金氯酸形态存在于溶液中。

(1) 二丁基卡必醇萃取金

二丁基卡必醇（二乙二醇二丁醚）为长链醚类化合物，分子式为 $C_{12}H_{26}O_3$，密度为 0.888g/cm³（20℃），沸点为 252℃/98.8kPa，闪点为 118℃，水中溶解度为 0.3%（20℃）。

二丁基卡必醇对金有优良的萃取性能，分配系数高，萃取时金在两相中的平衡浓度见图 9-11。从图中可知，有机相中金浓度高达 25g/L 时，萃余液中的金浓度仅 10mg/L，其分配系数为 2500。试验表明，金几乎可完全萃取，萃取率高。各种金属的萃取率与盐酸浓度的关系见图 9-12。从图中曲线可知，除锑、锡外，在低酸度下其他金属的萃取率甚低，均可与金有效地分离。二丁基卡比醇的萃取速度很快，30s 可达平衡。金的萃取容量可达 40g/L 以上。有机相中夹带的杂质，可用 0.5mol/L 的盐酸溶液洗涤除去，相比为 1∶1。负载有机相反萃较困难，可将其加热至 70～80℃，用 5%草酸溶液还原 2～3h，金可全部被还原。海绵金经酸洗水洗、烘干、铸锭，可得含金 99.99%的金锭。

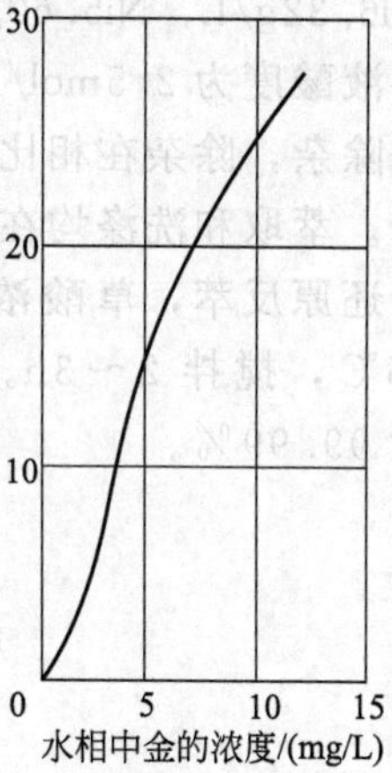

图 9-11 金在两相中的平衡浓度

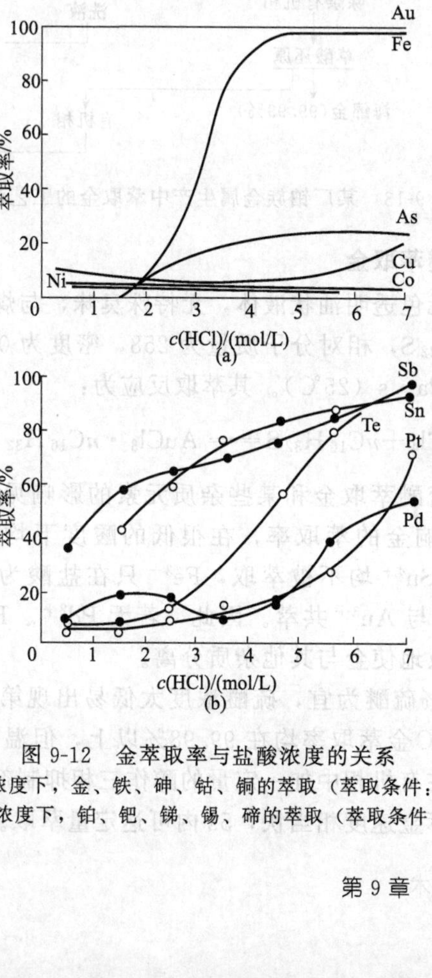

图 9-12 金萃取率与盐酸浓度的关系

(a) 不同盐酸浓度下，金、铁、砷、钴、铜的萃取（萃取条件：相比 1∶1）；

(b) 不同盐酸浓度下，铂、钯、锑、锡、碲的萃取（萃取条件：相比 1∶1）

我国某厂从锇钌蒸馏残液中萃取金的工艺流程见图 9-13。料液组成为：Au3g/L、Pt11.72g/L、Pd5.18g/L、Rh0.88g/L、Ir0.36g/L、Fe2.39g/L、Cu6.32g/L、Ni5.60g/L。萃取在相比为 1∶1、4 级、室温、混合澄清各 5min，料液酸度为 2.5mol/L HCl 条件下进行。负载有机相用 0.5mol/L 盐酸液进行洗涤除杂，除杂在相比 1∶1、3 级、室温、每级混合澄清时间各 5min 的条件下进行。萃取和洗涤均在箱式混合澄清器中进行。洗后负载有机相用草酸为还原剂进行还原反萃，草酸浓度为 5%，草酸用量为理论量的 1.5～2 倍，温度 70～85℃，搅拌 2～3h。金萃取率大于 99%，金回收率为 98.7%，金产品纯度为 99.99%。

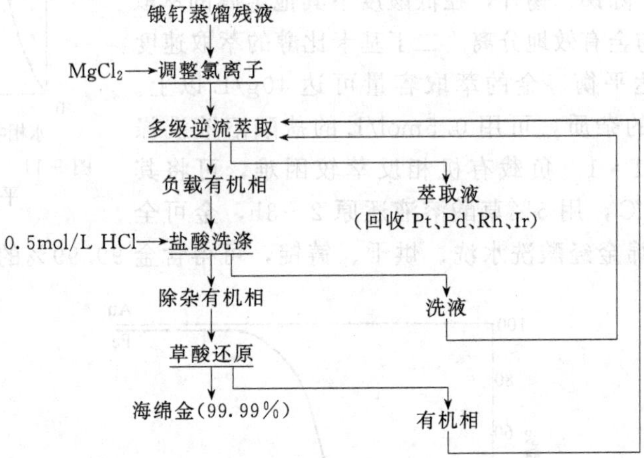

图 9-13　某厂铂族金属生产中萃取金的工艺流程

(2) 二异辛基硫醚萃取金

二异辛基硫醚为无色透明油状液体，无特殊臭味，与煤油等有机溶剂可无限混溶。其分子式为 $C_{16}H_{32}S$，相对分子质量为 258，密度为 0.8485g/cm³，闪点高于 300℃，黏度为 35200Pa·s (25℃)。其萃取反应为：

$$HAuCl_4 + nC_{16}H_{32}S = AuCl_3 \cdot nC_{16}H_{32}S + HCl$$

酸度对二异辛基硫醚萃取金和某些杂质元素的影响见图 9-14。从图中曲线可知，酸度基本上不影响金的萃取率，在很低的酸度下均可定量萃取。而 Pt^{4+}、Co^{2+}、Ni^{2+}、Sn^{2+}、Sn^{4+} 均不被萃取，Fe^{3+} 只在盐酸为 2mol/L 时才少量被萃取，Pd^{2+}、Hg^{2+} 明显与 Au^{3+} 共萃。因此，若无 Pd^{2+}、Hg^{2+} 存在，则萃取金的酸度范围较宽，可有效地使金与其他杂质分离。

萃取剂浓度以 50%硫醚为宜，硫醚浓度太低易出现第三相。温度对金萃取率影响不大，从 13～38℃金萃取率均在 99.98%以上，但温度低于 30℃时易生成第三相。常温萃取时应在有机相中加一定量的醇作三相抑制剂。

二异辛基硫醚的萃金速度相当快，5s 内可达定量萃取。

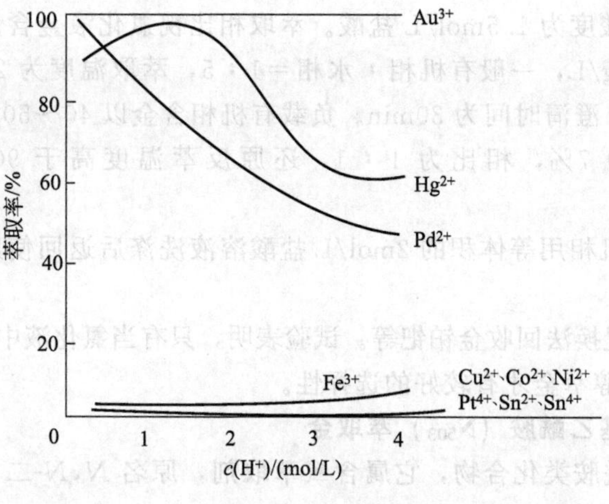

图 9-14　酸度对二异辛基硫醚萃取金和某些杂质的影响

有机相为50%二异辛基硫醚和煤油；水相为金属离子浓度（g/L）：

Au^{3+} 10、Hg^{2+} 1、Pt^{4+} 4、Pd^{2+} 1、Fe^{3+} 1、Co^{2+} 0.6、Ni^{2+} 2.2、Cu^{2+} 0.58、Sn^{2+} 1、Sn^{4+} 1

萃金负载有机相用稀盐酸洗涤除汞后，可用亚硫酸钠的碱性溶液作反萃剂，使金呈金亚硫酸根络阳离子形态转入水相，反萃反应为：

$$AuCl_3 \cdot nC_{16}H_{32}S + 2SO_3^{2-} + 2OH^- = nC_{16}H_{32}S + AuSO_3^- + SO_4^{2-} + 3Cl^- + H_2O$$

反萃液用盐酸酸化，使其转变为亚硫酸体系，金沉淀析出。经过滤、稀盐酸洗涤、烘干、铸锭，有机相经稀盐酸再生后返回使用。

我国某厂的生产流程为王水溶金、两级萃取、洗涤、两级反萃加浓盐酸酸化沉金，海绵金过滤、洗涤、烘干、熔铸得金锭。原液含金 50g/L，盐酸浓度 2mol/L，有机相为50%二异辛基硫醚-煤油（含三相抑制剂），相比 1∶1、2级、常温、萃取 1min，金萃取率为 99.99%。用 0.5mol/L 盐酸溶液洗涤，反萃剂为 0.5mol/L NaOH 和 1mol/L Na_2SO_3，反萃 5～10min、2级、反萃率为 99.1%。萃取和反萃均在离心萃取器中进行。将反萃液加热至 50～60℃，加入与亚硫酸钠等当量的浓盐酸，金析出率为 99.97%。金的回收率可达 99.99%，纯度与电解金相当。

(3) 仲辛醇萃取金

仲辛醇分子式为 $C_8H_{17}OH$，结构式为 $CH_3(CH_2)_5—CHOH—CH_3$，密度为 0.82g/cm³，沸点为 178～182℃，无色、易燃，不溶于水。萃金反应为：

$$C_8H_{17}OH + HCl = [C_8H_{17}OH_2] + Cl$$

$$HAuCl_4 + [C_8H_{17}OH_2]Cl = [C_8H_{17}OH_2]AuCl_4 + HCl$$

$$2[C_8H_{17}OH_2]AuCl_4 + 3H_2C_2O_4 = 2Au + 2C_8H_{17}OH + 8HCl + 6CO_2$$

我国某厂用水溶液氯化法浸出铜阳极泥，获得含金铂钯和铜铅硒等贱金属的氯化液送仲辛醇萃取金。萃取金前，国产工业仲辛醇用等体积的1.5mol/L盐酸溶液饱和，金氯化液酸度为1.5mol/L盐酸。萃取相比视氯化液金含量而异，仲辛醇的萃金容量大于50g/L，一般有机相：水相＝1：5，萃取温度为25～35℃，萃取时间为30～40min，澄清时间为30min。负载有机相含金以40～50g/L为宜，还原反萃的草酸浓度为7%，相比为1：1，还原反萃温度高于90℃，还原时间为30～40min。

反萃后的有机相用等体积的2mol/L盐酸溶液洗涤后返回使用，有机相损失小于4%。

萃余液用铜置换法回收金铂钯等。试验表明，只有当氯化液中Au：(Pt+Pd)>50倍时，用仲辛醇萃金才有较好的选择性。

(4) 二仲辛基乙酰胺（N_{503}）萃取金

N_{503}是一种酰胺类化合物，它属含氧萃取剂，原名*N*,*N*-二(1-甲基庚基)乙酰胺，即二仲辛基乙酰胺，代号N_{503}。

含量>95%，密度在25℃时为0.8514～0.8700g/cm³，折射率n_{25}^{D} 1.4540～1.4560，黏度（25℃）(18500±1000)Pa·s，凝固点－54℃，闪点158℃，燃点190℃，在水中溶解度≤10mg/L（25℃），毒性LD_{50} 8.98/kg属无毒。

金川镍钴研究设计院与上海有机所用N_{503}对金川锇钌蒸残液中的金，进行萃取纯金的半工业试验。试验结果表明：N_{503}对金具有优良的萃取性能，萃取的主要技术性能能与现行生产用的DBC工艺媲美，还具有水溶性小、价格低、试剂来源广等优点，是萃金较为理想的工业型萃取剂。

9.2.7 银的萃取提纯

银为亲硫元素，可用含硫萃取剂进行银的萃取提纯。较有效的银萃取剂为二异辛基硫醚、二烷基硫醚、石油硫醚等。二异辛基硫醚的抗氧化性能较好，可从硝酸介质中萃取银。目前国内外有关银的萃取尚处于试验研究阶段。我国某厂已将二异辛基硫醚萃取银用于小规模生产，其工艺流程见图9-15。二异辛基硫醚萃银时，萃取剂浓度对银萃取率的影响见图9-16。从图中曲线可知，萃取剂浓度应大于30%，一般以40%～60%为宜。萃取浓度高虽可提高生产效率，但分相较困难。水相酸度以0.2～0.5mol/L硝酸为宜，酸度低不利于相分离，酸度太高对萃取剂有破坏作用。水相银含量一般为60～150g/L为宜，在室温下萃取，主要反应为：

$$AgNO_3+nC_{16}H_{32}S = AgNO_3\cdot nC_{16}H_{32}S$$

$$AgNO_3\cdot nC_{16}H_{32}S+2NH_4OH = Ag(NH_3)_2NO_3+2H_2O+nC_{16}H_{32}S$$

$$2Ag(NH_3)_2NO_3+2N_2H_4\cdot H_2O = 2Ag+N_2+2NH_4NO_3+4NH_3+2H_2O$$

采用离心萃取器进行5级萃取，相比为（1～2）：1，有机相萃取容量为70g/L左右，银的萃取率大于99.9%。

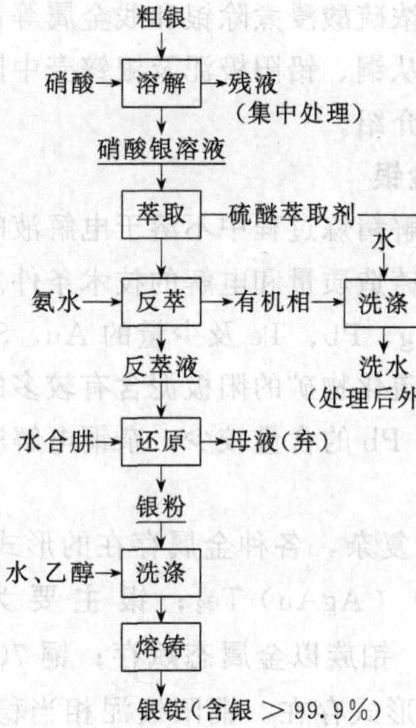

图 9-15 我国某厂用二异辛基硫醚萃取银工艺流程

反萃剂为 1～2mol/L 的 NH_4OH 溶液，相比为 1∶1，进行 3 级反萃，2 级洗涤，反萃率可达 99.75%。反萃作业在混合澄清槽中进行。

经提纯后的反萃液用水合肼还原得纯银粉。还原温度为 50～60℃，经过滤、洗涤、烘干、熔铸得银锭，纯度大于 99.9%，二异辛基硫醚萃银的直收率大于 99%，总回收率大于 99.9%，产品纯度大于 99.9%。在一定条件下，银的萃取提纯比电解提纯较经济合理。

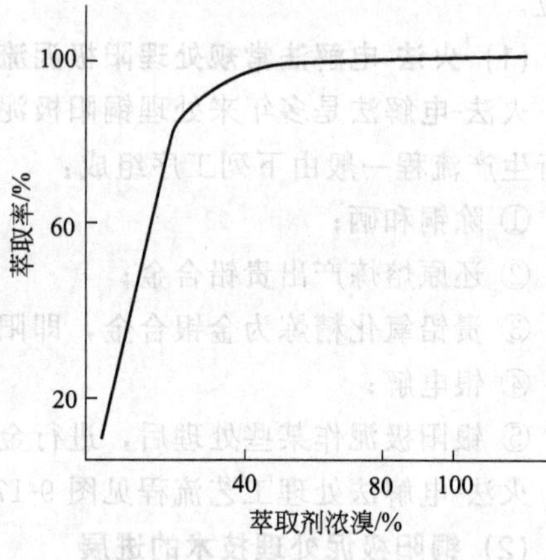

图 9-16 萃取剂浓度对萃取率的影响

9.3 金银的综合回收

9.3.1 从阳极泥及银锌壳中提取金银

选矿产出的重有色金属精矿在冶炼过程中产出的阳极泥和银锌壳，是回收金银的主要原料之一。铜阳极泥和铅阳极泥中金银含量较高，镍阳极泥主要富集铂、钯等贵金属，金银含量较低。铜、铅阳极泥的处理有许多共同点，除混合处理外，单独处理某一阳极泥时也常使用相同的方法。如硫酸化焙烧除硒、稀硫酸浸出除铜、火法熔炼富集贵金属、氯化浸出除铅、氨浸除银、液氯浸出金和铂族金属、二氧化硫或亚铁离子或草酸还原金、浓硫酸浸煮除银和贱金属等都是处理铜、铅阳极泥常用的有效方法。在此主要介绍从铜、铅阳极泥及银锌壳中回收金银，有关阳极泥中有用组分的综合回收仅作一般介绍。

9.3.1.1 从铜阳极泥中回收金银

铜阳极泥是由铜阳极在电解精炼过程中不溶于电解液的各种物质所组成，其成分主要取决于铜阳极的成分、铸造质量和电解的技术条件。来源于硫化铜精矿的阳极泥，含有较多的Cu、Se、Ag、Pb、Te及少量的Au、Sb、Bi、As和脉石矿物，铂族金属很少；而来源于铜镍硫化物矿的阳极泥含有较多的Cu、Ni、S、Se，贵金属主要为铂族金属，Au、Ag、Pb的含量较少；杂铜电解所产阳极泥则含有较高的Pb、Sn。

铜阳极泥的物相组成比较复杂，各种金属存在的形式多种多样。金以游离状态存在，也有与碲结合的（AgAu）Te_2；银主要为Ag、Ag_2Se、Ag_2Te、CuAgSe、（AgAu）Te_2、AgCl；铂族以金属态赋存；铜70%呈金属形式，其余的铜则以Cu_2S、Cu_2Se、Cu_2Te形式存在。铜阳极泥相当稳定。在室温下氧化不明显，在有空气作氧化剂时，可缓慢溶解于硫酸和盐酸，并能直接与硝酸发生强烈反应。

(1) 火法-电解法常规处理阳极泥流程

火法-电解法是多年来处理铜阳极泥的常规方法，至今仍为国内外所广泛使用。现行生产流程一般由下列工序组成：

① 除铜和硒；

② 还原熔炼产出贵铅合金；

③ 贵铅氧化精炼为金银合金，即阳极板；

④ 银电解；

⑤ 银阳极泥作某些处理后，进行金电解精炼。

火法-电解法处理工艺流程见图9-17。

(2) 铜阳极泥处理技术的进展

近年来，为了提高贵金属的回收率，改善操作环境，消除污染，国内外除对常规的火法-电解工艺及装备进行改造和完善外，还研究了许多新的处理方法，有的已投产。

目前，国内外大型工厂仍使用火法流程。国外正向大型化集中处理的方向发展。例如：美国年产铜200万吨，有30家铜厂，而阳极泥处理仅有5家。中、小型冶炼厂正向湿法处理工艺发展。而新工艺的研究目标是：强化过程、缩短生产周期、减少铅害、提高综合经济效益。

① 选冶联合流程。选冶联合流程是国外首先采用的新工艺。阳极泥经浮选处理后可以得到如下处理：

a. 阳极泥处理设备能力大幅度增加，原料中含有35%的铅，经过浮选处理基

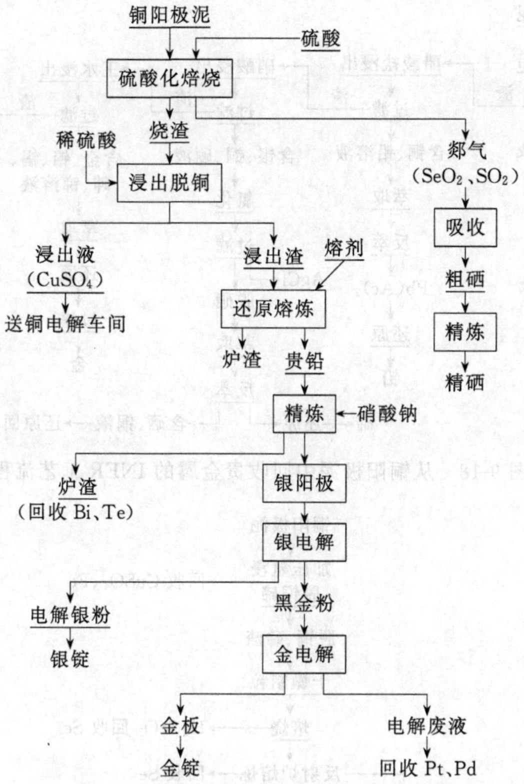

图 9-17　铜阳极泥火法-电解常规工艺流程

本上进入尾矿，选出的精矿为阳极泥量的一半左右，使炉子生产能力大幅度提高；

b. 回收铅，浮选尾矿可送铅冶炼厂回收铅，而且尾矿中含有的微量金、银、硒、碲等有价金属仍可在铅冶炼中进一步得到富集和回收；

c. 工艺过程改善，阳极泥经浮选处理产出的精矿，由于含铅和其他杂质极少，熔炼过程中不必添加熔剂和还原剂，且粗银的品位较高，使工艺过程得到较大的改善；

d. 烟灰和氧化铅量减少。采用浮选处理之后，大部分铅进入尾矿。在焙烧和熔炼过程中，烟灰的生成量大大减少，铅害问题基本得到解决。

选出的精矿直接在转炉中熔炼，先后回收硒、碲，最后熔炼成铅阳极送银电解。选冶联合流程最主要缺点是尾矿含金、银较高。

②“INER”法。中国台湾核能研究所（INER）研究了一种从铜阳极泥中回收贵金属的新方法，被称为“INER”法。这一工艺包括四种浸出、五种萃取体系及两种还原工序。已建成一座年处理能力为300t阳极泥的生产厂。其工艺流程见图9-18。

③ 加压氧浸法（热压浸出）。加拿大铜精炼厂采用加压氧浸，使铜阳极泥中的铜和碲溶于热浓硫酸。阳极泥处理工艺流程见图9-19。

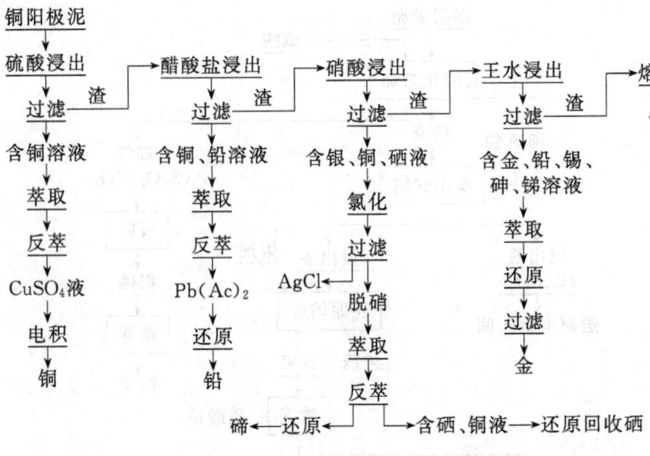

图 9-18　从铜阳极泥中回收贵金属的 INER 工艺流程

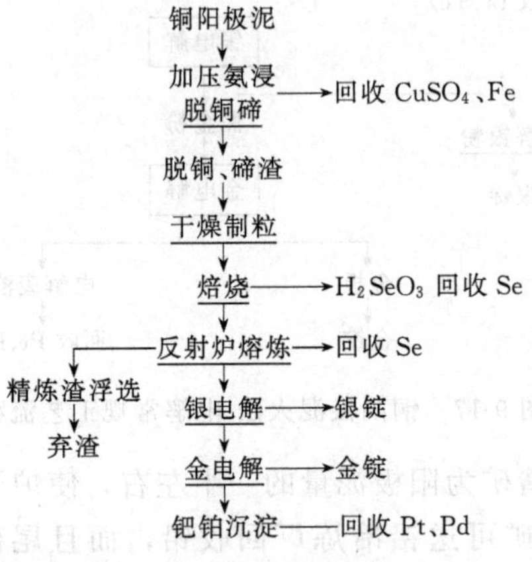

图 9-19　加拿大铜精炼厂铜阳极泥处理工艺流程

④ 湿法处理工艺。我国根据中、小冶炼厂特点，为改善操作环境，消除污染，提高金、银回收率，增加经济效益的要求，结合实际对铜阳极泥的处理做了大量研究工作，并取得很大成就。其主要方法有以下几种。

a. 硫酸化焙烧蒸硒-湿法处理工艺。此工艺是我国第一个用于生产的湿法流程。其主要特点是：第一，脱铜渣改用氨浸提银，水合肼还原得银粉；第二，脱银渣用氯酸钠湿法浸出金，SO_2 还原得金粉；第三，硝酸溶解分铅。即将传统工艺的熔炼贵铅、火法精炼用湿法工艺代替，仍保留硫酸化蒸硒、浸出脱铜和金、银电解精炼。此工艺解决了火法工艺中铅污染严重的问题，且能保证产品质量和充分利用原有装备。

采用此工艺后，金、银直收率显著提高，金由73%提高到99.2%，银由81%提高到99%，缩短了处理周期，经济效益明显。此工艺已在国内部分工厂中推广应用。

b. 低温氧化焙烧-湿法处理工艺。该处理工艺是：低温氧化焙烧—稀硫酸浸出脱铜、硒、碲—在硫酸介质中氯酸钠溶解 Au、Pt、Pd—草酸还原金—加锌粉置换出 Pt、Pd 精矿，分金渣用亚硫酸钠浸出氯化银，用甲醛还原银。其工艺流程见图 9-20。

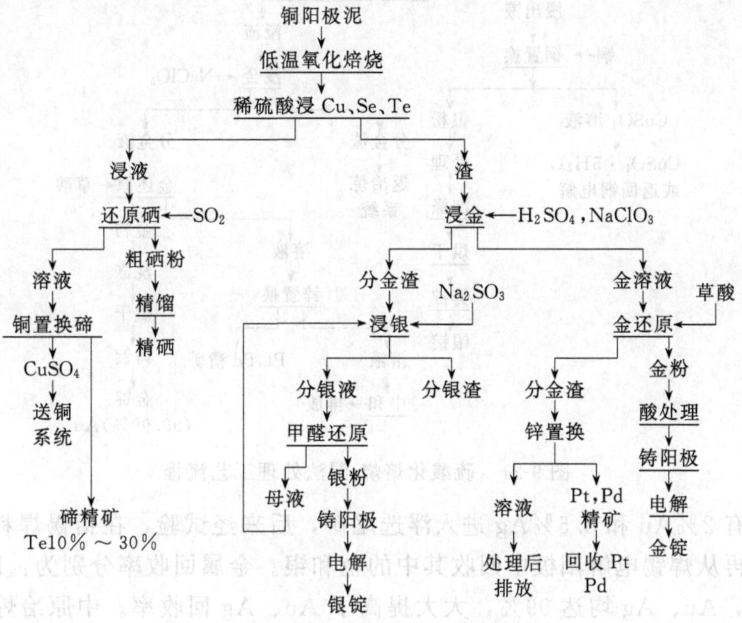

图 9-20　低温氧化焙烧-湿法工艺流程

该流程投产后，金、银直收率分别达到 98.5% 和 96%，比原工艺回收率提高 12% 和 26%，金银加工费大大降低。该工艺的特点是：第一，流程短，不使用特殊化学试剂，成本低；第二，稀酸浸出一次分离 Cu、Se、Te；第三，亚硫酸钠浸银，甲醛还原银，改善了用氨浸银的恶劣操作环境；第四，缩短了生产周期；第五，消除了铅害；第六，金属直收率高。

c. 硫酸化焙烧-湿法处理工艺。硫酸化焙烧-湿法处理工艺流程，是针对某厂铜阳极泥的特点加以改进而提出的，现已投产。其工艺流程见图 9-21。

该工艺流程的硒挥发率大于 99%，铜浸出率 99%，银浸出率 98%。流程的特点是：第一，硫酸化焙烧-稀硫酸浸出，一次性分离 Se、Cu、Ag；第二，经铜置换银无需电解可得到成品 1 号银；第三，用草酸还原金，得金粉不需电解可得 99.99%Au；第四，金、银不需电解，大大缩短了生产周期。

d. 全湿法处理铜阳极泥工艺。该工艺采用稀硫酸、空气（或氧气）氧化浸出脱铜，再用氯气、氯酸钠或双氧水作氧化剂浸出 Se、Te，为了不使 Au、Pt、Pd 溶解，要控制氧化剂用量（可通过浸出过程的电位来控制）。最后用氯气或氯酸钠作氧化剂浸出 Au、Pt、Pd。氯化渣用氨水或 Na_2SO_3 浸出 AgCl，并还原得银粉。粗金、银粉经电解得纯金、纯银。

e. 其他工艺。天津电解铜厂针对其阳极泥中含铅、锡量高，采用选冶联合

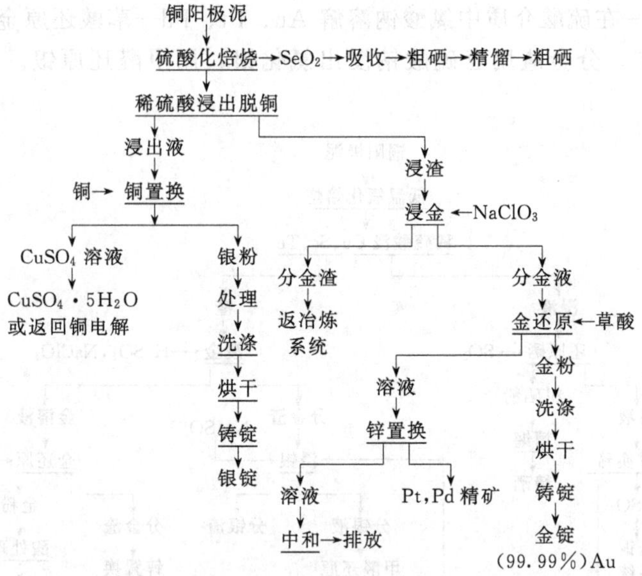

图 9-21 硫酸化焙烧-湿法处理工艺流程

工艺，约有 2%Au 和 3.5%Ag 进入浮选尾矿，后来经试验，在铅锡焊料的形态回收铅锡，再从焊锡电解阳极中回收其中的金和银。金属回收率分别为：Pb＞91%，Sn＞88%，Au、Ag 均达 99%，大大提高了 Au、Ag 回收率。中原冶炼厂采用硫酸化焙烧-氰化浸出流程，在氰化浸出之前进行酸浸，盐浸除去妨碍氰化浸出的 Cu、Pb、Zn，而后再氰化浸出金。长沙有色冶金设计研究院，通过对铜阳极泥的分析，了解铜阳极泥中通常含铜 20%～30%，这主要是夹带硫酸铜电解液所致。因此提出首先用加硫酸温水预处理，不但可浸出大部分铜，还能浸出一部分碲，使阳极泥含铜量降至 3%～6%。富春江冶炼厂想取消金、银电解，而试验了 TBP-正辛醇萃取金，草酸还原反萃金的工艺，使金的纯度大大提高。

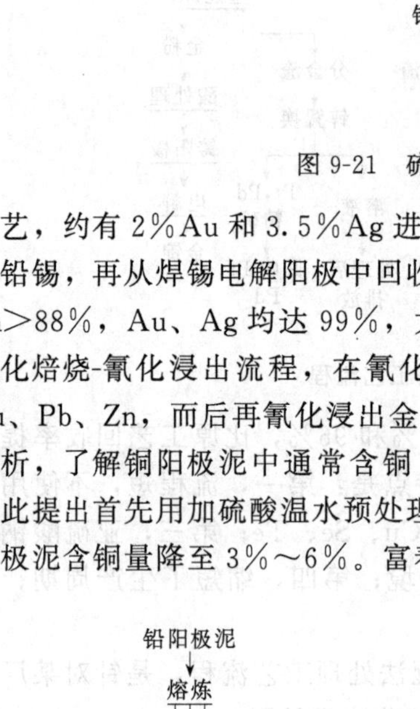

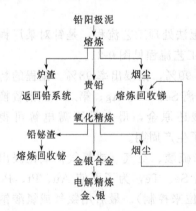

图 9-22 铅阳极泥火法熔炼工艺流程

9.3.1.2 从铅阳极泥中回收金

铅阳极泥的处理，国内外基本上都采用火法冶炼。传统的火法工艺流程见图 9-22。我国兼有铜、铅冶炼的大型冶炼厂，铅阳极泥一般与脱铜、硒后的铜阳极泥混合处理。火法冶炼工艺经过长期的实践，它对原料的适应性强，处理能力大，且随着设备及操作条件的不断改进，已日臻完善和成熟。但火法流程复杂，金银直收率不够高，返渣多，生产周期长。对于单一品种的中小企业，还存在能耗高、污染环境较严重、金银回收率低、有价金属综合利用差等缺点。

(1) 火法熔炼-电解传统工艺

铅阳极泥的传统处理工艺是火法熔炼-电解法。火法熔炼贵铅之前通常先脱除硒、碲（含铜高时也应包括脱铜），经火法还原熔炼得贵铅，贵铅再经氧化精炼，产出金银合金板，送银电解。银阳极泥经适当处理后，铸阳极进行金电解。

(2) 铅阳极泥处理技术的进展

铅阳极泥处理技术的进展，主要是朝着湿法流程方向发展。其着眼点是减少砷、铅对环境的污染，提高金、银的直收率和不经电解直接获得成品，进一步缩短生产周期。主要有以下几种。

① 氯化铁浸出工艺。沈阳冶炼厂提出的氯化铁浸出工艺的特点是：铅阳极泥用三氯化铁浸出铜、锑、铋等后，氨浸提银，浸出渣熔炼电解。其工艺流程见图 9-23。

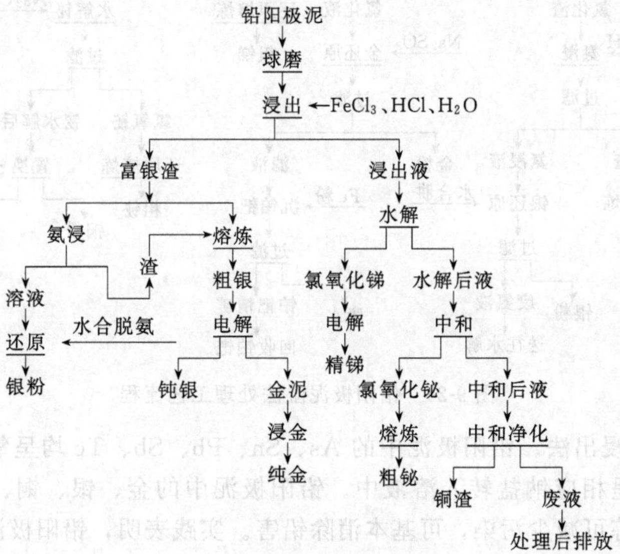

图 9-23　氯化铁浸出铅阳极泥工艺流程

② 全湿法工艺-HCl＋NaCl 浸出法。采用 HCl＋NaCl 浸出分离铅阳极泥中的锑、铋，并予以分离回收，然后在硫酸介质中用氯酸钠氯化溶解金、铂、钯，亚硫酸还原金，铁粉置换得铂、钯精矿；分离金渣氨浸提银，水合肼还原。其工艺流程见图 9-24。

③ 氯盐浸出硅氟酸脱铅熔铸合金金银电解工艺。水口山矿务局科研所通过对铅阳极泥化学成分分析（见表 9-3），对金含量低，而锑、铋、铜、铅杂质含量相对高的体系进行实验，实验结果提出氯盐浸出转化硅氟酸脱铅，脱铅渣直接熔铸金银合金再金银电解，达到有效回收贵金属金银及综合利用回收铜、铅、锑、铋等有价金属的目的，同时实现了无烟害提金银工艺。

表 9-3 铅阳极泥化学成分 %

检测时间	Au/(g/t)	Ag	Cu	Pb	Sb	Bi	As	Fe
1990 年 6 月	355	10.34	6.83	21.77	21.08	16.77	3.29	0.27
1991 年 7 月	315	8.55	5.28	20.44	18.87	14.37	—	—
1992 年 2 月	265	9.87	4.27	13.47	18.52	14.99	—	—

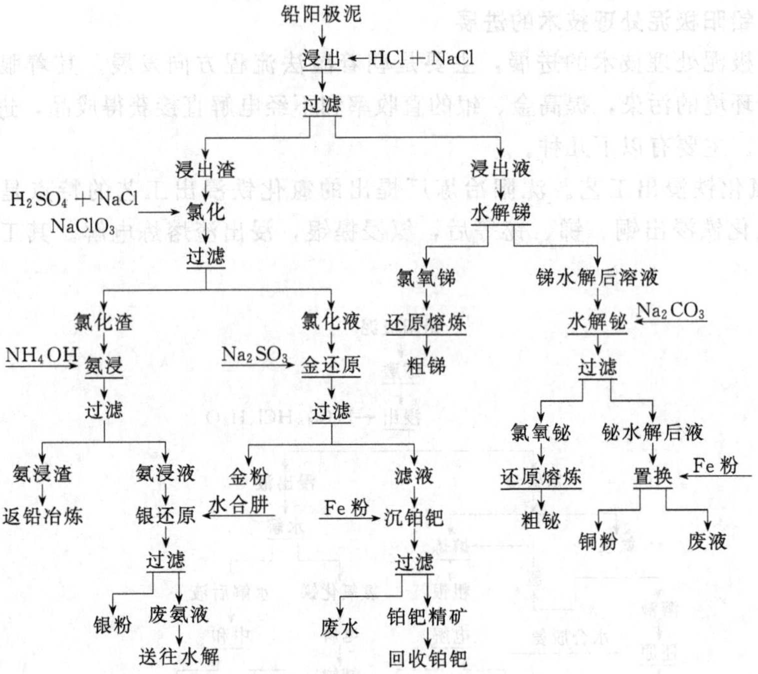

图 9-24 铅阳极泥湿法处理工艺流程

④ 苛性钠浸出法。铅阳极泥中的 As、Sn、Pb、Sb、Te 均呈氧化物存在，苛性钠浸出时可呈相应钠盐转入溶液中。铅阳极泥中的金、银、铜、铋等留在浸渣中。浸渣送熔炼可减少污染，可基本消除铅害。实践表明，铅阳极泥经长期堆存被氧化呈灰白色时，质地疏松，浸出分离效果更佳。

某厂曾对长期堆存氧化后的不同组分的四种铅阳极泥进行苛性钠浸出试验。铅阳极泥在常温、液固比为 3∶1 的条件下，在球磨机中磨矿混浆，磨至 60 目，在铁桶搅拌槽中于液固比 10∶1、苛性钠初始浓度 180～200g/L、温度 95～100℃条件下搅拌浸出 2h。各组分浸出率为：As97%，Sn94%，Pb90%，Sb70%～98%，Te0～40%。浸渣产率为 8%～40%，金、银、铜、铋全留在渣中，富集比为 2.5～15 倍。离心机常温过滤效果不佳（浸液浓度高和黏度大），后改在 70℃下过滤可防止出现结晶。浸液送电解回收铅、锑，结晶回收砷、锡，中间产品送分离提纯。碱浸渣洗涤过滤后送还原熔炼。熔炼中渣流动性好，可产出含银 25%左右的贵铅。

⑤ 甘油碱浸出法。该法先后对铅阳极泥和铅铜混合阳极泥进行甘油碱浸出试

验。按铜、铅阳极泥搭配比例为1∶10，对存放半年、3个月和新鲜三种阳极泥进行比较。按阳极泥在甘油200g/L、NaOH 100g/L、温度85℃的碱液中浸出2h，使贱金属溶解，而贵金属留在渣中。溶液经铅粉置换，电积得铅锑粉粒，可配置铅锑合金；金银富集渣洗涤后，进一步制取金银；洗液浓缩冷却结晶产出砷酸钠。贱金属的浸出率为：Pb 88.1%、As 96.5%、Bi 87.2%、Cu 26.35%。金银和其他有价金属的回收率为：Au 99.68%、Ag 99.79%、Pb 84.6%、Bi 87.9%。甘油碱浸流程不腐蚀设备，金属回收率高，没有烟害。但甘油消耗较大（甘油3t/t银），阻碍该法的推广应用。

9.3.1.3　从银锌壳中回收金银

银锌壳是火法精炼铅时加锌除银的中间产品。生产铋的工厂，也在火法精炼铋时加锌除银产出银锌壳。

锌对金、银的亲和力大，精炼铅或铋时，将金属锌粉加入熔融铅（或铋）液中，含于粗铅（或粗铋）中的金、银易与锌结合，生成密度小且不溶于铅（或铋）液中的锌银金合金，浮于金属液面上，此浮渣称为银锌壳。粗铅或粗铋中的银含量比金含量高数10倍，锌对金的亲和力比对银的亲和力大，金比银先进入银锌壳，故银锌壳也含金。

常用蒸馏除锌法提取银锌壳中的金和银，某些厂也采用一些新工艺。下面介绍几种主要的方法。

(1) 用蒸馏除锌法从银锌壳中回收金

① 蒸馏除锌法。从铅熔析锅或铋精炼锅产出的银锌壳，经榨机挤去液铅（铋）后送火法蒸馏除锌，产出富含贵金属的铅合金（称富铅）。经灰吹除铅，产出金银合金，送分离和提纯。此工艺为处理银锌壳的常规方法，工艺成熟，为国内外广泛采用。其工艺流程见图9-25。银锌壳主要为铅、锌与银（金）的合金，夹杂少量的铜、砷、锑等金属及它们与铅、锌的氧化物。在101.325kPa下锌的沸点为907℃，比其他金属低。在还原气氛下将银锌壳加热至1000～1100℃，使锌、铅等氧化物还原成金属，然后金属锌在高于其沸点的温度下呈气态挥发，使锌与铅、银等分离。挥发的锌蒸气导入冷凝器凝聚成金属锌回收。

② 低温真空蒸馏除锌法。法国诺耶列斯铅厂采用真空蒸馏除锌来处理银锌壳。先用压榨除去过量铅的银锌壳组成为：Ag 10%，Zn 30%，Pb 60%，将银锌壳加入深度大而口径小的锅中，在盐层覆盖下熔析，产出含银25%、锌65%、铅10%的三元合金富集体（T.A.C）。此三元合金富集体即使在液态下也不被氧化，便于储存。然后在低真空和低温下蒸馏三元合金富集体，锌蒸气冷凝为液锌。由于在低真空条件下蒸馏，蒸锌后的铅液面上几

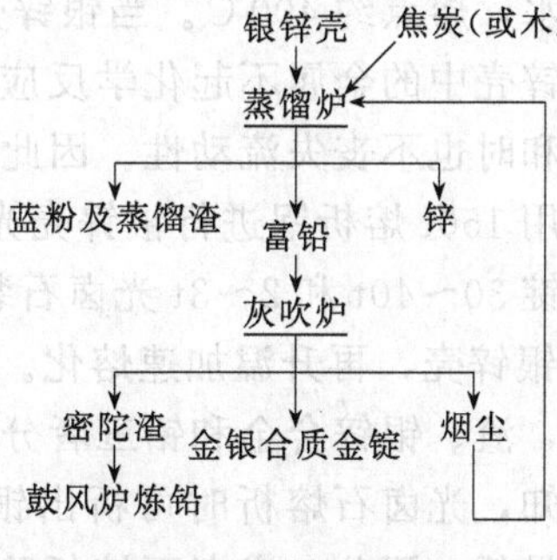

图9-25　银锌壳的蒸馏与灰吹工艺流程

乎没有氧化浮渣。该厂使用的蒸馏炉见图 9-26。真空低温蒸馏为间断作业。每炉装入三元合金富集体 1000kg，再加熔析锅放出的铅 300kg，以降低合金熔点和节省电能。若三元合金富集体含铅高可不加铅。蒸馏炉温度为 750～800℃，冷凝器温度为 450℃左右。除加料和放金属外，已全部实现自动化操作。蒸馏后期因锌蒸气减小使冷凝器温度下降，此时控制器会自动升高电压使蒸馏炉温度上升，以加速锌的蒸发。蒸馏完毕，停真空泵，放出液锌及富铅，然后装入另一批炉料再蒸馏。此种蒸馏炉是根据冷凝器中锌蒸气的冷凝速度自动调节锌的蒸发速度，故锌分离较完全，回收率高，炉子的生产率也高。该厂的年平均指标，锌的回收率大于 95%，银的回收达 99%。产出的富铅送吹灰。该厂日处理三元合金富集体 2000kg，每吨合金电能消耗为 800～850kW·h。

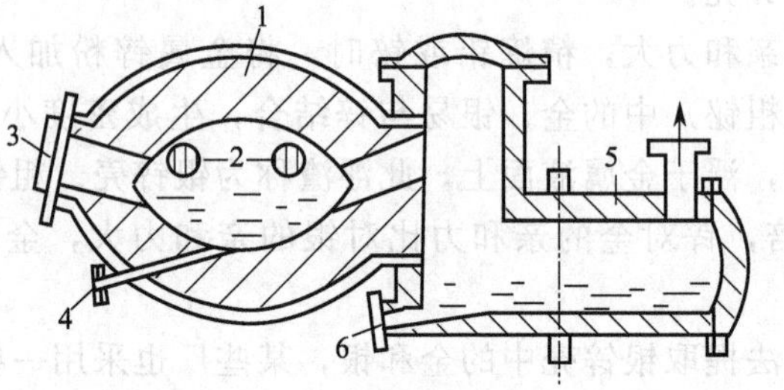

图 9-26　真空蒸馏炉示意图

1—炉体；2—石墨电极；3—进料口；4—放铅口；5—冷凝器；6—放锌口

低温真空蒸馏炉体本身是蒸馏器。在低温真空条件下蒸馏锌，电耗低，成本低，锌与铅分离完全，铅、锌回收率高，返回处理的锌、铅氧化渣量小，银的回收率高，改善了操作条件。若在真空除锌前用其他方法除去银锌壳中的大量铅，提高合金中锌的含量，将有利于真空蒸馏蒸锌作业的进行，可提高蒸馏炉的生产率和缩短蒸馏时间。

(2) 银锌壳的光卤石熔析除铅及分层熔析富集和电解

① 光卤石熔析除铅法。光卤石的分子式为 $MgCl_2 \cdot KCl \cdot 6H_2O$，常含 25%左右的水，熔点约 400℃。当银锌壳在光卤石液层下熔融时，金属不被氧化，光卤石与银锌壳中的金属不起化学反应，甚至光卤石熔体被 50%～60%的氧化铅和氧化锌饱和时也不丧失流动性。因此，光卤石是银锌壳熔化分层时的良好覆盖剂。前苏联采用 150t 熔析锅进行银锌壳光卤石熔析除铅的工业试验。操作时先将含银的返回铅锭 30～40t 和 2～3t 光卤石装入锅内，加温熔化后，在 500～550℃下加入 50～100t 银锌壳，再升温加速熔化。搅拌熔融合金使温度均匀，然后加热至 580℃，经沉降，渣、银锌合金和铅三者分层良好。所得三种产品的组成见表 9-4。从表中数据可知，光卤石熔析时可析出银锌壳中 92%～95%的铅，银锌合金中银含量高、铅含量低，因此，光卤石熔析除铅后产出的银锌合金蒸馏除锌时，锌的回收率较高。可降低蒸馏渣的产率，可提高蒸馏炉和灰吹炉的生产率。

表 9-4 银锌壳光卤石熔析产品的组成/%

产品名称	Ag	Zn	Pb
浮渣	1.6～1.7	37	12
银锌合金	23～25	65～69	3～5
铅锭	0.17～0.2	3	96～97

光卤石熔析法不宜用于处理含氧化物的贫银锌壳，因为此时有大量的锌进入渣层，并影响贵金属富集和增大光卤石消耗量。

② 分层熔析富集法富集贵金属。保加利亚库里洛铅厂用分层熔析富集法，处理含银 2%～3%的高铅银锌壳（肥壳）生产富银锌壳。分层熔析在转炉中进行。炉体呈圆筒卧式，外壳用钢板焊接而成，内衬镁砖，处理能力为 600kg。用小型风机送风。加料前先预热至 750～800℃，加入肥壳 500kg、木炭 5～10kg，盖上炉盖，燃油加热至 850℃下进行还原熔炼。熔炼时每 10min 转动 1 次炉体以搅拌合金。待合金全部熔融后停止加热。取下炉盖，扒出氧化渣，让熔融合金在炉内自然冷却和沉降分层。当炉温降至 800℃时开始凝析富银锌壳。待熔池温度降至 600℃时扒出富银锌壳。炉温降至 500～550℃时扒出上部的锌壳返回下次再熔析。熔池下部为铅液，含银约 500g/t，返回加锌除银锅产出银锌壳。富银锌壳在燃油的蒸馏炉中蒸锌后得到银含量约 42%的富铅，送灰吹炉灰吹。产出的富银锌壳必要时可再次熔析富集，即将其置于直径 0.3～0.5m、高 1.3～1.5m 的立式熔析锅内，在木炭或其他熔剂覆盖下加热至不高于 750℃时熔化，可使富集于上层的合金含铅量降至 5%～8%，下层铅液经虹吸管放出。上层合金置于 1000℃及 266.64Pa 负压下进行真空蒸馏，可除去 99%～99.5%的锌和 85%～90%的铅，银的回收率达 98%～99%。所产出的银铜铅合金银含量很高，可不经灰吹而直接送电解提纯。

熔析富集作业时间约 3h，其特点是炉内为还原气氛，可防止锌氧化。经分段降温分层熔析后可产出富银锌壳等产品，是在高温下用转动炉体的方法进行搅拌，分层熔析后铅沉至下层分离。

③ 熔析-电解法。意大利圣加维诺铅厂自 20 世纪 50 年代采用熔析-电解法处理银锌壳后，银的生产成本大为降低。该法于熔析锅内熔析银含量为 3%的银锌壳，产出银含量为 6%的富壳。将富壳破碎后在 360～370℃下加入氢氧化钠除锌（氢氧化钠用量为富壳的 10%），产出富银铅和浮渣。将富银铅与银铅合金一起熔铸铅阳极板，于氨基磺酸电解液中电解铅。产出的阳极泥组成为：Ag93%、Cu4%、Pb3%。此阳极泥用氨基磺酸除铜后在石墨坩埚内加硝石熔炼产出粗银（含 0.6%铜和 0.06%铅）送精炼。扒出的浮渣与粉煤混合先在转炉内还原，然后吹风氧化除锌，产出氧化锌和银铅合金。

(3) 富铅灰吹法

银锌壳经熔析、蒸馏产出的富铅主要含铅和银，其次为锌及其他金属杂质和少量金。常用灰吹法富集铅中的金银，而将灰吹富铅的反射炉称为灰吹炉。

由于铅和氧的亲和力大大超过银和其他金属杂质与氧的亲和力，当富铅熔化后，沿铅液面吹入大量空气时铅将迅速氧化为氧化铅。灰吹作业温度略高于铅熔点（888℃），生成的氧化铅呈密度小、流动性好的渣陆续从渣口自流排出，贵金属则在熔池内得到富集。灰吹时主要靠空气使铅氧化，但铅的高价氧化物的分解也起一定作用。如 PbO_2 和 Pb_3O_4 在炉温高达 900℃时分解生成氧化铅并放出活性氧，加速了铅的氧化过程。灰吹时，部分砷、锑呈三氧化物挥发，另一部分则呈亚砷酸盐、亚锑酸盐或砷酸盐、锑酸盐形态转入渣中，随氧化铅排出。约有 25%的锌生成氧化锌挥发除去，75%的锌被氧化造渣。灰吹时铜与氧的亲和力比铅小，其氧化速度很慢，直至灰吹作业后期才被氧化进入渣中。铜主要与氧化铅发生可逆反应生成氧化亚铜进入渣中其反应式为。

$$PbO + 2Cu \rightleftharpoons Pb + Cu_2O$$

氧化亚铜与氧化铅可组成氧化铅含量为 68%的低熔共晶（689℃）。因此，含铜的富铅常在低的温度下灰吹，且灰吹速度常比不含铜的富铅快，这与熔池内生成氧化亚铜有关。铋可与银生成铋含量为 97.5%的低熔共晶（262℃），也可与银组成铋含量为 5%的固熔体。因此，灰吹时铋与银共聚于铅液中，直至灰吹末期才被氧化为三氧化铋进入渣中。故灰吹铋含量高的富铅常需较长的作业时间。碲和银的亲和力很大，灰吹时不易氧化。为了除碲，常在除铋后往熔池中加入不含碲的铅以降低碲的浓度，然后再灰吹。经二次加净铅灰吹后，大约可使 1/3 的碲氧化挥发，2/3 的碲氧化进入渣中，残余的微量碲则留在银中。

灰吹过程中，银首先富集于铅液中。但常有含银的铅粒混入渣中，且氧化铅能溶解少量的银和氧化亚银，这些因素会降低银的回收率。灰吹时金不被氧化而富集于银中，灰吹渣中含金微量，是机械混入。

灰吹炉可分为法国式和英国式两种。前者适于灰吹结晶法产出的富铅，但结晶法在多数铅厂已废弃不用。除法国的某些铅厂外，现代灰吹炉一般均为英式灰吹炉，它适于灰吹加锌除银产出的富铅。

英式灰吹炉的结构见图 9-27。

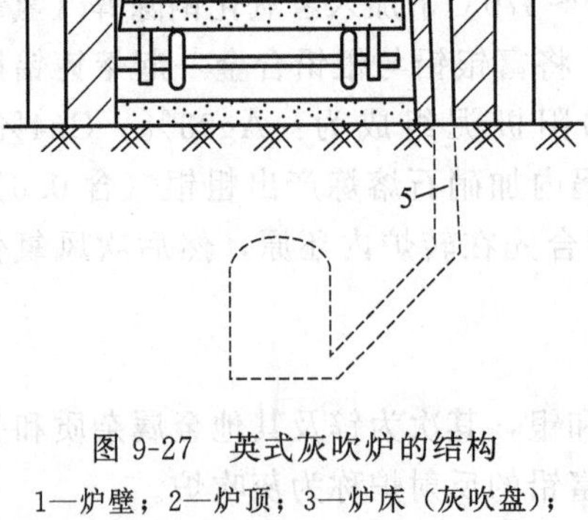

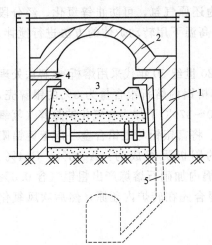

图 9-27 英式灰吹炉的结构

1—炉壁；2—炉顶；3—炉床（灰吹盘）；4—空气入口；5—地下烟囱

灰吹低银富铅或高铋富铅时，常分两段进行。第一段灰吹至银含量为 50%～70%后铸锭，再加入另一小型炉内进行第二段灰吹，直至产出金银总量达 99.5%以上的合金锭或铸成金银合金阳极板送电解提纯。第二段灰吹渣中的银、铋含量较高，应与第一段灰吹渣分开以从中回收银、铋。有些厂对所有富铅均用二段灰吹法，目的是减少银和铅的挥发损失，不致因熔池液面不断降低，而需要挖深渣沟和损坏灰吹盘，可使某些金属富集于后期渣中以便于回收。

9.3.2 从废渣及废旧物料中回收金银

(1) 从含金硫酸烧渣中回收金

伴生金的多金属硫化矿，在选矿过程中一般是用浮选法将金富集于有色金属浮选精矿中，送冶炼厂综合回收金或就地处理实现就地产金。在混合精矿浮选分离过程中产出含金的黄铁矿精矿送化工厂制硫酸，金留在烧渣中。含金烧渣的量相当可观，是综合回收金的可贵资源。各国均较重视从烧渣中回收金的试验研究工作。

我国对含金烧渣的处理进行了许多研究工作，并已用于工业生产，不仅增产了黄金，而且取得了明显的经济效益。如我国某化工厂制酸的黄铁矿精矿来自许多选厂，这些选厂分离金铜硫混合精矿时产出含金黄铁矿精矿，经沸腾焙烧后产出含金烧渣。这些烧渣用浮选法处理时，金的回收率仅为10.69%，后来改用氰化法提金，金的浸出率可达70%，金的总回收率可达60.2%。烧渣氰化提金主要由硫精矿的沸腾焙烧、排渣水淬、磨矿、浓缩脱水、碱处理、氰化提金等作业组成。

烧渣氰化提金时，采用严格控制焙烧温度、空气过剩系数、水淬排渣、磨矿、脱水、碱处理等作业技术条件，是提高氰化提金指标的有效措施。

(2) 从铋精炼渣中提银

精铋生产流程副产品为氧化铋渣。铋精矿经配料、转炉熔炼、火法精炼产出精铋和铋精炼渣。火法精炼过程中为了比较彻底地除去铋液中的金、银、铜等杂质，特向铋液中加入金属锌，铋精炼渣为加锌除银产出的熔析渣。渣中带有大量金属铋，因而渣中银、锌、铋的分离比较困难。某厂曾对铋精炼渣进行硫酸洗锌，洗渣与铜、铅阳极泥搭配熔炼回收银，铋则在银及铋两大生产系统中循环，锌的脱除率低，混合熔炼时易产生炉垢，还产出银含量为0.5%～1%的砷烟灰，银的回收率低。此外，还曾对铋精炼渣进行鼓风炉熔炼，但均因效果不佳而未用于生产。

为了处理堆存的和生产中产出的铋精炼渣，某厂采用氯化工艺回收铋精炼渣中的银，并综合回收铋、锌。处理工艺为：铋精炼渣经破碎磨矿，磨至95% −0.088mm，然后将其加入搅拌浸出槽中。浸出槽中先配好盐酸溶液，浸出液固比为6∶1，盐酸浓度4mol/L，温度95℃。在氯酸钠用量为原料量的30%左右的条件下浸出3h。铋、锌的浸出率分别达96.8%和99.79%，而银基本留在渣中。浸液用锌粉置换铋，置换在常温下进行。终点pH为4.5，置换时间随终点pH而定。置换可使溶液中锌含量由30～50g/L增到150～200g/L，为生产氯化锌创造了条件。置换后溶液送氯化锌生产工序。通过净化、浓缩结晶，产出氯化锌。海绵铋送铋生产工序，经火法精炼得精铋。

氯化渣水洗至pH为6左右，滤干后送氨浸。氨浸在液固比6∶1条件下浸出3h，银的浸出率约90%，渣率为15%。氨浸料浆过滤后，浸液用水合肼还原银。还原时浸液中每千克银加0.7L水合肼，静置6～10h，过滤，水洗海绵银粉至pH为8左右，脱水烘干后送硝酸溶解作业。海绵银在银∶水∶硝酸＝1∶1∶1，通蒸汽条件下进行溶解。溶液经过滤、浓缩至原体积的3/4时，加蒸馏水稀释至原体积。静置8～10h，过滤除杂，滤液直火浓缩至1/3体积，pH＞4.5，静置10h以上，结晶析出硝酸银。离心过滤后用搪瓷盘盛置于烘箱内，在温度低于90℃条件下烘干3h，瓶装入库。

该工艺投产后生产稳定，金属总回收率为Ag≥99%、Bi≥95%、Zn≥95%。不产出新的废渣、废水，无二次污染，并能直接制取硝酸银，社会效益和经济效益较明显。

(3) 从湿法炼锌渣中回收金银

硫化锌浮选精矿氧化焙烧-焙砂硫酸浸出锌后，产出的湿法炼锌渣中几乎集中了锌精矿中所含的金和银。湿法炼锌渣有挥发法渣（窑渣）、赤铁矿法渣、黄钾铁矾法渣和针铁矿法渣四种形态。多数炼锌厂采用回转窑挥发法回收渣中的铅锌，银不挥发留在渣中，渣中含银300～400g/t。前苏联、日本及我国的某些厂将此类渣作为铅精矿的铁质助熔剂送铅熔炼，使锌渣中的金银富集于粗铅中，在粗铅精炼过程中进行综合回收。若铅冶炼能力大，一般采用此法处理湿法炼锌渣。若不具备这样的条件，湿法炼锌渣只有单独处理以回收其中的金银。

湿法炼锌渣可用直接浸出法、浮选-精矿焙烧-焙砂浸出法和硫酸化焙烧-水浸法提取金银。

(4) 从湿法炼铜渣中回收金银

硫化铜浮选精矿经氧化焙烧，焙砂酸浸提铜后的浸出渣中，常含金银及少量铜。为了回收湿法炼铜渣中的金银，常采用重选和浮选的方法进行预先富集和丢尾，将金银富集于相应的精矿中。

然后根据精矿中铜含量的高低而采用不同的处理方法回收其中的金银。精矿中的铜含量高时，将精矿送铜冶炼厂综合回收铜、银、金；精矿中的铜含量低时，一般用氰化法处理后，可就地产出合质金。

(5) 从含金废旧物料中回收金

① 含金废旧物料的分类。根据含金废旧物料的特点，基本上可分为以下几类。

a. 废液类：包括废电镀液、镀金件冲洗水、王水腐蚀液、氯化废液、氰化废液等。

b. 镀金类：包括化学镀金的各种报废元件。

c. 合金类：包括Au-Si、Au-Sb、Au-Pt、Au-Al、Au-Mo-Si等合金废件。

d. 贴金类：包括金匾、金字、佛像、佛龛、泥底金寿屏、戏衣金丝等。

e. 粉尘类：包括金笔厂、首饰厂和金箔厂的抛灰、废屑、金刚砂废料、各种含金烧灰等。

f. 垃圾类：包括拆除古建筑物垃圾、贵金属冶炼车间的垃圾、炼金炉拆块等。

g. 陶瓷类：包括各种描金的废陶瓷器皿、玩具等。

② 从含金废液中回收金。根据化学组成，含金废液可分为氰化废液、氯化废液、王水废液及各种含金洗水。处理含金氰化废液一般采用锌置换法（锌丝或锌粉）回收金；处理含金氯化废液一般采用铜丝（或铜屑）加热置换回收金；处理含

金王水废液除用锌置换法外，还可采用各种还原剂还原沉积金，多数采用亚铁离子（硫酸亚铁或氯化亚铁）还原法沉积金。此外，这些含金废液也可采用活性炭吸附法、离子交换吸附法或有机溶剂萃取法回收金。

处理各种含金洗水原则上可采用金属置换法或还原剂还原法回收金，但因金含量低，采用活性炭吸附法或离子交换吸附法回收金更适宜。

处理含金废电镀液除可采用锌置换法外，还可采用电解沉积法回收金。

③ 从镀金废件中回收金。镀金废件上的金可用火法或化学法进行退镀。火法退镀是将被处理的镀金废件置于熔融的电解铅液中（铅的熔点为327℃），使金渗入铅中。取出退金后的废件，将含金铅液铸成贵铅板，用灰吹法或电解法从贵铅中进一步回收金。灰吹时，贵铅中可补加银，灰吹得金银合金，水淬成金银粒，再用硝酸分金，获得金粉，熔铸得粗金。硝酸浸液加盐酸沉银。

化学退镀是将镀金废件放入加热至90℃的退镀液中，1～2min后，金进入溶液中。配制退镀液时称取氰化钠75g、间硝基苯黄酸钠75g，溶于1L水中，完全溶解后使用。若退镀量过多或退镀液中金饱和使镀金层退不掉时，则应重新配制退镀液。退金后的废件用蒸馏水冲洗3次，留下冲洗水作下次冲洗用。每升含金退镀液用5L蒸馏水稀释，充分搅拌均匀，用盐酸调pH至1～2。调pH一定在通风橱内进行以免氰化氢中毒。然后用锌板或锌丝置换回收退镀液中的金，至溶液无黄色时止，吸去上清液，用水洗涤金粉1～2次。再用硫酸煮沸以除去锌等杂质，再用水清洗金粉，烘干熔铸得粗金锭。也可用电解法从退镀液中回收金，电解尾液补加氰化钠和间硝基苯磺酸钠后可再用作退镀液，但此法设备较复杂。

④ 从含金合金中回收金。

a. 从金-锑（金-铝或金、锑-砷）合金中回收金：先用稀王水（酸∶水＝1∶3）煮沸使金完全溶解，蒸发浓缩至不冒二氧化氮气体，浓缩至原体积的1/5左右，再稀释至含金100～150g/L，静置过滤。用二氧化硫还原回收滤液中的金，用苛性钠溶液吸收余气中的二氧化硫，水洗金粉，烘干铸锭。

b. 从金-钯-银合金中回收金：先用稀硝酸（酸∶水＝2∶1）溶解银，滤液加盐酸沉银，残液中的钯加氨络合后用盐酸酸化，再加甲酸还原产出钯粉，然后从硝酸不溶残渣中回收金。

c. 从金-铂（金-钯）合金中回收金：先用王水溶解，加盐酸蒸发去硝至糖浆状，用蒸馏水稀释后加饱和氯化铵使氯铂酸氨沉淀。用5%氯化铵溶液洗涤后煅烧得粗海绵铂，滤液加亚铁还原金。

d. 从金-铱合金中回收金：铱为难熔金属，可先与过氧化钠（同时可加入苛性钠）于600～750℃，加热60～90min熔融。将熔融物倾于铁板上铸成薄片，冷却后用冷水浸出。少量铱的钠盐进入溶液，大部分铱仍留在浸渣中。浸渣加稀盐酸加热溶解铱，过滤，滤液通氯气将铱氧化为＋4价，再加入饱和氯化铵溶液使铱呈氯铱酸铵沉淀析出。煅烧产出粗海绵铱。铱不溶渣加王水，溶金，用亚铁还原回收金。

e. 从硅质合金废件中回收金：可用氢氟酸与硝酸混合液（HF：HNO_3＝6：1）浸出。用水稀释混合酸（酸：水＝1：3），浸出时硅溶解，金从硅片上脱落。然后用1：1稀盐酸煮沸3h以除去金片上的杂质，水洗金片（金粉），烘干铸锭。

⑤ 从贴金废件中回收金。视基底物料的不同可选用相应的方法回收金。

a. 煅烧法：适用于铜及黄铜贴金废件，如铜佛、佛龛、贴金器皿等。

b. 电解法：适用于各种铜质贴金废件。

c. 浮石法：适用于从较大的贴金件上取下金。

d. 浸蚀法：适用于从金匾、金字、招牌等贴金废件上回收金。

e. 焚烧法：适用于木质、纸质和布质的贴金废件。

⑥ 从含金粉尘中回收金。此类原料来自金笔厂磨制金笔尖的抛灰、金箔厂的下脚废屑、首饰厂抛光开链锤打产生的粉尘、纺织厂机械制造尼龙喷丝头的磨料等，其处理方法如下。

a. 火法熔炼：将收集的含金粉尘筛去粗砂、瓦砾等杂物，按粉尘：氧化铅：碳酸钠：硝石＝100：1.5：30：20的比例配料，搅拌均匀后放入坩埚内，再盖上一层薄硼砂，放入炉内熔炼得贵铅。灰吹得粗金，粗金含铂铱时，可用王水溶解，进一步分离铂和铱。

b. 湿法分离：含金铂铱的抛灰先用王水溶解，铱不溶于王水，过滤可得铱粉。滤液用氯化铵沉铂［$(NH_4)_2PtCl_6$］，过滤后的滤液再用二氧化硫还原金。

⑦ 从含金垃圾中回收金。含金垃圾种类较多，应视其类型选定回收金的方法。如贵金属熔炉拆块及扫地垃圾，可直接返回铅或铜的冶炼车间配入炉料中熔炼，再从阳极泥中回收金。拆除古建筑物形成的垃圾，木质的可焚烧，熔炼烧灰得粗金；泥质的可用淘洗法重选或氰化法回收和提取金。

⑧ 从描金陶瓷废件中回收金。可用前述的化学退镀法、氰化法或王水法回收其中的金。

(6) 从含银废旧物料中回收银

① 从废胶片、印相纸中回收银。从废胶片、印相纸中回收银的方法主要为焚烧法和溶解法：

a. 焚烧法：将废胶片和印相纸在500℃±5℃下焚烧，用4％NaOH溶液浸洗烧灰，用热水洗涤浸渣。浸渣再用10％H_2O_2和0.5mol/L硫酸溶液浸出2h，银的浸出率可达92％左右。

b. 溶解法

硝酸法：将废胶片放入5％硝酸液中，加热至40～60℃浸出10min，可使银全部溶解。

醋酸法：将剪碎的废胶片放入醋酸中，加热至32～38℃，银可全部溶解，然后用电解法提取溶液中的银。

重铬酸钾催化法：将剪碎的胶片置于盐酸或溴酸溶液中，加入重铬酸钾作催化剂，此时胶片上的银全部转化为卤化银，再用硫代硫酸钠溶解，送电解提银。但重铬酸盐会造成污染。

碱浸法：将碎胶片置于10%苛性钠溶液中浸煮，银转入碱性液中，加硫酸中和至pH为6～7，银呈硫化银沉淀析出。

② 从定影液中回收银

a. 金属置换法：是从定影液中回收银的最简便的方法之一。可采用铁、铜、锌、铝或镁作置换剂，仅常用铁片或铁屑。置换过程可在各种类型的置换器中进行。

b. 硫化沉淀法：可采用硫化钠或硫化氢气体作硫化沉淀剂。从硫化银中提银的方法有硝酸氧化法和铁片置换法。

c. 不溶阳极电解法：用电解法提取定影液中的银为各国所重视，近20多年来各国研究和推荐的电解提银方法和设备已不下几十种。

除上述方法外，还可采用硼氢化钠还原法、离子交换吸附法等从定影液中回收银。

③ 从含银金属废料中提银。

a. 火法冶炼：可用铅、铜或镍作捕收剂，火法熔炼含贵金属的金属废料得合金，然后用酸浸出或电解法回收贵金属。

b. 电解法：适用于从金属废料（如货币、焊料、丝片材、首饰、装饰品、金属碎屑或合金等）中回收银，也可用于从含银溶液中回收银（如定影液、电镀液、洗水及各种含银废液），应根据原料和料液的性质选择适宜的电解工艺参数。

c. 溶解法：适用于从各种银镀件、银合金和镀银制品中回收银。如将银-锌电池打碎，拣出金属块，破碎后溶于硝酸液中，加铜置换得粗银，送进一步精炼；或向硝酸浸液中加入氯化钠溶液沉淀得氯化银，加铁屑置换得海绵银，送精炼。

④ 从感光乳剂中回收银。从感光材料厂的废乳剂中回收银的方法较多，常用的是向含银（275～800）$\times 10^{-6}$的废乳胶中加入约相当于废乳胶重量的0.15%苛性钠溶液，加热至85℃破坏乳胶，再加入约相当废乳胶重的0.15%硫代硫酸钠溶液，于85℃下分解卤化银，最后加入废乳胶重的0.09%硼氢化钠（$NaBH_4$）溶液，使银还原。沉银后溶液中银含量小于2×10^{-6}。

参考文献

[1]《黄金生产工艺指南》编委会．黄金生产工艺指南．北京：地质出版社，2000.

[2] 黄礼煌．金银提取技术．北京：冶金工业出版社，1995.

[3]《中国黄金生产实用技术》编委会．中国黄金生产实用技术．北京：冶金工业出版社，1998.

[4] 吉林省冶金研究所等．金的选矿．北京：冶金工业出版社，1978.

[5] 徐敏时等．黄金生产知识．北京：冶金工业出版社，1990.

[6] 姜涛等．硫代硫酸盐提金理论研究——浸金的化学及热力系原理．黄金，1992，2（13）：31-34.

[7] 周源等．某金精矿 LSSS 法浸金试验研究．黄金，2004，25（8）：29-31.

[8] 周源等．从某尾矿中浮选回收银试验研究．黄金，2006，27（2）：42-44.

[9] 周源等．高砷金矿脱砷预处理技术进展．金属矿山，2009，(2) 98-101.